国家出版基金项目
NATIONAL PUBLICATION FOUNDATION

云南昭通昆虫生态图鉴

李　虎　石安宪　彩万志　主编

中国农业大学出版社
China Agricultural University Press
·北京·

图书在版编目（CIP）数据

云南昭通昆虫生态图鉴 / 李虎，石安宪，彩万志主编 .-- 北京 : 中国农业大学出版社，2024.11.

ISBN 978-7-5655-3338-9

I.Q968.227.43-64

中国国家版本馆 CIP 数据核字第 2024MS4227 号

书　　名　云南昭通昆虫生态图鉴
Yunnan Zhaotong Kunchong Shengtai Tujian
作　　者　李　虎　石安宪　彩万志　主编

策划编辑	董夫才　王笃利	**责任编辑**	魏　巍
封面设计	麦莫瑞文化		
出版发行	中国农业大学出版社		
社　　址	北京市海淀区圆明园西路 2 号	**邮政编码**	100193
电　　话	发行部 010-62818525，8625	**读者服务部**	010-62732336
	编辑部 010-62732617，2618	**出　版　部**	010-62733440
网　　址	http://www.caupress.cn	**E-mail**	cbsszs@cau.edu.cn
经　　销	新华书店		
印　　刷	涿州市星河印刷有限公司		
版　　次	2024 年 12 月第 1 版　　2024 年 12 月第 1 次印刷		
规　　格	210 mm × 285 mm　　16 开本　　37 印张　　1092 千字		
定　　价	230.00 元		

图书如有质量问题本社发行部负责调换

编委会

主　编　李虎　石安宪　彩万志

副主编　陈卓　李轩昆　刘星月　白明　吴云飞　刘盈祺　熊昊洋

参　编　（按姓氏拼音排序）

白晓拴　蔡小东　曹亮明　常凌小　陈尽　陈静　陈志林
党利红　戈昕宇　郭恒翠　韩辉林　何志新　何祝清　黄国华
黄卫东　黄正中　康泽辉　李静　李涛　李廷景　李伟
李卫海　李文奖　李文亮　李学燕　李彦　李原朗　李竹
林美英　林晓龙　刘浩宇　刘怀宇　刘经贤　刘巧巧　刘钦朋
刘万岗　刘晓艳　路园园　罗心宇　罗一平　马丽　马丽滨
毛本勇　聂瑞娥　牛耕耘　潘昭　阮用颖　史宏亮　宋凡
宋海天　宋志顺　孙长海　汤亮　汤箐箐　唐楚飞　唐璞
万霞　王安桐　王东明　王瀚强　王厚帅　王建赟　王亮
王敏　王兴民　王宗庆　魏琮　魏美才　吴俊　武靖羽
席玉强　肖宜申　谢桐音　徐晗　徐环李　徐荣臻　徐叶
杨定　杨金英　杨科　杨星科　杨玉霞　姚刚　叶瑱
殷子为　袁向群　张冰　张春田　张东　张宏瑞　张加勇
张魁艳　张婷婷　张晓　赵萍　赵天佑　赵婷婷　赵嫕盛
郑昱辰　周长发　周嘉乐　朱平舟

前言

PREFACE

云南省昭通市位于中国西南地区的乌蒙山腹地、金沙江下游，坐落在四川盆地向云贵高原抬升的过渡地带，全境面积 2.3 万 km^2，辖 9 县 1 市 1 区。昭通市境内群山耸立，河流纵横，气候多样，植被丰富，孕育了丰富而独特的生物多样性资源，是云南省生物多样性重点保护区域之一，目前设立有 2 个国家森林公园和 15 个自然保护区，其中国家级自然保护区 4 个、省级自然保护区 3 个、市级自然保护区 8 个。

昆虫种类繁多，数量庞大，在生态系统的能量转换、物质循环和信息传递中发挥着关键作用，是生物多样性不可或缺的组成部分之一。长期以来，昆虫与人类之间形成了千丝万缕的联系。许多植食性昆虫是农、林业生产上的重要害虫，一些昆虫是重要疾病的传播媒介。尽管如此，绝大多数昆虫对人类是无害的或是有益的，它们在人类的衣食住行、文化活动、环境监测保护等方面发挥着举足轻重的作用，是宝贵的自然资源。

昭通市复杂而多样的地理条件所滋养的动植物区系呈现出丰富性、独特性、原生性、古老性和脆弱性的特点，物种特有率高，具有重要的保护价值。然而由于山区交通不便、宣传力度不足等，历史上对昭通市境内生物多样性的专项调查较少，且已有调查多集中于植物和脊椎动物，针对昆虫的专门研究十分欠缺，昆虫物种资源本底不清。为了掌握昭通昆虫生物多样性状况，为合理开发、利用和保护当地昆虫多样性资源建立基础，中国农业大学植物保护学院昆虫分类与进化研究团队与昭通市绿色食品发展中心、昭通市植保植检站开展校地协作，并联合中国科学院动物研究所、中国科学院昆明动物研究所、中国林业科学研究院森林生态环境与保护研究所、浙江大学、南开大学、东北林业大学、西北农林科技大学、南京农业大学、北京林业大学、云南农业大学、河北大学、河南科技大学、华南农业大学、湖南农业大学、上海师范大学、西南大学、重庆师范大学等国内 20 余家单位，于 2009—2024 年间，多次组织人员在昭通市全境进行了系统的昆虫多样性本底资源调查，积累了丰富的研究标本，并拍摄了大量精美的昆虫生态照片。经过后期整理和研究，目前已鉴定出昭通市昆虫 24 目 304 科 2 646 种，并取得了包含一批新种、中国新记录种和云南新记录种在内的科学新发现。

我们精选出 24 目 224 科 1 036 种常见昆虫的生态照片编撰成《云南昭通昆虫生态图鉴》，这是首部以云南省昭通市昆虫物种资源为考察对象的昆虫分类学专著。本书将在该区域内调查到的昆虫按照目、科、属、种的分类阶元进行介绍，每个物种包含简要的鉴别特征和主要的分布信息，并配以彩色生态照片；同时附有主要参考文献、物种中文名索引和物种拉丁名索引。本书不仅汇集了昭通市昆虫多样性资源的本底资料，而且包括了一批珍稀昆虫、天敌昆虫、传粉昆虫和重要农林害虫的基本信息，也为当地基层工作人员识别常见昆虫种类提供了参考。

本书的编写工作得到了国家出版基金（2023）、昭通市专家工作站（2019ZTYX03 和 2021ZTYX05）、云南省专家基层科研工作站（2023）、云南省生物多样性保护基金会、东北亚生物多样性研究中心（2572022DS09）、农业科研杰出人才培养计划、中国农业大学“2115 人才培育发展支持计划”等项目的资助。在野外调查、分类鉴定和文字撰写过程中，感谢张润志、葛斯琴、梁红斌、周善义、贾凤龙、刘志琦、张峰、王志良、张巍巍、包宇、王勇、袁峰、李心钰、田里 、黄敏、王吉申、高皓然、黄伟坚、计云、黄俊浩、伊文博、张丹丽、周露、陈芹、闫利平、付文博、赵宇晨、董赛红、刘杉杉、李秀敏、白兴龙、杨秀娟、聂川雄、李东越、李泽建、孟瑞、汪茂文、刘渝清、周勇、李泽川、杨逍然、杨德祥、李树仙、陈吉祥、贾仕康、李兴、季青梅、王联广、姚光禄、卢艳、伍湘竹、李永青、黄正会、冯正军、马鹏、李鹏映、陈文琼等同行和相关工作人员的帮助。本书生态照片主要由石安宪、吴云飞、陈卓、张巍巍、陈尽、熊昊洋、何志新、李虎、王新凯、徐荣臻、陆千乐、王兴民等拍摄。

由于本书涉及内容广泛，加之作者学识有限，本书不足之处在所难免，敬请读者批评指正并提出宝贵建议。

编　者

2024 年 10 月

目录 CONTENTS

石蛃目

Archaeognatha

全世界已知500余种，中国已知20余种。分布于世界各地，主要栖息在土壤、落叶层和腐殖质中。部分种类生活于石块表面或岩石缝隙中，并有一定拟态习性，体色常与石块或岩石表面的地衣颜色相近，不易被发现。

体型近纺锤形，具原始上颚，体表被鳞，无翅。体长一般在15 mm以下，最大可达50 mm。头部较大；触角长，丝状。复眼大，位于头顶部，内侧接触。胸部和腹部分节明显。胸部较身体其他部位粗，背面拱起。足最前端具坚硬的爪，利于其运动与攀爬。腹部11节，末端着生多节尾须，中尾丝长。

表变态。包括卵、若虫和成虫三个阶段，若虫和成虫在形状和习性方面类似，主要区别在于大小和性成熟度。

多夜间活动，运动速度快，且善于跳跃。多为植食性，主要取食腐殖质、藻类、地衣、苔藓、植物碎片，少数取食小型无脊椎动物尸体等。

石蛃科 Machilidae

跳蛃 *Pedetontus* sp.

鉴别特征：体长 10~15 mm。体棕褐色，背面具黑色鳞片组成黑斑。复眼大，隆起，黄棕色。触角细长，向后延伸超过腹部末端。第 2、3 胸足具基节刺突。尾须细长，具白色环纹，末端黑色。

分布：云南（昭通）。

希蛃 *Silvestrichilis* sp.

鉴别特征：体长 9~15 mm。体棕褐色，背面具白色鳞片。复眼大，黄棕色。触角短，近体长一半，前伸。背面观自头后具 3 条纵沟。第 2、3 胸足具基节刺突。尾须细长，具白色环纹，末端黑色。

分布：云南（昭通）。

衣鱼目

Zygentoma

衣鱼目昆虫俗称衣鱼。目前全世界已知 6 科 640 余种，我国已知 20 余种。生境包括潮湿阴暗的土壤、朽木、枯枝落叶、树皮与砖石缝隙等，也包括室内的衣物、书籍、谷物以及衣橱等日用品的缝隙内或蚂蚁和白蚁的巢穴。

成虫体长 4~20 mm。身体柔软、扁平，略呈纺锤形。体色通常呈银灰色或褐色，体表覆盖细密的鳞片，具光泽。具复眼或退化，有则位于额两侧，不相接触。触角丝状，细长，着生于头部前端两侧。胸部扁平，胸足基节强壮。腹部 11 节，多生有数目不等的成对刺突，腹部末端具 1 对尾须和中尾丝。

表变态。具卵、若虫和成虫 3 个阶段。卵单产或聚产，若虫与成虫形态相似，习性一致。若虫经过多次蜕皮后发育成成虫，整个发育过程可能需要数月甚至一年，成虫依然有蜕皮现象。生命周期较长，通常可以存活数年。

衣鱼喜温暖潮湿环境，多夜间活动，运动速度快。取食多种有机物质，包括淀粉、纤维素等，可啃食书本、衣物、墙纸等。

衣鱼科 Lepismatidae

多毛栉衣鱼 *Ctenolepisma villosa* (Fabricius)

鉴别特征： 体长 10~12 mm。体密被银白色鳞片；头部、胸部和腹部边缘具棘状毛束。头大，无单眼。触角细长，浅黄色。足浅黄色，无斑纹。腹部第 1 节背面具 3 对梳状毛；尾节白色。

分布： 云南（昭通等）、河南、江苏、浙江、福建、湖南、四川、贵州。

糖衣鱼 *Lepisma saccharina* Linnaeus

鉴别特征： 体长 8~15 mm。体密被银灰色鳞片；整体近纺锤形，体背黑褐色，具黑色碎斑。头大，具左右远离的复眼，无单眼。触角细长，褐色。足黄褐色，具褐色环纹。

分布： 云南（昭通等），全国广布。

蜉蝣目

Ephemeroptera

蜉蝣目昆虫简称“蜉”，世界已知3 000余种；我国共记录300余种，隶属于16科。

成虫体壁薄而有光泽，常见为白色、淡黄色和褐色，腹部末端一般具有3根尾丝（少数类群具有2根尾丝）。其稚虫一般为咀嚼式口器，随着具体类群的食性不同，口器各部分可能会发生变化；胸部具有1~2对翅芽以及3对足；腹部最显著的特征是具有气管鳃，其形态、数量、大小和着生位置都是重要的鉴别特征。

变态方式为原变态，共经历4个阶段：卵、稚虫、亚成虫和成虫。其中，稚虫是蜉蝣生活史中最长的时期，外部形态变化多样，且完全水生，蜕皮后成为亚成虫。亚成虫再蜕皮一次变为成虫。由于在成虫期不饮不食，身体比重较小，故其飞行姿态十分优雅美丽。此外，不同蜉蝣的种类及其外部形态与它们的水生栖境和生活习性有着密切的关系，因此，蜉蝣在水质监测中也得到了广泛应用。

四节蜉科 Baetidae

紫假二翅蜉 *Pseudocloeon purpurata* Gui, Zhou & Su

鉴别特征：体长约 4 mm。体黄褐色，具明显浅色斑纹。复眼上部暗棕褐色，下部淡褐色具小眼点。胸淡紫色，沿胸部各节沟具黑色纹。2 根尾丝基部橙色，其余各节均为灰白色，长于体长。

分布：云南（昭通）。

短丝蜉科 Siphlonuridae

戴氏短丝蜉 *Siphlonurus davidi* (Navás)

鉴别特征：体长 10~12 mm，尾丝 10~15 mm。复眼大，在头顶接触。前足约与体长相等；前翅呈不尖的卵形或三角形，前缘区突出不明显，臀区完善，MA 脉分叉很长；后翅 MP 脉在近中部分叉。

分布：云南（昭通）、陕西、四川。

红斑亚非蜉 *Afronurus rubromaculatus* (You, Wu, Gui & Hsu)

鉴别特征：体长 8~9 mm，尾丝 17~20 mm。雄成虫体呈浅黄色至棕黄色，具红色斑纹。复眼在头部相接，上下分层，上层灰蓝色，下层深蓝色。腹部背板第 1~9 节白色，两侧各具 1 条粗红条纹。

分布：云南（昭通等）、北京、河南、陕西、江苏、湖北、湖南、海南。

多膜背刺蜉 *Notacanthurus lamellosus* Zhou

形态特征：体长 8~9 mm，尾丝 17~20 mm。复眼在头部近似接触，上下分层，上层灰白色，下层深蓝色。中胸背板侧缘缝隙弯曲，腹板具平行垫片。阳茎耳垂状，大部愈合，仅顶端具“V”形缺刻。

分布：云南（昭通等）、湖北、湖南、贵州。

多斑背刺蜉 *Notacanthurus maculatus* Zhou

鉴别特征：体长 10~12 mm，尾丝 25~30 mm。复眼上层灰白色，下层黑色。后翅近基部有 1 小突起。腹部第 1~9 节侧缘和近中部各具 1 对深色斜纹，并向后延伸聚合；背板前缘中部具 1 个明显黑色斑点。

分布：云南（昭通等）、山西、陕西、湖北、河南、四川。

尤氏拟亚非蜉 *Parafronurus youi* Zhou & Braasch

鉴别特征：体长约 10 mm，尾丝约 25 mm。体棕黄色，具有褐色斑点或条纹。复眼黑色，在头顶的距离小于中单眼的宽度。翅脉明显，横脉清晰。各足腿节基部和中部各具 1 个色斑块。

分布：云南（昭通等）、江苏。

蜉蝣科 Ephemeridae

腋下蜉 *Ephemera axillaris* Navás

鉴别特征： 体长 17~19 mm，尾丝 19~22 mm。前胸和中胸背板前缘有 1 对条纹。腹部背面第 1、2 节有倒“V”形斜纹，第 2~6 节具 2 对条纹，第 7~9 节具 3 对纵纹；腹部腹面第 5~9 节具 1 对纵纹。

分布： 云南（昭通等）、北京、山西、陕西、甘肃、湖北、江西、湖南、河南、四川、贵州。

红斑蜉 *Ephemera rufa* Zhou

鉴别特征： 体长 12~15 mm。触角柄节、梗节各具 1 个黑色斑点，其他部分淡黄色。前胸背板具前后 2 对粗黑纵纹，中胸背板具 1 对黑色粗条纹。后翅横脉周围颜色深，翅中央形成 3 个红棕色斑点。

分布： 云南（昭通等）、贵州。

梧州蜉 *Ephemera wuchowensis* Hsu

鉴别特征: 体长约17 mm。雄虫触角窝边缘具黑色斑块，柄节具2个黑色斑块，梗节端部具1个黑点。前翅透明，前缘区与亚前缘区褐色，后翅翅缘处着色明显。前足不明显退化。具3根尾丝。

分布： 云南（昭通等）、北京、河北、河南、陕西、甘肃、安徽、浙江、湖北、湖南、贵州等。

细蜉蝣科 Caenidae

紫金柔裳蜉 *Habrophlebiodes zijinensis* Gui, Zhang & Wu

鉴别特征： 体长约 7 mm。复眼灰黑色，在头部中央几乎接触。后翅小于前翅的 1/10，具尖的前缘突，位于前缘中央部位。腹部背板的前缘及中部色淡，两侧色深。

分布： 云南（昭通等）、陕西、江苏、安徽、浙江、湖北、江西、湖南、福建、重庆。

小蜉科 Ephemerellidae

红天角蜉 *Uracanthella rufa* (Imanishi)

鉴别特征：体长 5~10 mm。体棕红色，翅透明。雄虫复眼上半部红色，下半部黑色；前足跗节第 2 节比第 3 节稍长。雌虫复眼较小而分离，具 3 根尾丝，略长于身体的长度，其上具棕色环纹。

分布：云南（昭通），全国广布。

细裳蜉科 Leptophlebiidae

显著似宽基蜉 *Choroterpides magnifica* Zhou

鉴别特征：体长 12~15mm。雄成虫前翅 MS 脉分叉点和 MP 脉分叉点到翅基的距离基本等长；翅前缘略骨化，骨化部分向翅内延伸；后翅前缘突圆钝，位于前缘中央。雌成虫第 9 腹板后缘稍凹陷。

分布：云南（昭通）。

蜻蜓目

Odonata

蜻蜓目是一类相对原始的昆虫，全球已知约 6 400 多种，中国已知约 780 种。其下分为 3 个亚目：差翅亚目（蜻蜓）、均翅亚目（豆娘）以及罕见的间翅亚目。

成虫为咀嚼式口器，下口式，上颚与下颚发达，末端有粗壮尖齿。前胸相对较小，中后胸高度融合，形成了强大的翅胸。成虫拥有两对膜质透明的翅，前后翅几乎等长，翅脉网状，其上点缀着翅痣和翅结。

蜻蜓与豆娘的形态特征与生态习性各异。蜻蜓身躯扁平粗壮，复眼近距相连，停栖时翅平展两侧。豆娘身形更为纤细，复眼彼此分离，头部宛如哑铃，停栖时多将双翅垂直叠合。蜻蜓的卵在水中孵化，成语“蜻蜓点水”描绘了其轻盈产卵的瞬间，稚虫依靠直肠鳃呼吸，豆娘的稚虫则依靠尾部 3 个叶片状的尾鳃呼吸。

蜻蜓目昆虫是自然界中广泛分布的淡水捕食者，成虫可以捕食一些农林牧业的害虫，是一类重要的天敌昆虫；稚虫的生活依赖于水体，是评估水环境质量的重要生物指标。

蜓科 Aeshnidae

日本长尾蜓 *Gynacantha japonica* Bartenev

鉴别特征：体长 68~76 mm。头部主要为黄色，头顶黑色；触角暗黄色。前胸暗黄色，合胸褐色，无斑纹。足基方至腿节中部红褐色，其余各节黑褐色。翅痣黄褐色。腹部褐色具黄色斑纹。

分布：云南（昭通等）、安徽、浙江、湖北、江西、湖南、福建、贵州以及中国华南地区；朝鲜，日本，韩国。

春蜓科 Gomphidae

安氏异春蜓 *Anisogomphus anderi* Lieftinck

鉴别特征：体长 52~55 mm。体多黑色。雄虫合胸侧面具 3 条黄纹。前胸背板黑色，仅前区前缘黄色。足黑色，基节外方具黄绿色条纹。翅基方微带金黄色。腹部具黄纹。雌虫尾毛白色。

分布：云南（昭通等）、浙江、湖北、江西、湖南、福建、广东、广西、四川、贵州。

黄条刀春蜓 *Scalmogomphus bistrigatus* (Hagen)

鉴别特征：体长 51~53 mm。雄虫面部黑色具黄斑，上唇黄白色，额横纹甚阔。胸部黑色，背条与领条纹相连，肩前条纹细长，合胸侧面第 2、3 条纹完整。腹部黑色，第 8、9 节侧缘膨大且具黄斑。

分布：云南（昭通等）；印度，不丹，尼泊尔。

长角华春蜓 *Sinogomphus scissus* (McLachlan)

鉴别特征：体长 49~52 mm。雄虫前唇基两侧黑色，中央褐色；头部上额具宽额横纹；前胸前叶中央具 1 个黄斑，背板中央有 1 对黄斑；合胸背具黄纹，合胸脊上具 1 个黄斑；后翅三角室无横脉。

分布：云南（昭通等）、陕西、湖北、四川、贵州。

伪蜻科 Corduliidae

金光伪蜻 *Somatochlora* sp.

鉴别特征：体长约 40 mm。复眼亮绿色，身体为墨绿色具金属光泽。翅透明，后翅三角室通常 1 室，基臀区具 2 条横脉，后翅基方略呈角状。本属可通过肛附器和下生殖板结构区分雌雄。

分布：云南（昭通）。

蜻科 Libellulidae

闪绿宽腹蜻 *Lyriothemis pachygastra* (Sélys)

鉴别特征：体长 32~35 mm。雄虫复眼黑褐色，面部白色，额具 1 个甚大的深蓝色金属斑。胸部为黑褐色；腹部覆盖深蓝色粉霜，沿背面中央具 1 条黑色线纹。雌虫黄褐色并具黑色条纹。

分布：云南（昭通等）、北京、天津、河北、重庆、四川、贵州、湖北、福建等；俄罗斯，朝鲜等。

褐肩灰蜻 *Orthetrum internum* McLachlan

鉴别特征：雄虫腹长 30~31 mm。雄虫复眼蓝绿色，面部黄白色；合胸背面覆盖白色粉霜，侧面具 2 条黄色宽条纹，翅痣黄色；腹部覆盖白色粉霜。雌虫黄色具黑色条纹，第 8 节侧面具片状突起。

分布：云南（昭通等）、北京、河北、浙江、湖北、湖南、福建、广东、贵州等；朝鲜，韩国等。

白尾灰蜻 *Orthetrum albistylum* (Sélys)

鉴别特征：体长 50~56 mm。雄虫复眼深绿色，额黄色，头顶黑色；胸部深褐色，背面具 2 条黑条纹，背板中央具连接的黄斑，胸侧各具 3 条黑斜纹；翅透明，翅脉和翅痣黑色，翅端带小的烟色斑。

分布：云南（昭通等），全国广布；俄罗斯，朝鲜，韩国，日本。

狭腹灰蜻 *Orthetrum sabina* (Drury)

鉴别特征：体长 47~51 mm。头部以黄色为主，上唇中央具褐条纹。前胸黑色，前叶及背板中央具黄斑；后叶缘具白色长毛。合胸背黄绿色，两侧有黄绿与深褐色纵条。翅基橙褐色，翅痣黄绿色。

分布：云南（昭通等）、浙江、湖北、湖南、福建、广东、广西、重庆、四川、贵州。

鼎脉灰蜻 *Orthetrum triangulare* (Sélys)

鉴别特征：体长 45~50 mm。雄虫复眼深绿色，面部黑色；胸部黑褐色。后翅基方具黑褐色斑；腹黑色，第 1~7 节常具蓝白色粉霜。雌虫黄色具褐色条纹，胸部背中央黄色；第 8 腹节侧面具片状突起。

分布：云南（昭通等）、江苏、浙江、湖北、湖南、福建、台湾、广东、广西、重庆、四川、贵州。

竖眉赤蜻 *Sympetrum eroticum* (Sélys)

鉴别特征: 体长 33~40 mm。头顶黑色，具黄斑。复眼黑褐色。雄虫面部褐色，前额具 1 对黑色斑点；具宽阔的肩条纹。合胸侧面具较多的黑条纹，腹部红色。雌虫多型，腹部有红色和黄褐色两种。

分布: 云南（昭通等）、安徽、浙江、湖北、湖南、福建、台湾、广东、重庆、四川、贵州；越南。

方氏赤蜻 *Sympetrum fonscolombii* (Sélys)

鉴别特征: 体长 35~41 mm。雄虫身体较多区域为赤红色。合胸部红褐色，侧面具 2 条黄条纹，第 8、9 腹节背面有水滴状黑斑。翅痣较长，后翅基方具橙黄色斑。腹部红色，末端具黑色斑点。

分布: 云南（昭通等），全国广布。

黄基赤蜻 *Sympetrum speciosum* Oguma

鉴别特征：成虫体长 42~44 mm。雄虫面部鲜红色，胸部大部分红色，上面有 1 条较宽的黑色条纹。后翅基部具琥珀色斑。腹部红色。雌虫胸部为黄褐色，腹部橙红色散布黑色斑点。

分布：云南（昭通等），全国广布；朝鲜，韩国，日本，越南。

华斜痣蜻 *Tramea virginia* (Rambur)

鉴别特征：体长 53~56 mm。雄虫面部暗红褐色。胸部淡褐色。腹部前 8 节棕红色，第 8~10 节具黑斑。翅稍染琥珀色，后翅基部具红褐色斑，翅脉红色。雌虫腹末端非全黑色，前翅基部具棕黑色斑。

分布：云南（昭通等），全国广布；朝鲜，韩国，日本，缅甸，越南，老挝，泰国，柬埔寨。

晓褐蜻 *Trithemis aurora* (Burmeister)

鉴别特征：体长 33~35mm。雄虫复眼红色，全身及翅脉紫红色；胸、腹部黑色斑纹发达，腹部末端褐色；翅基部橙色，后翅基具暗橙色斑。雌虫体色为橙黄色。

分布：云南（昭通等），全国广布；日本以及南亚和东南亚国家。

综蟌科 Synlestidae

细腹绿综蟌 *Megalestes micans* Needham

鉴别特征：体长 57~64 mm。雄虫面部和胸部墨绿色具金属光泽，前胸黄色，胸部侧面具黄色条纹；腹部第 1~2 节金属绿色，第 3~10 节黄褐色或深褐色，第 9~10 节覆盖粉霜。雌虫合胸脊具黄条纹。

分布：云南（昭通等）、广西、四川；印度，越南，老挝。

丝蟌科 Lestidae

桨尾丝蟌 *Lestes sponsa* (Hansemann)

鉴别特征：体长 36~41 mm。雄虫复眼深蓝色，面部金属绿色，胸部墨绿色具金属光泽，侧面覆有蓝灰色粉霜；腹部墨绿色，第 1~3 节和第 9~10 节覆盖有白色粉霜。雌虫青铜色带有黄色条纹。

分布：云南（昭通等）、黑龙江、吉林、辽宁、内蒙古、青海、湖北、四川。

山蟌科 Megapodagrionidae

藏凸尾山蟌 *Mesopodagrion tibetanum* McLachlan

鉴别特征：体长 45~56 mm。雄虫面部黑色具淡蓝色斑；胸部黑色具淡蓝色条纹，肩前条纹和合胸侧面条纹甚阔，翅痣褐色；腹部黑色，第 1~8 节侧面具淡蓝色斑，第 9~10 节覆盖白色粉霜。

分布：云南（昭通等）、重庆、四川、贵州；缅甸。

云南异翅溪蟌 *Anisopleura yunnanensis* Zhu & Zhou

鉴别特征：体长 39~50 mm。雄虫面部黑色具淡蓝色斑点。胸部黑色，具圆弧形肩前条纹，合胸侧面具 2 条宽黄色条纹。后翅前缘脉在亚基方呈明显的角状。腹部黑色具黄色条纹，第 9~10 节具粉霜。

分布：云南（昭通等）、广西。

条斑尾溪蟌 *Bayadera strigata* Davies & Yang

鉴别特征：体长 50~54 mm。雄虫面部为黑色，上唇和面部侧面具淡蓝色斑点。合胸部分为黑色，具发达黄色条纹。腹部为黑色，第 1~7 节具细小的黄色斑纹。雌虫黑色具橙黄色斑纹。

分布：云南（昭通等）。

色蟌科 Calopterygidae

紫闪色蟌 *Caliphaea consimilis* McLachlan

鉴别特征：体长 44~48 mm。雄虫下唇黑色，上唇绿色，具金属光泽。触角第 2 节黄色。前胸铜绿色，合胸红铜色具绿色光泽。后胸后侧片黄色具铜绿色斑。腹部第 1 节具黄斑，第 8~10 节背面被粉。

分布：云南（昭通等）、甘肃、湖北、广西、重庆、四川、贵州；印度，不丹，尼泊尔，缅甸，越南，老挝。

褐单脉色蟌 *Matrona corephaea* Hämäläinen, Yu & Zhang, 2011

鉴别特征：体长 62~70 mm。体表具绿金属光泽。后胸具黄色条纹，翅红棕色，后翅色彩较深。雄虫头部下唇侧叶透明，近端部具黄色横斑，无翅痣。雌虫具白色，内有横脉的伪翅痣。

分布：云南（昭通等）、浙江、湖北、湖南、重庆、贵州。

鼻蟌科 Chlorocyphidae

黄脊圣鼻蟌 *Aristocypha fenestrella* (Rambur)

鉴别特征：体长 29~34 mm。雄虫胸部黑色，背面前方有 1 个狭长的三角形蓝紫色斑，侧面下方有黄色细纹。翅柄至翅端黑褐色，有数个不规则的紫色耀斑，翅痣有紫色闪光。腹部黑色。

分布：云南（昭通等）、广西、重庆、贵州；缅甸，越南，老挝，泰国，柬埔寨。

扇蟌科 Platycnemididae

朱腹丽扇蟌 *Calicnemia eximia* (Sélys)

鉴别特征：体长 34~41 mm。雄虫面部黑色具红色条纹。胸部黑色具黄色或鲜红色肩前条，合胸侧面具 2 条黄条纹，腹部为朱红色。足红褐色。雌虫腹部暗赭色，胸部黑色具黄色条纹。

分布：云南（昭通等）、台湾、广西、四川、贵州、西藏；印度，不丹，尼泊尔，孟加拉国，缅甸等。

迈尔丽扇蟌 *Calicnemia miles* (Laidlaw)

鉴别特征：体长 37~39 mm。雄虫面部黑色具红色和黄色条纹；胸部黑色具红色肩前条纹，侧面具 2 条橙黄色或黄白色条纹；腹部红色，第 9~10 节具黑斑。雌虫腹部红褐色，第 8~10 节具黑斑。

分布：云南（昭通等）、甘肃、湖南、广西、四川、西藏；印度，缅甸，越南，老挝，泰国。

蟌科 Coenagrionidae

杯斑小蟌 *Agriocnemis femina* (Brauer)

鉴别特征：体长 21~25 mm。雄虫头部黑色，眼后具蓝斑点。胸部和腹部背面黑色，侧面淡蓝绿色。足白色。雌虫主要为红色，胸部背面和腹部末端黑色，前胸具有正方形片状突出。

分布：云南（昭通等）、河南、湖北、湖南、台湾、广东、香港、广西、贵州等。

蓝纹尾蟌 *Paracercion calamorum* (Ris)

鉴别特征：体长 26~32 mm。雄虫面部黑色具蓝色斑点，复眼绿色，眼后方具蓝色细小斑点。胸部背面黑色，侧面蓝色。腹部第 1~7 节背面亮黑色，第 8~10 节具蓝斑，腹部末端天蓝色。

分布：云南（昭通等），全国广布；俄罗斯，朝鲜，韩国，日本。

短尾黄蟌 *Ceriagrion melanurum* Sélys

鉴别特征：体长 40~44 mm。雄虫体黄色。头顶黑褐色，前缘具 1 条黄色横带。胸背面黑褐色，合胸脊隆起。翅脉和翅痣黑褐。足黄色，股节及胫节上的刺黑褐色。腹部鲜黄色，第 7 节以下背面黑色。

分布：云南（昭通等）、河南、浙江、湖北、湖南、福建、广东、广西等；朝鲜，韩国，日本。

多棘蟌 *Coenagrion aculeatum* Yu & Bu

鉴别特征：体长 35~45 mm。体黑色，具蓝色斑纹。雄虫面部黑色具蓝色斑纹。胸部具天蓝色的肩前条纹，侧面蓝色。腹部黑色具蓝斑。翅的弓脉位于第 2 条结前横脉下方，结后横脉 12 条以上。

分布：云南（昭通等）、安徽、浙江、重庆、贵州。

褐斑异痣蟌 *Ischnura senegalensis* (Rambur)

鉴别特征：体长 28~30 mm。雄虫胸部青绿色具黑色条纹；腹部背侧黑色，腹侧黄色，末端具水蓝色斑，第 8 腹节蓝色，第 9 腹节以黑色为主。部分雌虫体色较淡且无水蓝色斑。

分布：云南（昭通等）、河南、湖北、湖南、福建、广东、广西、重庆、四川。

窄叶红蟌 *Pyrrhosoma tinctipenne* (McLachlan)

鉴别特征：体长 26~27 mm。雄虫头部具黄色与黑色斑纹，胸部黑色并具黄色条纹，足黄色具黑色条纹。雌虫腹部较粗壮，黑斑更明显，背面中央有黑色细纵纹贯穿，近尾部黑斑逐渐扩大。

分布：云南（昭通等）、四川。

革翅目

Dermaptera

革翅目昆虫通常被称为耳夹子虫或蠼螋，主要分布在温带和热带地区，世界已知 2 000 余种，中国已知 200 余种。

成虫体长 5~50 mm。其身体呈细长或扁平状，颜色多为褐色、黑色或黄色。最显著的特征是尾端的钳状附器，称为尾钳或尾夹，雄虫的尾钳通常比雌虫更大且弯曲。尾钳用于捕食、防卫或交尾时起抱握作用，有时也用于清洁身体或折叠后翅。前翅鞘翅，坚硬而短小，覆盖在后翅上。后翅薄而膜质，折叠在鞘翅下，有些种类的后翅退化或完全消失。

渐变态发育方式。卵呈卵圆形，若虫与成虫相似，但触角节数较少，只有翅芽，尾铗较简单。若虫 4~5 龄。有翅成虫多数飞翔能力较弱。雌虫产卵于土壤中，少数产于树皮下。

多为夜行性，白天隐藏在潮湿和阴暗的地方，如树皮下、石块下、腐木中等。以植物、腐殖质和小型无脊椎动物为食，有些种类甚至会取食其他昆虫的卵或幼虫。有的种类取食花瓣、嫩叶、果实等植物组织；还有一些种类则营寄生生活，寄生在蝙蝠或鼠类体外。

丝尾螋科 Diplatyidae

暗丝尾螋 *Diplatys nilgiriensis* Hincks

鉴别特征：体长 8~12 mm。体黑褐色，触角、前后翅、尾铗和足的部分黄褐色。头部较宽，头缝明显，眼后脊较低。前胸背板近椭圆形。鞘翅狭长，肩脊突出。尾铗短小，向后直伸。

分布：云南（昭通等）；印度。

钳丝尾螋 *Diplatys forcipatus* Ma & Chen

鉴别特征：体长 7~11 mm。体黑白相间。头小，近方形。前胸背板长稍长于宽，前部宽，两侧向后稍微收狭，后角圆，后缘横直，后外缘的宽边部分微上翘，背面纵沟明显。

分布：云南（昭通等）、湖北、四川。

单突丝尾螋 *Haplodiplatys* sp.

鉴别特征：体长 8~13 mm。体栗色。头部较宽，额部圆隆，头缝稍显。雄虫前胸背板近方形，雌虫的前胸背板稍短宽，侧缘呈长弧形，后缘圆弧形，稍向上翘，表面前部圆隆。鞘翅狭长，两侧平行。

分布：云南（昭通）。

肥螋科 Anisolabididae

沟肥螋 *Anisolabis gaudens* Burr

鉴别特征：体长 8~10 mm。体栗黑色，头部浅红色。头三角形，后外角圆弧形。前胸背板亚方形。腹部狭长，遍布刻点和皱纹。雄虫尾铗不对称，基部宽，两侧分别呈三棱形和圆柱形。

分布：云南（昭通等）。

蒙肥螋 *Anisolabis montshadskii* Bey-Bienko

鉴别特征：体长 8~11 mm。体栗色，遍布黄色短绒毛。头部稍短宽，额部圆隆，前缝不明显，中缝显著。前胸背板长稍长于宽，前部宽，两侧向后稍微收狭，后角圆，后缘横直。

分布：云南（昭通）、湖北、四川。

环纹小肥螋 *Euborellia annulipes* (Lucas)

鉴别特征：体长 8~10 mm。体暗褐色，具光泽；前胸背板两侧和足的大部分均呈黄褐色。头部三角形，头缝较细；复眼较小；触角遍布黄绒毛。前胸背板两侧向后稍变宽，背面中沟明显。

分布：云南（昭通等）、湖北、湖南、四川。

端小肥螋 *Euborellia externa* (Bey-Bienko)

鉴别特征：体长 7~11 mm。体浅黑褐色。头三角形，额部稍圆隆。前胸背板接近方形或后部稍宽。前、后翅均缺。腹部狭长，两侧稍呈弧形，遍布深刻点；尾铗短小，向后渐变细。

分布：云南（昭通等）。

环腿小肥螋 *Euborellia femoralis* (Dohrn)

鉴别特征：体长 8~10 mm。体亮褐色。头三角形，表面圆隆光亮，黑褐色，头缝稍显。前胸背板接近矩形，两侧向后稍扩宽。鞘翅发达，两侧平行，后缘接近截形，表面平。腹部狭长。

分布：云南（昭通等）、湖南、福建、广西；印度，不丹，尼泊尔，孟加拉国，缅甸等。

贝小肥螋 *Euborellia plebeja* (Dohrn)

鉴别特征：体长 7~10 mm。体亮黑色或褐黄色。头部宽大，后缘稍呈弧凹形，额部稍圆隆。前胸背板后缘圆弧形。前翅缩变为口袋盖形。尾铗短粗，基部较宽，雄虫内缘向外弯为弧形。

分布：云南（昭通等）、江苏、福建、台湾；朝鲜，日本，印度，菲律宾等。

球螋科 Forficulidae

巨臀异螋 *Allodahlia macropyga* (Westwood)

鉴别特征：体长 8~12 mm。体暗褐色或褐色，稍具光泽。头光亮，头缝明显。前胸背板近方形，两侧平行，后缘稍呈弧形。鞘翅两侧近于平行，具全长侧隆脊，后缘截形；后翅翅柄短小。

分布：云南（昭通等）、湖北、西藏；印度，缅甸。

慈螋 *Eparchus insignis* (De Haan)

鉴别特征：体长 8~12 mm。体浅红栗色。头部光滑，头缝很弱，后缘可见不发育的瘤迹。鞘翅宽，肩部圆，后翅长而突出。腹中部强扩展，基部和末端强缩狭，具明显的褶形瘤突。

分布：云南（昭通等）、福建、广东、海南、广西、四川、西藏；印度，缅甸，泰国，斯里兰卡等。

多毛垂缘螋 *Eudohrnia hirsuta* Zhang, Ma & Chen

鉴别特征：体长 10~13 mm。体被金黄色短毛。头部黑色，额部圆隆，头缝不明显，后缘横直。前胸背板长稍短于宽，两侧平行，后缘圆弧形。鞘翅肩部圆，两侧平行；后翅翅柄较短。

分布：云南（昭通等）、浙江、湖北、湖南、福建、四川。

垂缘螋 *Eudohrnia metallica* (Dohrn)

鉴别特征：体长 7~10 mm。体具强烈金属光泽，暗褐色中微泛绿色，前胸背板、后翅翅柄和腹部沥青色。头部宽大。前胸背板近矩形。鞘翅发达，背面密布网状深刻点；后翅翅柄较短小。

分布：云南（昭通等）、湖北、湖南、福建、广东、海南、广西、四川、西藏；印度，缅甸，越南等。

谷垂缘螋 *Eudohrnia zeae* (Liu)

鉴别特征：体长 9~12 mm。体浅红褐色，表面具浅绿色金属光泽。头部中缝明显。前胸背板长稍大于宽，中沟稍显。鞘翅发达，肩部稍圆，两侧平行。腹部暗褐色，具金属光泽和细小刻点。

分布：云南（昭通）、四川。

三刺钳螋 *Forcipula trispinosa* (Dohrn)

鉴别特征：体长 7~11 mm。体污黑色，足棕黄色。头部宽于前胸背板，两侧平行。前胸背板长大于宽，后缘圆弧形。鞘翅长大，表面光滑。雄虫尾铗 2 支，基部分开较宽，内缘的 2/3 为弧形。

分布：云南（昭通等）、海南。

二斑球螋 *Forficula biplaga* Bey-Bienko

鉴别特征：体长 12~14 mm。体黑色，鞘翅暗褐色，腹部暗褐色。头部较宽，两颊圆弧形，额缝不明显，中缝稍显。前胸背板长宽几乎相等，散布明显小刻点。鞘翅发达，两侧平行，后缘接近截形。

分布：云南（昭通等）、四川。

达球螋 *Forficula davidi* Burr

鉴别特征：体长 9~16 mm。体褐红色或褐色，头部深红色，鞘翅和尾铗暗褐红色或浅褐色。头部较大，头缝明显。复眼小，圆突形。前胸背板长宽几乎相等。鞘翅长大，表面皮革皱形。

分布：云南（昭通等）、河北、山西、甘肃、山东、陕西、宁夏、湖北、湖南、四川、西藏。

长扩铗球螋 *Forficula longidilatata* Zhang & Yang

鉴别特征：体长 10~14 mm。体黑褐色。头宽大，两颊平行，后缘几乎横直，额部圆隆，头缝明显。前胸背板稍窄于头部，长宽几乎相等。鞘翅发达，两侧平行，后缘横直，表面较光滑。

分布：云南（昭通等）、广西、贵州。

仰球螋 *Forficula planicollis* Kirby

鉴别特征：体长 7~10 mm。头部暗红色，腹部黑色或红褐色。头宽大。前胸背板稍短宽，两侧平行。鞘翅发达，肩部圆弧形，表面光滑。腹部狭长，两侧弧形，遍布小刻点。

分布：云南（昭通等）；印度，不丹，尼泊尔，缅甸。

聪球螋 *Forficula subauricularia* Bey-Bienko

鉴别特征：体长 9~11 mm。体浅褐红色。头部暗红褐色，前胸背板和足灰黄色。头部稍圆隆，头缝较细。前胸背板长宽几乎相等，后缘宽弧形，背面前部稍圆隆。鞘翅发达，两侧平行。

分布：云南（昭通）、四川、贵州。

维球螋 *Forficula wittmeri* Srivastav

鉴别特征：体长 9~13 mm。体褐黄色或暗褐色，具金属光泽。头部较宽，两颊平行，后缘横直，额部圆隆，头缝较细。鞘翅发达，后缘稍呈弧凹形，表面散布小刻点。腹部两侧弧形。

分布：云南（昭通等）；印度。

尼纳螋 *Nala nepalensis* (Burr)

鉴别特征：体长 8~12 mm。体微有光泽，污黑色。头部圆隆，头缝不明显。前胸背板宽小于长，后部稍宽，两侧近于平行，后缘圆弧形；背面中缝稍显。鞘翅长，后缘截形；翅柄短小。

分布：云南（昭通等）、湖南、福建；阿富汗，印度，尼泊尔，马来西亚。

拟乔球螋 *Paratimomenus flavocapitatus* (Shiraki)

鉴别特征：体长 13~16 mm。体几无光泽，暗褐色或暗褐红色。头部宽大，两颊弧圆形。前胸背板长稍大于宽，近方形，后缘弧形。后翅翅柄较宽，外缘圆弧形。尾铗细长，圆柱形。

分布：云南（昭通）、浙江、福建、台湾；日本。

克乔球螋 *Timomenus komarovi* (Semenov)

鉴别特征：体长 10~13 mm。体稍具光泽，头部和鞘翅黑色，前胸背板两侧暗黄色，其余部分常呈红褐色。头宽，两颊平行，额部圆隆，头缝明显。鞘翅长，无光泽；尾铗细长。

分布：云南（昭通）、山东、安徽、湖北、湖南、福建、台湾、四川。

襀翅目

Plecoptera

襀翅目昆虫俗称石蝇，分布于除南极洲外的世界各地。目前，全世界已知 17 科 4 000 余种，其中我国记录 700 余种。

成虫体中小型，柔软、扁平；体色多为黄色、褐色和黑褐色。触角丝状多节；口器为咀嚼式；复眼发达，单眼 2~3 个，少数种类无单眼。前胸背板近方形；翅膜质，透明或半透明，休息时翅平折在虫体背面，少数种类短翅或无翅。尾须大多细长多节。

半变态。幼期虫态称为稚虫，尾须长，无中尾丝，有气管鳃。卵呈球形、椭圆形、方形等多种形状，有的卵表面有丝状物，卵壳表面凸凹不平的斑纹和卵孔的特征在种类鉴定中起重要作用。卵产于水中，每只雌虫一生产卵 100~6 000 粒。

成虫多不取食；稚虫通常生活在水体清凉、含氧丰富的山间溪流、湖泊和水塘中，多以水中蜉蝣稚虫、蚊科幼虫、其他小型生物及植物腐殖质等为食，具有维护水体生态平衡及促进水质净化的作用，且因其对水体污染敏感，可作为评价水质的指示昆虫。

卷䗛科 Leuctridae

中华诺䗛 *Rhopalopsole sinensis* Yang & Yang

鉴别特征：体长约 10 mm。体深褐色，前胸背板有深色斑纹。头部较前胸背板宽。后翅臀区狭小。第 9 背板轻微或明显骨化，中部近后缘常有骨化的突起。第 9 腹板基部具囊状突起。

分布：云南（昭通等）。

叉䗛科 Nemouridae

匙尾叉䗛 *Nemoura cochleocercia* Wu

鉴别特征：体长约 11 mm。头浅褐色，触角黑褐色。前胸背板黑色。足黄褐色。颈部侧骨片端部分 2 叉。雄虫第 9 背板弱骨化，呈长方形。尾须 1 节，匙状，腹面中部有 1 对侧刺。

分布：云南（昭通等）、四川。

𫌀科 Perlidae

叉斑黄𫌀 *Flavoperla furcomaculata* Liu, Yan & Li

鉴别特征：体长约 18 mm。体浅黄色。头黄色，两单眼间具 1 条带状浅褐色斑纹；触角深褐色。胸背板浅褐色。股节黄色，胫节浅褐色。翅浅褐色，半透明；翅脉清晰。

分布：云南（昭通等）、陕西。

环刺钩𫌀 *Kamimuria circumspina* Li, Mo & Yang

鉴别特征：体长约 30 mm。头部大部分为黄色，复眼、单眼黑褐色。后单眼明显大于前单眼。触角丝状。前胸背板均为褐色，中后胸背板为深褐色。各足黑褐色。翅褐色，半透明。

分布：云南（昭通等）。

黄氏钩蜻 *Kamimuria huangi* Du & Sivec

鉴别特征：体长约 30 mm。体黄褐色。头黄色；复眼、单眼黑褐色；下颚须、下唇须浅褐色；触角细长。前胸背板褐色，前角尖，后角钝圆。中后胸背板深褐色。足黑褐色。翅褐色，半透明。

分布：云南（昭通）、甘肃。

方形新蜻 *Neoperla quadrata* Wu & Claassen

鉴别特征：体长约 35 mm。体黄褐色、褐色至黑褐色。单眼区具有黑色斑纹。复眼黑色。前、中、后足黄色或浅褐色。第 10 节背板分裂为左右两半背片，其内侧形成 1 对前伸的半背片突。

分布：云南（昭通等）、陕西、四川。

缺刻纯𫌀 *Paragnetina indentata* Wu & Claassen

鉴别特征：体长 22~31 mm。头部黄褐色；单眼 3 个，单眼三角区黑褐色；触角黑褐色。前胸背板梯形。胸部背面黑褐色，后胸腹板中部有棕色刷状刚毛。腿节中部以上黄褐色，以下黑褐色。

分布：云南（昭通等）、福建、广西、四川。

佛氏襟𫌀 *Togoperla fortunati* (Navás)

鉴别特征：体长约 45 mm。体褐色至深褐色。单眼三角区有 1 个深色斑，M 线中部前缘有 1 个近四边形深色斑。前胸背板深褐色，中后胸背板褐色。足黄褐色，股节和胫节连接处深褐色。翅脉褐色。

分布：云南（昭通等）。

直翅目

Orthoptera

直翅目包括蝗虫、蚱蜢、螽斯、蟋蟀、蝼蛄和蚤蝼等类群，在全球广泛分布。世界已知近 30 000 种，中国已知种类超过 2 850 种。多数为陆栖性，少数穴居或在水边生活。

成虫体长 10~110 mm，口器为咀嚼式，前胸背板较大，后足善跳跃。翅长度各异，有些种类甚至无翅。前翅为覆翅，有亚缘脉。雌虫具发达的产卵器，尾须短且分节不明显。通常具备发达的发音器和听器，用于求偶。

渐变态发育方式，其卵的形状和产卵方式因种类不同而异，通常产于植物组织或土壤中。若虫通常经历 5 个龄期。第二龄期后，体背开始出现翅芽。在发育过程中，触角的增节程度和翅芽的发育程度是鉴别若虫龄期的重要依据。

多数种类为植食性，主要取食植物的叶片、根部等部位，是农牧业的重要害虫。有些蝗虫能够群聚迁飞，增加了其危害的严重性。蝼蛄是重要的地下害虫。少数螽斯科的昆虫捕食其他昆虫和小动物。大多数种类能够发音，部分种类好斗，如迷卡斗蟋、双斑蟋等，是著名的鸣虫和玩虫。

蝼蛄科 Gryllotalpidae

东方蝼蛄 *Gryllotalpa orientalis* Burmeister

鉴别特征：体长 30~35 mm。体灰褐色，全身密布细毛。头圆锥形，触角丝状。前胸背板卵圆形。前翅灰褐色。后翅扇形，超过腹部末端。前足为开掘足，后足胫节背面内侧有 4 个距。

分布：云南（昭通等），除新疆外全国广布；世界广布。

蛉蟋科 Trigoniidae

异针蟋 *Pteronemobius* sp.

鉴别特征：体长 4~5 mm。体被绒毛。头圆形，额突与触角柄节等宽；前胸背板横宽。后足胫节背距外侧 4 个，内侧 4 个。雄虫外生殖器阳茎基背片中部较窄，两侧较宽。雌虫产卵瓣为剑状。

分布：云南（昭通）。

树蟋科 Oecanthidae

半翅纤蟋 *Euscyrtus hemelytrus* (de Haan)

鉴别特征：体长 9~11 mm。腹部黄绿色，足黄色。身体纤弱细长。触角长约为身体的 2 倍。翅透明无斑。腹部狭长。雄虫前翅无发音器，腹端侧视肛节呈管状，端平截。雌虫腹端侧视背瓣宽。

分布：云南（昭通）、陕西、湖南、台湾；尼泊尔，越南，斯里兰卡。

青树蟋 *Oecanthus euryelytra* Ichikawa

鉴别特征：体长 14~18 mm。体纤细，通体呈淡绿或淡黄色，也有白色者。头小，前胸背板长且前狭后宽呈梯形。前翅长而扁平，端区为圆形，后端宽阔盖过腹部。前足胫节基部膨大。尾须细长。

分布：云南（昭通等），全国广布；朝鲜，韩国，日本。

蟋蟀科 Gryllidae

灶蟋 *Gryllodes sigillatus* (Walker)

鉴别特征：体长 12~15 mm。体黄褐色。身被较密的细绒毛。头部小于前胸背板前缘之宽。前胸背板横宽，前部具不规则的褐色斑纹。雄虫前翅短，通常仅为腹部长度的 1/3。

分布：云南（昭通等）、吉林、陕西、湖南、广西、海南、台湾；印度，尼泊尔，泰国等。

附突棺头蟋 *Loxoblemmus appendicularis* Shiraki

鉴别特征：体长 12~14 mm。体褐色，头黑色，腹部黑色。头胸等宽；额突稍向前突出，后面微鼓。前胸背板中部横宽，前缘微凹，后缘直。雄虫前翅不达腹端，宽阔。雌虫前翅短。

分布：云南（昭通等）、四川、广西、湖南、台湾。

石首棺头蟋 *Loxoblemmus equestris* Saussure

鉴别特征：体长 20~24 mm。雄虫头部平截，触角基部具突出的小尖角；触角丝状，较短，明显短于体长；头部较小，稍平截；头顶后端具白色斑纹。后翅为长翅型。后足腿节腹面基部白色。

分布：云南（昭通等），全国广布；朝鲜，韩国，日本，印度，尼泊尔，越南，斯里兰卡。

丽斗蟋 *Velarifictorus ornatus* (Shiraki)

鉴别特征：体长 18~22 mm。通体以黑褐色为主，胸部背板呈黄褐色。头顶稍微倾斜，颜面上部明显圆突；触角细长，丝状；单眼间无白条纹连接，或很不明显。前胸背板前窄后宽。

分布：云南（昭通等）、江苏、浙江、安徽、福建、江西、山东、上海、台湾；朝鲜，韩国，日本。

长翅姬蟋 *Svercacheta siamensis* (Chopard)

鉴别特征： 体长 13~20 mm。通体黑色，具淡黄斑纹。头部宽圆，触角丝状，甚长；复眼间具白色细条纹。前胸呈长方形，略为头部 2 倍长；雄虫前翅可达腹端，雌虫仅达腹背中部左右。

分布： 云南（昭通）、辽宁、河北、山西、山东、河南、江苏、安徽、浙江、湖北、福建、台湾。

螽斯科 Tettigoniidae

歧异条螽 *Alloducetia bifurcata* Xia & Liu

鉴别特征： 体长 15~19 mm。体黄绿色。头部复眼后方具 2 条甚细的淡色纵条纹。头顶侧扁，前胸背板与侧叶呈圆形相交。前翅甚狭长；摩擦发音区呈三角形突出；后翅长于前翅。尾须较简单。

分布： 云南（昭通）、贵州。

猎黯螽 *Anabropsis carnarius* (Gorochov)

鉴别特征：体长 28~32 mm。通体暗褐色，前胸背板、足及腹部大部分褐色，但具暗褐色杂斑。头与前胸背板前缘几乎等宽，额突明显，头顶略圆，光滑。前胸背板前缘直，两侧缘稍圆弧形。

分布：云南（昭通）、浙江、湖南、广西、四川；越南。

比尔锥尾螽 *Conanalus pieli* (Tinkham)

鉴别特征：体长 14~18 mm。体棕褐色，有光泽。复眼周围有 1 条白色条带；自复眼后缘起，有 1 条白带延伸至尾部。后足腿节内外有白斑，后足膝部黑色。腹部污黄绿色，背面具 2 条黑色纵带。

分布：云南（昭通等），全国广布。

短尾锥尾螽 *Conanalus brevicaudus* Shi, Mao & Ou

鉴别特征：体长 12~19 mm。体棕褐色。雄虫复眼较大。前胸背板前缘略突出，后缘钝圆。所有后足股节腹面均无距。前足胫节腹面具 6 对距。前翅短，达腹部背板第 2 节中部，端部截断。

分布：云南（昭通）、四川。

日本条螽 *Ducetia japonica* (Thunberg)

鉴别特征：体长 35~40 mm。头部背面黄褐色，延伸至前胸、背板和前翅背面，翅上有黑斑。前翅狭长，超过后足股节端；后翅长而发达，叠在前翅下面；后足细长。雄虫生殖板狭长，分叉。

分布：云南（昭通等），中国长江以南大部分地区；朝鲜，日本，印度，柬埔寨，斯里兰卡等。

秋掩耳螽 *Elimaea fallax* Bey-Bienko

鉴别特征：体长 26~32 mm。体绿色，具赤褐色散点，腹部背面粉红色。头顶尖角形，端半部侧扁，狭于触角第 1 节，背面具沟。前翅较狭，横脉排列较规则。尾须较粗短，圆柱形。

分布：云南（昭通等），全国广布。

泰氏掩耳螽 *Elimaea thaii* Ingrisch

鉴别特征：体长 25~32 mm。体绿色。复眼棕色，触角背面微棕色，腹部背板中间红色。头顶角狭，背面具沟端部近尖。前胸后部背面平，侧角圆，横沟短，“Y”形，在中部之后较弱。

分布：云南（昭通等）；印度，泰国。

苍白优草螽 *Euconocephalus pallidus* (Redtenbacher)

鉴别特征：体长 26~32 mm。头顶向前突出于额突之前。前胸背板后缘圆形，背面稍平。前翅端缘狭圆形。前足股节腹面内缘和中足股节腹面外缘各具 2~3 根小刺。雄虫尾须较粗。

分布：云南（昭通等）、福建、台湾、广东、海南、广西；印度，澳大利亚。

鼻优草螽 *Euconocephalus nasutus* (Thunberg)

鉴别特征：体长 28~32 mm。体淡草绿色或淡黄褐色；上颚橙色，前胸背板具不明显的黄色侧条纹，前翅前缘基半部具黑边。头顶圆锥形，顶端钝。前翅远超后足股节顶端。

分布：云南（昭通等）、福建、台湾、广东、海南、广西；印度，越南，新加坡。

中华优剑螽 *Euxiphidiopsis sinensis* Tinkham

鉴别特征：体长 12~16 mm。体黄绿色，前胸背板背面黄褐色。头顶圆锥形，顶端圆钝，背面具弱纵沟。前胸背板侧片后缘几乎直，肩凹不明显。前翅超出后足股节顶端，后翅长于前翅。

分布：云南（昭通）、浙江、四川。

贵州戈螽 *Grigoriora kweichowensis* (Tinkham)

鉴别特征：体长 10~12 mm。通体绿色，触角黄褐色。头顶平坦，几乎平行于前胸背板；触角极长；复眼突出。前胸背板前缘直，后缘突出，两侧平行。前翅极长，几乎 2 倍长于腹部。

分布：云南（昭通）、贵州。

赤褐环螽 *Letana rubescens* (Stål)

鉴别特征：体长 18~23 mm。体绿色，具暗色和淡红色散点。后头、前胸背板背面和前翅臀脉域具赤褐色。雄虫前胸背板侧片强膨胀。前翅超过后足股节端部。雄虫前翅发音部长大于宽。

分布：云南（昭通等）、浙江、湖北、湖南、福建、广西、四川；越南，泰国。

细齿平背螽 *Isopsera denticulata* Ebner

鉴别特征：体长 20~25 mm。体绿色。雄虫尾须端部齿为褐色。头顶末端钝，背面具纵沟。前胸背板背面平，具侧隆线。前翅超过后足股节末端，具光泽，半透明。后足股节腹面内缘具 5 根刺。

分布：云南（昭通）、陕西、甘肃、安徽、浙江、湖北、江西、湖南、福建、广西等；日本。

日本纺织娘 *Mecopoda niponensis* (de Haan)

鉴别特征：体长 30~40 mm。体色绿色、黄色、褐色等多变，翅还具 1 个至数个黑色小点。前胸背板沟后区较强地扩宽；前胸腹板刺突较短，基部远离，间隔大于刺突基部宽度的一半。

分布：云南（昭通等），除东北地区以外中国大部分地区；朝鲜，韩国，日本，越南。

四点黑斑螽 *Nigrimacula quadrinotata* (Bey-Bienko)

鉴别特征：体长 8~10 mm。除前胸背板外通体草绿色。前胸背板较短，背板中部具 1 条黄褐色宽纵纹，前部具 1 对黑褐色斑点且中部具 1 对褐色斑点；后足胫节具 1 对背端距及 2 对腹端距。

分布：云南（昭通等）。

云南安螽 *Prohimerta yunnanea* (Bey-Bienko)

鉴别特征：体长 22~26 mm。体淡绿色。触角暗褐色，具稀疏的黄白色环。前翅具黑色细点。头宽窄于前胸背板前缘。前胸背板近梯形。前翅超过腹端，端部缩狭。尾须基部较粗，圆柱形。

分布：云南（昭通等）、河南、广东、四川。

凸翅糙颈螽 *Ruidocollaris convexipennis* (Caudell)

鉴别特征：体长 34~40 mm。体黄绿色，颜面赤褐色；前翅绿色，具淡褐色斑纹，弱光泽。前胸背板具刻点，后缘呈圆形突起。后足股节腹面内缘具 1~2 根刺，外缘具 7 根刺，膝叶缺刺。

分布：云南（昭通等）、陕西、安徽、浙江、湖北、江西、湖南、广东、广西、四川。

四川华绿螽 *Sinochlora szechwanensis* Tinkham

鉴别特征：体长 20~24 mm。体深叶绿色。头顶角向颜面微倾斜，背面具沟，与颜面角不相接触。前胸背板背面具“V”形横沟，前缘直，后缘钝圆。前胸背板侧叶高大于长，肩角不深凹。

分布：云南（昭通等），除东北地区以外我国大部分地区。

中华螽蟖 *Tettigonia chinensis* Willemse

鉴别特征：体长 28~32 mm。体一般为绿色或黄绿色，前胸背板和前翅臀脉域带褐色。头顶狭于触角第 1 节，顶端较钝。复眼近圆形，突出。前胸背板缺侧降线。前翅远超过后足股节端部。

分布：云南（昭通等）、河南、陕西、江苏、湖北、湖南、福建、广西、四川、贵州。

蚤蝼科 Tridactylidae

四川赛蚤蝼 *Xya sichuanensis* Cao, Shi & Yin

鉴别特征：体长3~4 mm。通体黑色，具黄色斑点。头小，略圆，复眼稍突出，单眼明显。前胸背板大，后缘及两侧圆弧形；前翅短，革质，具亚缘脉；后足股节异常发达，略长于腹部。

分布：云南（昭通）、四川。

蚱科 Tetrigidae

白须拟科蚱 *Cotysoides albipalpulus* Zheng & Jiang

鉴别特征：体长4~6 mm。触角颜色为白色或浅色。头顶前缘突出于复眼之前。触角丝状，着生于复眼前缘下1/3处。前胸背板背面密具小瘤突，中隆线波状，形成一连串小突起。

分布：云南（昭通）、广西。

眼优角蚱 *Eucriotettix oculatus* (Bolívar)

鉴别特征：体长 9~11 mm。体灰褐色，足暗褐色。头部短，显著抬高，高于前胸背板。前胸背板后突到达或略超过后足胫节的顶端；前胸背板侧片后角向外突出呈片状，顶端形成 1 根锐刺。

分布：云南（昭通等）、安徽、浙江、福建、广西、贵州、西藏；印度，越南，印度尼西亚。

二斑拟叶蚱 *Lamellitettigodes bimaculatus* (Zheng)

鉴别特征：体长 8~10 mm。体灰褐色，前翅具有 2 个明显的暗褐色斑点，端部暗褐色。头部突起，头顶略突出于复眼前缘，前缘钝角形，前胸背板侧叶后缘具 2 个凹陷，侧叶后角向下。

分布：云南（昭通）、福建、广西、贵州。

拟长翅蚱 *Tetrix longipennioides* Zheng & Ou

鉴别特征：体长 4~6 mm。头部不突起，头顶宽与复眼宽相近或稍宽。触角为丝状。前胸背板前缘平截或呈钝角形，背面较平坦或前半部略呈屋脊形。前翅卵形。后足股节粗短，边缘具细齿。

分布：云南（昭通等）。

云南瘤蚱 *Thoradonta yunnana* Zheng

鉴别特征：体长 6~8 mm。体黄褐、暗褐色。后足胫节黑褐色，中部具 2 个淡色环。头短，触角丝状。前胸背板背面多瘤突，中隆线明显波状。前胸背板后突楔状。前翅长卵形。

分布：云南（昭通等）、广东、广西、四川、贵州；越南，泰国。

锥头蝗科 Pygomorphidae

奇异负蝗 *Atractomorpha peregrina* Bi & Xia

鉴别特征：体长 26~44 mm。体草绿色或黄绿色。雄虫多数个体的前翅端部略呈淡红色，后翅具不明显的淡粉红色。头顶较长，触角剑状。前翅 1/3 超出后足股节端部；后翅短于前翅。

分布：云南（昭通）、贵州。

剑角蝗科 Acrididae

棉蝗 *Chondracris rosea* (De Geer)

鉴别特征：体长 48~81 mm。体鲜绿色。头大而短，与前胸背板沟后区的长度几乎等长；触角丝状。前胸背板中隆线突起，两侧各具 3 条横沟。前翅长桨状，后翅扇状。短圆锥形，顶端钝圆。

分布：云南（昭通等），全国广布；朝鲜，韩国，印度，尼泊尔，泰国。

钝尾雏蝗 *Chorthippus obtusicaudatus* Mao, Ren & Ou

鉴别特征：体长 16~24 mm。头短于前胸背板；头顶宽短，顶端呈钝角或直角；头侧窝明显，呈狭长四方形。颜面向后倾斜，颜面隆起宽平或具纵沟。触角到达或超过前胸背板后缘。

分布：云南（昭通等）。

大山雏蝗 *Chorthippus dashanensis* Mao, Ren & Ou

鉴别特征：体长 15~22 mm。头部短于前胸背板；头顶宽短，顶端常呈钝角或直角；头侧窝明显，呈狭长四方形。颜面向后倾斜，隆起宽平或具纵沟。触角到达或超过前胸背板后缘。

分布：云南（昭通等）。

中华拟裸蝗 *Conophymacris chinensis* Willemse

鉴别特征：体长 24~30 mm。体褐色，少数带绿色。前胸背板侧片中部有块黑斑；前翅黑色，臀域淡褐色。头短，明显短于前胸背板；头顶向前倾斜，宽平；触角粗短。前胸背板前缘平直。

分布：云南（昭通）、重庆、四川。

红褐斑腿蝗 *Diabolocatantops pinguis* (Stål)

鉴别特征：体长 24~34 mm。体红褐色至灰褐色。头短，长约前胸背板的 1/2，头顶短而平，与颜面隆起形成圆角。复眼长卵形，触角丝状。前胸背板平，密布小刻点。后足股节粗短。

分布：云南（昭通等），全国广布；印度，不丹，尼泊尔，孟加拉国，越南，泰国。

峨眉腹露蝗 *Fruhstorferiola omei* (Rehn & Rehn)

鉴别特征：体长 22~36 mm。雌虫体型较雄虫大。体黄褐色或绿褐色；触角黄褐色。肛上板三角形，近中部具 1 个横脊。尾须圆锥形，较短，略扁，顶端钝形，其长远不及肛上板顶端。

分布：云南（昭通）、陕西、甘肃、四川。

黑股车蝗 *Gastrimargus nubilus* Uvarov

鉴别特征: 体长 24~38 mm。体暗褐色; 前翅后缘绿色, 其余部分黑褐色, 近中部处具 1 条淡色斑纹; 后足胫节红色，基部具淡色环纹。头大而短，较短于前胸背板。前胸腹板平坦。

分布：云南（昭通）、新疆、四川、西藏。

中华黑翅蝗 *Megaulacobothrus chinensis* (Tarbinsky)

鉴别特征：体长 21~27 mm。体暗褐色。触角褐色，复眼红褐色；前胸背板沿侧隆线具黑色纵带纹；前翅褐色，后翅黑褐色；后足胫节橙黄色，基部黑褐色；腹部末端橙黄色。

分布：云南（昭通）、四川。

红胫小车蝗 *Oedaleus manjius* Chang

鉴别特征：体长 26~38 mm。体暗褐色。前翅端部之半较透明，具有数块小暗斑，基半部具 2 个大黑斑。后足股节红色，膝部黑色，基部黑色。颜面垂直。触角刚达到前胸背板后缘。

分布：云南（昭通）、陕西、江苏、浙江、江西、湖北、福建、海南、广西、四川。

印度黄脊蝗 *Patanga succincta* (Johannson)

鉴别特征：体长 45~63 mm。体黄褐色；体背具黄色纵条纹向后沿伸；前胸背板侧片的中部和底缘具黄色条纹；前翅端半具许多狭条形暗斑纹。头颜面微向后倾斜。前胸腹板突柱状。

分布：云南（昭通等），全国广布；日本，巴基斯坦，印度，尼泊尔，越南，泰国，斯里兰卡等。

橄榄蹦蝗 *Sinopodisma oliva* Mao, Ren & Ou

鉴别特征：体长 21~27 mm。体色通常为绿色或褐色；后头两侧及前胸背板两侧各具 1 条黑色宽带；足跗节黑色。头大而短，颜面突出。触角丝状，粗长。前胸背板平坦，两侧各具 3 条横沟。

分布：云南（昭通等）。

短角直斑腿蝗 *Stenocatantops mistshenkoi* Willemse

鉴别特征：体长 25~38 mm。体黄褐色、褐色或红褐色。后足股节下部和后足胫节橘红色。头短于前胸背板；头顶向前倾斜，端部呈圆角状。前胸背板圆柱状，后缘呈钝角状；前翅较短。

分布：云南（昭通等）、陕西、江苏、安徽、浙江、湖北、江西、福建、台湾、广东、广西、四川。

中华越北蝗 *Tonkinacris sinensis* Chang

鉴别特征：体长 25~37 mm。体黄绿色或褐绿色，具黑色眼后带。前翅黄绿色；后足股节淡黄绿色，具 2 个黑色黄斑；后胫节青绿色。头顶极倾斜，顶圆。前胸背板前缘弧形，中央略凹。

分布：云南（昭通等）、湖南、广西、四川、贵州；越南。

纺足目

Embioptera

纺足目是昆虫纲中较小的一个类群，因前足能够分泌纺丝而得名，俗称足丝蚁。在热带和亚热带地区分布广泛，世界已知 400 余种，中国已记录 8 种，均见于南方地区。

成虫体长 4~6 mm，部分种类可超过 10 mm。体躯细长而扁平，头部椭圆形，触角线状，13~34 节；无单眼，复眼通常小；口器咀嚼式，不对称；雄虫具颚，但不用于进食，而是在交配时用于抓紧雌虫。足短粗，跗节 3 节，前足第 1 跗节膨大，特化成丝腺，能分泌纺丝。雄虫具 2 对翅，翅脉简单，雌虫无翅。腹部修长，约与头部加胸部等长；尾须 1~2 节。

渐变态。若虫共 4 龄，喜群居，一个群体通常包括了数只雌虫和许多龄期不等的若虫。栖息于由前足跗节分泌的纺丝所构成的丝廊中，丝廊可见于潮湿的热带地区的树木表面或干燥地区地面上成团的枯叶中，以枯死或腐烂的植物碎屑、地衣、苔藓等为食。雌虫具护卵和抚育若虫的习性，具翅的雄成虫寿命较短，交配后即死亡。

这次调查中首次在昭通地区记录了该目的分布，包括 2 个未定种。

螳螂目

Mantodea

螳螂目昆虫俗称螳螂或刀螂，捕食性，全世界已知约 2 400 种，广泛分布于热带、亚热带和温带，中国已知近 180 种。

成虫体中到大型，体色多数绿色或褐色，具保护色，善于拟态。头大，三角形，可灵活转动。多具丝状触角。口器咀嚼式。前胸常长于中后胸。前足为捕捉足，股节和胫节具尖刺，胫节可紧密折嵌于股节槽内。中、后足为步行足，股节和胫节外缘时有扩展。前翅复翅，后翅膜质，2 对翅有时完全或部分退化。腹部呈圆筒状，雄虫腹板 9 节，雌虫 7 节，末端具尾须 1 对。

渐变态。温带地区常 1 年完成 1 代，常以卵鞘的形式越冬。卵鞘由 10~400 粒卵外包雌虫附腺分泌物构成，附着于树枝或其他物体上。部分螳螂的卵鞘可入中药。若、成虫具有很强的捕食能力，偶尔具有互相残杀的习性，在交配时尤其显著。螳螂在农林业中被认为是重要的天敌昆虫，能用于害虫的生物防治。

花螳科 Hymenopodidae

明端眼斑螳 *Creobroter apicalis* Saussure

鉴别特征：体中型。成虫头顶略隆起，具锥状突起，复眼锥型。前胸背板短宽，近椭圆形，边缘齿突发达。前翅具眼斑状斑纹，雌虫基部白斑呈方形块状；后翅臀域具烟色斑。

分布：云南（昭通等）、广西；印度。

四川齿螳 *Odontomantis laticollis* Beier

鉴别特征：体小型。成虫通体绿色，短粗。复眼卵圆形。前胸背板略短于前足基节，扁平。前足跗节内侧全部黑色。前翅翅室密集；后翅臀域仅基部烟色，其余大部分均红褐色。

分布：云南（昭通）、四川。

中华斧螳 *Hierodula chinensis* Werner

鉴别特征：体大型。成虫体翠绿色，极少黄色。头顶光滑。前胸修长，前胸腹板常具红褐色。前足内侧无显著黑斑。前翅翅痣白色，后翅无色透明。雄虫腹部狭长锥状，雌虫腹部宽阔。

分布：云南（昭通）、河南、江苏、上海、安徽、浙江、湖北、江西、湖南、福建、台湾；韩国等。

污斑静螳 *Statilia maculata* (Thunberg)

鉴别特征：体中型。成虫通体褐色，少数黄褐色或绿色。头三角形。前胸修长，边缘具细齿。前足股节内侧具黑白相间的眼状斑。翅发达，超过腹部末端，后翅紫黑色。腹部狭长。

分布：云南（昭通等）、山东、河南、江苏、上海、安徽、浙江、湖北、江西、湖南、福建、台湾。

蜚蠊目

Blattodea

蜚蠊目是最古老的昆虫类群之一，有活化石之称。该类群为渐变态，适应多样的生态环境，全世界有 7 800 余种，中国已知近 900 种。白蚁旧时隶属于等翅目，因分子系统学以及形态学、生物学证据归并于蜚蠊目蜚蠊总科内，为白蚁超科；而白蚁超科以外的类群为传统的蜚蠊，俗称蟑螂。

成虫体型大小差异较大，小的仅 2 mm，大的超过 100 mm。身体多宽阔扁平，近长椭圆形。前胸背板盖住头大部，露出前缘。口器为咀嚼式。多数种类具两对翅，前翅覆翅，后翅膜质。白蚁栖息于土壤或木材的隐藏巢居中，为社会性昆虫，群体由有翅和无翅的生殖个体（雌蚁和雄蚁）与多数无翅的非生殖个体（工蚁和兵蚁）组成。兵蚁和工蚁多通体白色，触角长，念珠状。

该类群多样性集中于热带及亚热带的原始森林、次生林和稀树草原，是重要的分解者和能量转化者；也与人类生产生活息息相关，部分种类具有药用价值，如美洲大蠊和中华真地鳖，少数种类为城市卫生和农林、建筑害虫。

黑带大光蠊 *Rhabdoblatta nigrovittata* Bey-Bienko

鉴别特征：体长 27~32 mm。雄虫通体黑色，前胸背板光滑不具刻点。前翅狭长，后翅臀域无色，前缘域褐色；前后翅端钝圆突出。腹板橘黄色，中部黑色。

分布：云南（昭通）、浙江、湖北、湖南、广东、广西、重庆、四川、贵州。

小钩口大光蠊 *Rhabdoblatta sinuata* Bey-Bienko

鉴别特征：体长 20~30 mm。体黄褐色，触角黄色。前胸背板密布深褐色斑点。前翅散布褐色小斑块。足和腹部近黄色。雄虫肛上板对称；下生殖板后缘不对称，中部具“U”形凹陷。

分布：云南（昭通等）、广东、四川。

姬蠊科 Ectobiidae

乙蠊 *Sigmella* sp.

鉴别特征： 体长 8~10 mm。体黄褐色。后翅翅顶三角区明显。前足腿节基部第 1~4 跗分节具跗垫。肛上板对称，尾须间无突起。下生殖板不对称，背面观两尾刺间具 1 明显突起。两尾刺圆柱形。

分布： 云南（昭通）。

掸邦丘蠊 *Sorineuchora shanensis* (Princis)

鉴别特征： 体长 5~8 mm。体黑色，体表密布白色斑点。头不全隐于前胸背板下。触角丝状，末端和基部黑色，其余浅褐色。前胸背板两侧扩展部分半透明，中域具黑色肾形和白色条状斑纹。

分布： 云南（昭通）、福建、海南、贵州。

褶翅蠊科 Anaplectidae

峨眉褶翅蠊 *Anaplecta omei* Bey-Bienko

鉴别特征: 体长 6~7 mm。体黄褐色。单眼缺失，唇基突出。前胸背板椭圆，边缘半透明。前足爪简单、对称，具中垫。雄虫肛上板中部特化，具刚毛簇；下生殖板尾刺较小。

分布： 云南（昭通）、江苏、安徽、福建、广西、重庆、四川。

蜚蠊科 Blattidae

黑胸大蠊 *Periplaneta fuliginosa* Serville

鉴别特征： 体长 24~34 mm。头黑褐色，单眼黄白色。雄虫腹部第一背板特化，前缘中央具毛簇。雄虫下生殖板宽短，后缘中部呈缓弧形；雌虫略呈三角形，中线向下隆起，两侧上倾。

分布： 云南（昭通）、福建、台湾、广东、广西。

鼻白蚁科 Rhinotermitidae

散白蚁 *Reticulitermes* sp.

鉴别特征：体长 9~10 mm。工蜇淡黄色，头圆形。兵蜇颜色近似工蜇，头长方形，两侧近平行，后缘宽圆。上颚军刀状，或弯曲成钩状，触角 14~19 节，后颏腰区狭长。

分布：云南（昭通）。

白蚁科 Termitidae

土白蚁 *Odontotermes* sp.

鉴别特征：体长约 6 mm。体乳白色。工蜇头黄色，胸腹部灰白色。上颚镰刀形，左上颚具明显的尖齿；右上颚内缘有不明显的微齿。有翅成虫的头、胸、腹背面黑褐色，腹面棕黄色。

分布：云南（昭通）。

啮虫目

Psocodea

啮虫目主要包括啮虫和寄生虱。曾经的虱目 Phthiraptera 已归属于啮虫目下的粉啮亚目 Troctomorpha，不再是一个目级阶元。

啮虫，简称蛄，因某些种类能把粮食蛀蚀成粉而得名。世界已知 8 000 余种，我国已记载 1 700 余种，多数分布在温带至热带地区。成虫体长 1~11 mm。后唇基特别发达，呈球状突出。触角长丝状，通常为 13 节。口器咀嚼式。具翅种类前胸小，细缩如颈。翅膜质，发达，呈屋脊状覆于腹部上，脉序简单，有些种类无翅。渐变态，若虫 4~6 龄。常生活在树干、叶片或果实上，在树皮、篱笆、枯叶、苔藓与石头下的潮湿阴暗之处也能发现，还有一些种类生活在室内、仓库或菌体中。

寄生虱是哺乳动物和鸟类体表的专性寄生虫。全世界已知 5 000 余种。无翅，体型微小而扁平，长条形或椭圆形，成虫体长 0.3~10 mm。根据口器的不同，寄生虱可被分为拥有咀嚼式口器的咬虱以及拥有刺吸式口器的吸虱。寄生虱整个生命周期都在寄主上完成，经历卵、若虫和成虫 3 个阶段。咬虱主要取食羽毛、死皮和皮肤分泌物；吸虱主要吸食真兽类和人体血液，可引起皮炎，还能传播多种疾病，是重要的卫生害虫。

单蛄科 Caeciliusidae

单蛄 *Caecilius* sp.

鉴别特征：体小型。体以淡黄色为主，头、胸部背面有黑色斑纹。翅黄褐色，半透明；前翅前半部有烟褐色斑纹，后半部具烟褐色横斑。腹面淡黄色。足黄色，跗节 2 节。翅痣后角圆。

分布：云南（昭通）。

寇蛄 *Kodamaius* sp.

鉴别特征：体小型。体深褐色。触角比前翅短。后唇基深褐色，上唇具 2 刚毛状感器。前翅深褐色，会反光；翅痣宽，后角圆或尖或具距脉；Rs 脉弯曲，分 2 支；M 脉分 3 支。

分布：云南（昭通）。

重蛄科 Amphientomidae

重蛄 Amphientomidae sp.

鉴别特征：体小型。通常全身被鳞片。体灰色，翅的后半段有大的三角形斑，橙色。前翅外缘和橙色斑周围有白色条带。触角细长，丝状。前足股节、胫节内侧具梳状齿，跗节 3 节。

分布：云南（昭通）。

兽羽虱科 Trichodectidae

山羊虱 *Bovicola caprae* (Gurlt)

鉴别特征：体小型。体黄白色，背腹扁平。头部近圆形，有发达的咀嚼式口器，前头部突出略平，后部有突出的后颊。胸部 2 节，呈梯形；无翅。跗节 3 节，末端有爪。

分布：云南（昭通等）、内蒙古、山东、河南、新疆、安徽、四川、贵州。

缨翅目

Thysanoptera

缨翅目因前翅为缨翅而得名，俗称蓟马。根据雌虫腹部末端形状和有无产卵器分为锯尾亚目和管尾亚目。世界已知 7 400 余种，中国已知 700 余种。

成虫体细长，0.5~18 mm，略扁；体白色、黄褐色或黑色；多数种类无翅，少数种类可兼有多种翅型。触角短，线状、棒状或念珠状。复眼发达，有翅种类常具 2~3 个单眼，无翅种类单眼多缺失。口器锉吸式。长翅型前后翅均狭长且边缘具缨毛的缨翅；翅脉极少或无。

过渐变态。一生经历卵、若虫、预蛹、伪蛹、成虫五个发育阶段。营两性生殖和孤雌生殖，可同时存在也可交替进行。多数种类栖息于树皮中或枯枝落叶下，取食菌类的孢子、菌丝体或其腐殖质。部分种类可危害农作物、花卉及林果，或传播病毒，导致花瓣褪色、叶片皱缩、茎和果形成伤疤，严重时可致植株枯萎，影响农林产品的质量和产量，甚至绝收。极少数种类可捕食蚜虫、粉虱、介壳虫、螨类等小型节肢动物，可被作为天敌应用于害虫生物防治。

马来轻管蓟马 *Elaphrothrips malayensis* (Bagnall)

鉴别特征：体长约 1.5 mm。体深褐色。触角 8 节，第 3、4 节等长；第 3 节黄色，端部暗。头部复眼前延伸宽是长的 2 倍。第 1 腹片主片与侧翼连接宽阔，表面布满网纹，无鬃孔。尾管稍短于头长。

分布：云南（昭通等）、湖北、广东、海南、广西、贵州、西藏；泰国，斯里兰卡，马来西亚等。

刺头轻管蓟马 *Elaphrothrips spiniceps* Bagnall

鉴别特征：体长约 1.4 mm。体深褐色。体触角 8 节；第 3 节长为宽的 2 倍。头长为宽的 2.6 倍；复眼前延伸宽为长的 5 倍。前胸背板主要鬃发达。第 1 腹片表面布满网纹，无感觉孔。尾管稍短于头长。

分布：云南（昭通）、福建、台湾、广东、海南、贵州；日本，越南，印度，新加坡等。

日本器管蓟马 *Hoplothrips japonicus* (Karny)

鉴别特征：体长约 1.5 mm。深褐色。触角第 3~6 节的基部黄色部分渐少，其余褐色。头长为宽的 1.3 倍，背布网纹。复眼后鬃长于复眼。第 1 腹片近似三角形，表面布满不规则网纹，有 1 对钟形感觉孔。

分布：云南（昭通）、湖北、江西、福建、台湾、广东、海南、广西、四川；日本，美国。

半翅目

Hemiptera

半翅目是昆虫纲第 5 大目，也是不全变态类昆虫中最为多样的类群，世界已知 10 万余种，中国记载 12 000 余种。现今的半翅目包含了传统的“同翅目”（蝉、叶蝉、角蝉、沫蝉、蜡蝉、木虱、粉虱、介壳虫和蚜虫等）和狭义半翅目（蝽类），并被分为 4 个亚目：头喙亚目、鞘喙亚目、异翅亚目和胸喙亚目。世界性分布，在热带、亚热带地区多样性最高。

成虫体小至大型，体形和体色多变。口器刺吸式，喙从头部前方或后方伸出，通常 3 节或 4 节。前胸背板和中胸小盾片发达。前翅半鞘翅或质地均一，静息时呈屋脊状放置或平叠于体背；有时无翅，或后翅特化为棒翅。部分种类具蜡腺或臭腺。

多为渐变态。一生经历卵、若虫和成虫 3 个阶段。若虫的形态和习性与成虫近似。生境类型多样，包括陆生、半水生和水生种类。多数种类为植食性，刺吸植物营养或繁殖器官，有的可传播植物病害，为重要农林害虫；吸血蝽类叮咬人畜并传播疾病；猎蝽、姬蝽和花蝽等捕食性蝽类是害虫的有效天敌；还有的能产生虫胶、虫蜡或虫瘿，是珍贵的工业原料和药用资源。

蚜科 Aphididae

豆蚜 *Aphis craccivora* Koch

鉴别特征：体长约 2.2 mm。无翅蚜通常浅黄绿色或白色，有时赭赤色。腹管亚端部无膨大；第 7、8 背片具粒状微刺组成的网纹。有翅蚜头部、胸部黑色，腹部浅绿色。

分布：云南（昭通等），全国广布。

柳黑毛蚜 *Chaitophorus saliniger* Shinji

鉴别特征：体长约 1.5 mm。无翅胎生雌蚜通常卵圆形，黑色；胸部背面具圆形粗刻点组成的瓦纹；腹管截断形。有翅胎生雌蚜通常卵圆形，黑色；腹部节间斑黑色；腹管短筒形。

分布：云南（昭通等），全国广布；日本。

苹果绵蚜 *Eriosoma lanigerum* (Hausmann)

鉴别特征：体长 1~2 mm。无翅胎生雌蚜通常褐色；复眼及眼瘤红黑色；喙赤褐色，末端黑色。有翅胎生雌蚜体色较深；复眼红黑色。有性雌蚜浅黄褐色。

分布：云南（昭通等）、辽宁、天津、河北、山东、江苏；世界广布。

蚧科 Coccidae

吐伦球坚蚧 *Rhodococcus turanicus* (Archangelskaya)

鉴别特征：雌虫体长 2~3 mm；半球形，棕栗色；介壳背面常具 3 条纵脊，中纵脊具 2 条不规则的黑色纵线纹。雄虫红色；腹部末端具 2 条长蜡丝；交配器短。初孵若虫长方形或椭圆形。

分布：云南（昭通等）、新疆。

盾蚧科 Diaspididae

桑白盾蚧 *Pseudaulacaspis pentagona* (Tagioni-Tozzeti)

鉴别特征：雄虫体长约 0.7 mm，橙色或橘红色；触角念珠状；前翅灰白色；介壳雪白色，背面具 3 条纵沟。雌虫体长约 1 mm，体橘红色；触角瘤状；介壳圆形或椭圆形，白色或黄白色。

分布：云南（昭通等），全国广布；朝鲜，日本，越南，马来西亚，印度尼西亚以及非洲和北美洲国家等。

矢尖盾蚧 *Unaspis yanonensis* (Kuwana)

鉴别特征：雄虫体长 1~2 mm，橙黄色；介壳狭长形，粉白色，背面具 3 条纵脊。雌虫体长 2~4 mm，橙黄色；介壳箭头形，前尖后宽，黄褐色至棕褐色，边缘灰白色，中央具 1 条纵脊。

分布：云南（昭通等）、河北、江苏、湖北、湖南、广东、广西、重庆、四川、贵州等。

绵蚧科 Monophlebidae

吹绵蚧 *Icerya purchasi* Maskell

鉴别特征：雄虫体长约 3 mm，橘红色；触角黑色，除第 1、2 节两节外，其余各节两端膨大，膨大部分具 1 圈刚毛；前翅紫黑色。雌虫体长 5~7 mm，椭圆形，橘红色，被白色蜡质。

分布：云南（昭通等），全国广布；世界广布。

鞭木虱科 Mastigimatidae

香椿巴木虱 *Bharatiana octospinosa* Mathur

鉴别特征：体长 3~5 mm。体黄色至黄褐色，具黑斑。头顶前缘中部凹陷；颊一定程度向下方隆起。后足胫节无基齿，端距排列为开放环状。前翅 cu_1 室扁长形，Cu_{1a} 脉直；后缘具 1 条深灰色窄带。

分布：云南（昭通等）、河南、陕西、甘肃、湖南、广西、四川、贵州。

中国梨喀木虱 *Cacopsylla chinensis* (Yang & Li)

鉴别特征：夏型成虫体长 2~3 mm；体黄绿色，复眼黑色，单眼 3 个；胸部背面具 4 条红黄色或黄色纵条纹；翅狭长，无斑纹。冬型成虫体长 2~4 mm；体灰褐色或深黑褐色，具黑褐色斑纹。

分布：云南（昭通等），全国广布。

赭室喀木虱 *Cacopsylla fuscicella* Zhao, Luo, Liu, Shi, Cai & Song

鉴别特征：体长 3~4 mm。体黄褐色，颊锥短，末端圆，端部具 2 根鞭状毛。前、中胸背板具白色纵斑。各足黄褐色。前翅透明，外缘各翅室稍呈褐色，缘纹处尤深。腹部具褐色斑点。

分布：云南（昭通）。

通脱木喀木虱 *Cacopsylla tetrapanaxae* (Yang)

鉴别特征：体长 1~3 mm。体黄色至红褐色。头部宽于胸部，向下弯曲；颊锥白色，明显长于头顶，具细毛并分叉，顶端尖锐。前翅翅痣长且宽。后足胫节具基部突起及 5 个端距。腹部腹面白色。

分布：云南（昭通等）、台湾。

大角木虱 *Cornopsylla magna* Luo, Li, Li & Cai

鉴别特征：体长 3~5 mm。体绿色。头部向前下方斜伸；颊锥长于头顶。触角长为头宽的 2 倍以上。后足胫节无基齿，具 7 个端距。前翅透明，稍污黄色，具白斑，翅脉黄色；Rs 脉伸达翅端。

分布：云南（昭通等）、辽宁、河北、山东、浙江。

银合欢异木虱 *Heteropsylla cubana* Crawford

鉴别特征：体长 1~2 mm。体绿色、黄绿色至黄色。头部前窄后宽；后头具黑色带。胸部背面隆起。后足胫节端部具 4 根内侧刺和 1 根外侧刺。前翅各脉较粗壮；Rs 脉末端略向前弯曲。

分布：云南（昭通等）、福建、台湾、广东、海南、香港、贵州；世界广布。

个木虱科 Triozidae

郑氏锥翅个木虱 *Coniotrioza zhengi* Li

鉴别特征：体长 2~4 mm。体绿色至黄绿色。头顶近矩形。触角长几乎与头宽相当。后足胫节无基齿，具 1+2 端距。前翅透明，狭长锥状，基部宽，向端渐狭；翅脉三叉分支，M_{1+2} 脉伸达翅端。

分布：云南（昭通等）。

斑带丽沫蝉 *Cosmoscarta bispecularis* (White)

鉴别特征：体长 15~17 mm。体橘红色。头部前方下倾；颜面隆起，两侧具横沟。前胸背板宽大，较隆拱，近前缘具 2 个小黑斑，中部具 2 横长的大黑斑。前翅具 7 个大黑斑，端部 1/3 褐色。

分布：云南（昭通等）、江苏、安徽、浙江、江西、福建、台湾、广东、海南、广西、四川、贵州。

红二带丽沫蝉 *Cosmoscarta egens* (Walker)

鉴别特征：体长约 11 mm。体黑色。小盾片血红色。后胸背面具 1 个黑褐色横斑；后胸腹板血红色。各足血红色。前翅基域及爪片末端的横带纹血红色。腹部血红色，各节具黑褐色横带纹。

分布：云南（昭通等）、浙江、湖南、贵州；印度。

南方曙沫蝉 *Eoscarta borealis* Distant

鉴别特征： 体长 8~11 mm。头部和前胸背板土黄色。小盾片土黄色至深玫红色。前翅玫红色。各足土黄色，前足和中足胫节、后足胫节端部、各足跗节和爪深褐色；后足胫节及附节端刺刺尖黑色。

分布： 云南（昭通等）、福建、台湾、广东、广西、四川、贵州、西藏；缅甸，越南，老挝，泰国等。

半红凤沫蝉 *Paphnutius semirufus* Haupt

鉴别特征： 体长 6~9 mm。头部、前胸背板、小盾片以及前翅基部红色。头顶后半部中央具 1 条纵脊。喙基节橘黄色，端节褐色。前、中足股节基半及后足股节红色或橘黄色；后足胫节具 2 根侧刺。

分布： 云南（昭通等）、四川、贵州；缅甸，越南。

浙江拟沫蝉 *Paracercopis chekiangensis* (Ôuchi)

鉴别特征：体长 6~9 mm。体深红褐色，具深色条纹。头部前方下倾；颜面中央具纵沟。前胸背板横宽。前翅外缘和端部玫红色，翅脉明显，中央具 1 条黑色横带纹。各足红褐色，爪深色。

分布：云南（昭通等）、陕西、甘肃、浙江、湖北、福建、四川。

红背疣胸沫蝉 *Phymatostetha dorsivitta* (Walker)

鉴别特征：体长约 14 mm。体黑褐色，具橙色斑点。触角檐短，弧形。喙伸达中足基节。前胸背板宽大，前缘近平直，后缘直或微凹入。后足胫节具 2 根外侧刺。前翅端区端缘通常黄褐色。

分布：云南（昭通等）、陕西、四川；印度，越南。

巢沫蝉科 Machaerotidae

栗巢沫蝉 *Taihorina geisha* Schumacher

鉴别特征：体长 3~6 mm。体浅绿色。头部圆形，稍突出。触角刚毛状。前胸背板宽大，中部隆起，长宽近等。小盾片甚大，楔形，后端尖，直指腹端。前翅革质部分具黑褐色斑点。

分布：云南（昭通等）、安徽、湖北。

蝉科 Cicadidae

红蝉 *Huechys sanguinea* (De Geer)

鉴别特征：体长约 20 mm。复眼黑色；单眼血红色；后唇基红色或橘红色。前胸背板黑色。中胸背板红色，中央具 1 条黑色宽纵带；“X”形隆起黑色。前翅深褐色，结线不明显，翅脉黑色。

分布：云南（昭通等）、陕西、江苏、浙江、江西、湖南、福建、台湾、广东、海南、香港、广西、四川、贵州。

寡刺加藤蝉 *Katoa paucispina* Lei & Chou

鉴别特征：体长 22~25 mm。体黄褐色，具褐色或黑褐色斑纹。头部近三角形；复眼褐色；单眼浅红色。前胸背板褐色，中央具 1 个深褐色纵斑。中胸背板浅绿色或黄绿色，前缘具 2 对褐色纵斑。

分布：云南（昭通等）、福建。

松村细蝉 *Leptosemia takanonis* Matsumura

鉴别特征：体长 25~28 mm。头部绿色，具黑色斑纹；后唇基部具绿色斑点，中部具黑色纵纹。前胸背板内片绿色，中央斑纹、中缝、侧缝及内片周缘黑色。中胸背板绿色，具 5 条黑褐色纵纹。

分布：云南（昭通等）、浙江、江西、福建、广东、广西、四川。

松寒蝉 *Meimuna opalifera* (Walker)

鉴别特征： 体长 28~35 mm。体绿褐色。头顶具黑色斑纹。前胸背板后缘黑色，中央 1 对黑色长纹，中沟下方的“人”形纵纹、中沟及侧沟黑色。中胸背板黑色，具 2 对绿色斑纹，侧缘绿色。

分布： 云南（昭通等）、河北、河南、陕西、湖北、湖南、广东、澳门、广西、贵州、浙江等。

螂蝉 *Pomponia linearis* (Walker)

鉴别特征： 体长 33~52 mm。体褐色。头部中央纵纹、前缘细横纹、复眼前内侧大斑深褐色。中胸背板中央矛状斑、两侧的倒圆锥形斑和亚缘斑、“X”形隆起两侧浅褐色，其余绿色或绿褐色。

分布： 云南（昭通）、浙江、湖南、贵州。

黑色斑大叶蝉 *Anatkina candidipes* (Walker)

鉴别特征：体长 9~11 mm。部分个体头部、胸部背面和翅黑色。触角基部、复眼内侧缘和小盾片端部黄褐色。胸部腹面黑褐色。各足橙黄色或黄白色。腹部黑色，腹板侧缘和后缘具黄褐色窄边。

分布：云南（昭通等）、浙江、江西、福建、广西、贵州。

黑脊狭顶叶蝉 *Angustuma nigricarina* (Li)

鉴别特征：体长 7~8 mm。体浅黄褐色。头冠前部具 1 个多角形黑斑；额唇基中脊黑色，两侧各具 1 条线状纵纹，横刻痕明显。前胸侧板后缘具 1 条小黑斑。前足胫节和跗节黑色。腹部末端黑褐色。

分布：云南（昭通等）、贵州。

短突条大叶蝉 *Atkinsoniella brevistyla* Yang & Li

鉴别特征：体长 7~9 mm。头部红色，头顶具 1 个黑色大斑。前胸背板红色，前缘中部的大斑和后缘狭边黑色。小盾片黑色，基部中央具 1 个红色横斑。各足黑褐色。前翅黑色，具 2 条红色纵条纹。

分布：云南（昭通等）、西藏。

黄翅条大叶蝉 *Atkinsoniella flavipenna* Li & Wang

鉴别特征：体长 8~10 mm。头冠前端宽圆突出；颜面隆起；额唇基中部平坦，两侧具横印痕。前胸背板隆起前倾，具细横皱纹。小盾片中域横刻痕较直。前翅翅脉明显，端片及端室狭长。

分布：云南（昭通等）、贵州。

格氏条大叶蝉 *Atkinsoniella grahami* Young

鉴别特征：体长 10~12 mm。体橙黄色至橙红色。头部具数个黑斑。前胸背板前域具 1 列 3 个黑斑。小盾片基角处斑纹和端部黑色。前翅前缘、端缘及翅面斑点黑色。腹部各节腹板后缘浅黄褐色。

分布：云南（昭通等）、陕西、湖北、广东、四川、贵州。

黑圆条大叶蝉 *Atkinsoniella heiyuana* Li

鉴别特征：体长 5~6 mm。体浅红色。头部具 5 个黑斑。前胸背板横宽，前、后缘各具不规则的黑色横带。小盾片基角黑色。前翅具 4 条黑色纵带纹。各足黄褐色，胫节具褐色条纹，爪黑色。

分布：云南（昭通等）。

黑缘条大叶蝉 *Atkinsoniella limba* Kuoh

鉴别特征：体长约 5 mm。体红色。头冠基部具 1 对黑斑，端部中央具 1 个黑色圆斑；颜面浅黄褐色。前胸背板具 1 个“凸”形黑斑和 2 条黑色侧条纹。小盾片基角黑色。前翅具 4 条黑色纵带纹。

分布：云南（昭通等）。

黑胸条大叶蝉 *Atkinsoniella nigridorsum* Kuoh & Zhuo

鉴别特征：体长 8~10 mm。头冠黑色。前胸背板黑色或中部具弧形红色横带，背侧脊明显。前翅深红色，前缘、爪缝、接合缝及革片中央纵纹黑色，端部黑色。各足及腹部各节腹板后缘黄白色。

分布：云南（昭通等）、浙江、湖北、福建、重庆、四川、贵州。

片马窄头叶蝉 *Batracomorphus pianmaensis* Li & Wang

鉴别特征：体长 4~5 mm。体浅黄白色。头冠宽短，约为复眼间距的 1/4。前翅散布粗大刻点，翅脉浅绿色，爪片末端具 1 个黑褐色斑，端片浅黄褐色。各足黄白色；胫节和跗节绿色；爪黑褐色。

分布：云南（昭通等）、浙江、贵州。

焦氏双突叶蝉 *Biprocessa jiaoi* (Yang & Li)

鉴别特征：体长 7~8 mm。体灰白色。头冠向前突出，顶端具 1 个圆形小黑斑。前胸背板宽于头部，中央具黑色斑点。前翅灰白色至橙黄色，内缘与外缘深橘黄色或橘红色。腹部腹面黄色。

分布：云南（昭通等）、贵州。

尖凹大叶蝉 *Bothrogonia acuminata* Yang & Li

鉴别特征：体长 12~15 mm。体橙黄色至橙褐色。头冠后缘具黑色圆斑，顶端具 1 黑斑。前胸背板具 3 黑斑。小盾片中央具 1 黑色圆斑。前翅红褐色，具白斑，基部具 1 小黑斑，端部浅黄白色。

分布：云南（昭通等）、河北、福建、海南、广西、贵州。

弯凹大叶蝉 *Bothrogonia curvata* Yang & Li

鉴别特征：体长 11~13 mm。体黄色至黄褐色，无蜡斑。头冠具黑斑，前端宽圆突出。前胸背板宽于头部，前缘中部具横凹痕。各足股节与胫节两端黑色。腹部末端黑色，具黄色斑纹。

分布：云南（昭通等）、陕西、青海、广西、四川、贵州、西藏。

直凹大叶蝉 *Bothrogonia rectia* Yang & Li

鉴别特征：体长 13~14 mm。体红褐色，具灰白色蜡斑。头冠基部和顶端具数个黑斑。前胸背板具 3 个黑斑。各足股节与胫节两端黑色。前翅端部略透明。雌虫第 7 腹板基部黑色，两叶端部褐色。

分布：云南（昭通等）。

水凹大叶蝉 *Bothrogonia shuichengana* Li

鉴别特征：体长 11~12 mm。体橘红色。头冠顶端具 1 长形黑斑，后缘具 1 黑色圆斑；前唇基与后唇基相交处具 1 黑斑。前胸背板具 3 黑斑。小盾片具 1 黑色斑，末端黑色。前翅基部具 1 黑斑。

分布：云南（昭通等）、贵州。

柱凹大叶蝉 *Bothrogonia tianzhuensis* Li

鉴别特征：体长 13~14 mm。体橙黄色至黄褐色。头冠宽于前胸背板，前缘弧形或角状突出；颜面中度隆起，两侧具横刻痕。前胸背板后缘近平直。小盾片横刻痕位于中后部。前翅具 5 端室。

分布：云南（昭通等）。

黄氏斜脊叶蝉 *Bundera tengchihugh* (Huang)

鉴别特征：体长 4~6 mm。体黄褐色。颜面黄白色，有时具黑色斑点。前胸背板黑色，有时前缘颜色较浅。小盾片黑色。各足浅黄色。前翅深褐色，前缘浅黄色，端区烟褐色，不具黄白色透明斑。

分布：云南（昭通等）、台湾。

峨眉消室叶蝉 *Chudania emeiana* Yang & Zhang

鉴别特征：体长 5~6 mm。头冠、前胸背板及小盾片黑色。前翅基缘、后缘及端部黑褐色，两翅合拢时形成菱形纹，前缘域基部及端缘 1/3 处的斜斑浅黄白色；爪片末端具黄白色小斑。

分布：云南（昭通等）、湖南、四川、贵州。

大青叶蝉 *Cicadella viridis* (Linnaeus)

鉴别特征：体长 7~11 mm。体浅黄绿色。头部三角形，正面浅褐色，两侧微青，头顶具 1 对黑斑。前胸背板后半深青绿色。小盾片中间横刻痕较短，不伸达边缘。前翅绿色，端部色淡，近透明。

分布：云南（昭通等），全国广布。

淡色可大叶蝉 *Cofana subvirescens* (Stål)

鉴别特征：体长 8~11 mm。体绿色。头部黄褐色，前方具 3 黑斑，后缘中央具 1 黑斑。小盾片端部具 2 隐约的灰色横斑。各足浅黄褐色；后足胫节细长。前翅后缘端部浅褐色，翅脉深褐色。

分布：云南（昭通等）、台湾、海南。

黑额凸冠叶蝉 *Convexana nigrifronta* Li

鉴别特征：体长 5~6 mm。体黑色。头冠端缘中央具 1 斑点，基域中央具 1 纵纹，颜面、前唇基端域浅黄白色。前胸背板与头冠近等长，密生横皱纹。各足浅黄色。前翅黑褐色，具黄白色斑纹。

分布：云南（昭通等）、贵州。

郭氏隆额叶蝉 *Convexfronta guoi* Li

鉴别特征：体长 8~9 mm。体浅黄色。头冠近端部具 1 黑褐圆斑；冠缝两侧各具 1 白色波浪状宽带纹，达小盾片末端。前翅浅黄白色，前缘端部具 2 褐色斜纹，第 2 端室基部具 1 黑圆斑，端片浅褐色。

分布：云南（昭通等）、陕西、甘肃、湖北、贵州。

长突弓背叶蝉 *Cyrta longiprocessa* (Li & Zhang)

鉴别特征：体长 4~5 mm。头冠小，明显窄于前胸背板，前缘弧形突出，后缘凹入。触角第 1、2 节圆柱形，其余线状。前胸背板横阔，中域隆起。小盾片近三角形，与前胸背板几乎等长。

分布：云南（昭通等）、浙江。

端黑对突叶蝉 *Decursusnirvana excelsa* (Melichar)

鉴别特征：体长 4~6 mm。体黄白色。头冠顶端至单眼区域黑色；颜面中央具 1 条纵脊，两侧具斜褶。前胸背板前缘弧状突出，除基域中央及侧缘外黑色。小盾片黑色。前翅黑色，具 5 条白色斑纹。

分布：云南（昭通等）、陕西、甘肃、青海、湖北、四川、贵州。

盾胫槽叶蝉 *Drabescus pelatus* Shang & Zhang

鉴别特征：体长约 9 mm。体黄褐色。头冠前缘具 1 条黑色横带纹。前胸背板前缘域亮黄色，其余区域及小盾片密布黑斑。后足股节端刺式为 2-2-1。前翅浅褐色，翅脉褐色，带白色间隔。

分布：云南（昭通等）、陕西、湖北。

黄面横脊叶蝉 *Evacanthus interruptus* (Linnaeus)

鉴别特征：体长 6~8 mm。体黑色。头冠后缘、单眼周围及前胸背板后缘黄色。颜面深褐色至黑褐色。各足黄褐色。前翅前缘、爪缝和爪片后缘各具 1 条黄色条纹。腹部各节后缘黄褐色。

分布：云南（昭通等），全国广布。

黄带横脊叶蝉 *Evacanthus repexus* Distant

鉴别特征：体长 7~8 mm。体黑色。冠面相交处、头冠基域靠近复眼处黄褐色。前胸背板前端弧形向前突出，后缘微凹，侧缘斜直。各足浅黄褐色。前翅浅黄褐色；爪片和革片中纵带黑色。

分布：云南（昭通等）、四川、贵州；印度。

双叉铲头叶蝉 *Hecalus bifurcatus* Cai & Wang

鉴别特征：体长 5~7 mm。体浅黄绿色。头冠具 4 条浅橙黄色纵带，前缘脊褐色。前胸背板具 6 条浅橙黄色纵带。小盾片具 3 浅橙黄色纵带。后足股节端刺式 2-2-1。前翅黄绿色，端片狭窄。

分布：云南（昭通等）、江苏。

红纹铲头叶蝉 *Hecalus rufofascianus* Li

鉴别特征：体长 4~5 mm。体浅黄绿色，具红色带纹。头冠前端近三角状突出，呈叶片状；颜面在复眼下方的侧缘波曲。前胸背板中后部浅绿褐色。前翅浅黄褐色，前缘域中后部具 1 个褐色大斑。

分布：云南（昭通等）、贵州。

细齿拟菱纹叶蝉 *Hishimonoides denticulateus* Xing & Li

鉴别特征：体长 4~5 mm。体深褐色。头冠、颜面、前胸背板及小盾片密布网状纹。头冠黄褐色。小盾片姜黄色。前翅青白色，密布深褐色短横纹，中央具 2 褐色大斑。后足具黑色斑块。

分布：云南（昭通等）、北京、甘肃、浙江、湖南、贵州；日本。

长突菱纹叶蝉 *Hishimonus prolongatus* Li & Wang

鉴别特征：体长 2~3 mm。头冠黄白色，前端宽圆突出，具 2 褐色小斑，中后部具不规则的褐色横斑；颜面浅黄白色，额唇基两侧具褐色横纹。前胸背板浅黄白色，中后部黑褐色，具黄色斑点。

分布：云南（昭通等）。

黔透翅叶蝉 *Hyalinocerus qianensis* Zhang & Li

鉴别特征：体长 7~8 mm。体浅红褐色。头冠前缘宽圆突出，冠缝明显。前胸背板隆起前倾，向前逐渐收狭，显著宽于头冠，两侧向外呈角状突出，前缘近直。小盾片端部尖细。前翅端室 5 个。

分布：云南（昭通等）、贵州。

顶斑边大叶蝉 *Kolla paulula* (Walker)

鉴别特征：体长 5~7 mm。头冠橘黄色至橘红色，具 4 黑斑；颜面橘黄色，突出；唇基大，基部宽，端部狭而圆。单眼位于头冠中央或后部，具凹陷。前胸背板后半黑色。小盾片基角黑色。

分布：云南（昭通等），全国广布。

仙女洞边大叶蝉 *Kolla xiannvdongana* Yang & Li

鉴别特征：体长 7~8 mm。体黑色。头冠前端宽圆突出，侧缘与复眼外缘在一圆弧线上；额唇基中部平坦或稍隆起，唇基间缝中部常模糊。小盾片横刻痕后近平坦。前翅翅脉明显，具 4 个端室。

分布：云南（昭通等）、贵州。

红边网脉叶蝉 *Krisna rufimarginata* Cai & He

鉴别特征：体长 9~11 mm。体绿色。头部窄于前胸背板，头冠前缘红色或砖红色。前胸背板是头冠长的 2.5 倍，具横皱纹。各足浅绿色；前足胫节及跗节浅红褐色；中足、后足跗节稍带红色。

分布：云南（昭通等），全国广布。

枝茎窗翅叶蝉 *Mileewa branchiuma* Yang & Li

鉴别特征：体长 5~6 mm。体黑褐色至黑色。头冠向前宽圆或角状突出；颜面额唇基隆起。前胸背板前缘弧形突出，侧缘斜直。小盾片横刻痕位于中部。前翅具透明斑，端缘斜直，端片狭长。

分布：云南（昭通等）、湖南、福建、重庆、四川、贵州。

桨头叶蝉 *Nacolus tuberculatus* (Walker)

鉴别特征：体长 12~18 mm。体黄褐色。头部黑褐色，向前极度伸长似桨状，背面波状起伏，两侧下缘具侧脊，在前端上弯并与纵脊相接。前胸背板中央黑褐色，向后伸达翅端。前翅不及腹末。

分布：云南（昭通等）。

宽带隐脉叶蝉 *Nirvana suturalis* Melichar

鉴别特征：体长约 6 mm。体浅黄白色。头冠中央具 1 明显的黑色宽纵带，向后贯穿前胸背板和小盾片，并沿前翅缝合线向后伸达爪片末端。前翅近端部处具 1 深褐色锯齿状横纹和 1 黑色小点。

分布：云南（昭通等）、台湾、广东。

黑颜单突叶蝉 *Olidiana brevis* (Walker)

鉴别特征：体长 7~9 mm。头冠橙黄色，近复眼处凹陷，边缘具脊。前胸背板黑褐色，具黄色斑。小盾片黑褐色。前翅黑褐色，基部 1/5 处具橙黄色至橙红色宽横带纹。雌虫爪片末端具短横带。

分布：云南（昭通等），全国广布。

弯茎单突叶蝉 *Olidiana recurvata* (Nielson)

鉴别特征：体长 7~8 mm。头冠浅黄褐色，冠缝黄色至黑色，两侧纵斑黑褐色。前胸背板黑褐色，密布橙黄色小斑。小盾片黑色，散布橙黄色斑。前翅深褐色，翅脉黑色，散布橙黄色斑。

分布：云南（昭通等）、湖南、贵州。

白头小板叶蝉 *Oniella honesta* (Melichar)

鉴别特征：体长 5~6 mm。体浅黄色，具黑色斑纹。前翅中央具黑色宽带纹，此带在两翅接合缝处、爪片后缘及小盾片末端现出缺刻，形成 2 条大型浅黄色纹，在端部分出 3 条纹，伸向翅前缘。

分布：云南（昭通）、河北、浙江、四川；日本。

点斑脊翘叶蝉 *Parabolopona guttata* (Uhler)

鉴别特征：体长 6~7 mm。体绿色。单眼位于头部边缘，单眼、复眼间距约为单眼直径的 2 倍。颜面宽略大于长。前胸背板横宽，约为其长的 2 倍，侧缘具缘脊。小盾片与前胸背板几乎等长。

分布：云南（昭通等）、台湾；日本。

淡缘肩叶蝉 *Paraconfucius pallidus* Cai

鉴别特征：体长 10~11 mm。体黄褐色至深褐色。头冠端部及前翅前缘散布深红色瘤粒。前胸背板亚后缘及小盾片前缘密布深红色颗粒。后足胫节端半具 3 根大刺。前翅翅脉深红褐色。腹部腹面黄色。

分布：云南（昭通等）、陕西、安徽、广东。

单色片头叶蝉 *Petalocephala unicolor* Cen & Cai

鉴别特征：体长 9~14 mm。体黄绿色。头冠前端宽圆突出，中纵脊明显，前缘及颜面基缘稍带红色泽。小盾片与头冠等长，横刻痕半圆形。前翅长是宽的 3 倍。后足胫节外侧缘具 6~7 根强刺。

分布：云南（昭通等）、浙江。

双斑带叶蝉 *Scaphoideus bimaculatus* Li & Wang

鉴别特征：体长约 5 mm。头冠浅褐色，前端宽圆突出，具 2 个黄白色斑点。前胸背板浅褐色，基缘域和中前域具 1 个灰白色横斑。小盾片基侧角及中央小斑点深褐色。前翅淡黄色，具灰白色斑。

分布：云南（昭通等）。

黑面拟隐脉叶蝉 *Sophonia nigrifrons* (Kuoh)

鉴别特征：体长 6~7 mm。体乳白色。头冠前端黑色；复眼黄褐色。触角黄褐色。小盾片横刻痕弧形。前翅前缘域端部具 4 斜线纹及端 2 室内斑点黑褐色，端缘与爪片末端烟黑色，具浅金黄色晕。

分布：云南（昭通等）、山西、四川、贵州、西藏。

曲突皱背叶蝉 *Striatanus curvatanus* Li & Wang

鉴别特征：体长 7~8 mm。体黑色。头冠中脊和侧脊浅黄白色，前端突出，与前胸背板及小盾片长之和近等。前胸背板中央隆起。小盾片基部纵纹及端部两侧浅黄白色。前翅黑褐色，具白色斑纹。

分布：云南（昭通等）、陕西、湖北、湖南、四川、贵州。

道真角突叶蝉 *Taperus daozhenensis* Li & Li

鉴别特征：体长约 6 mm。体黑色。头冠中脊、前胸背板中央和小盾片中央具 1 条明显的浅黄白色纵带纹。头冠前端角状突出；颜面浅黄色。各足浅黄色。前翅深褐色，具灰白色斑纹。

分布：云南（昭通等）。

锈盾缺突叶蝉 *Trocnadella arisana* (Matsumura)

鉴别特征: 体长 6~7 mm。体浅黄绿色。头冠中部与侧部近等长，与颜面弧圆相交; 前唇基近长方形。前胸背板宽于头部，密布横皱纹和刻点。小盾片褐色。前翅具 4 端室，3 亚端室，端片发达。

分布： 云南（昭通等）、河南、甘肃、湖北、台湾、四川、贵州。

端叉缺突叶蝉 *Trocnadella furculata* Cai & He

鉴别特征： 体长 7~8 mm。体绿色。头冠前端弧圆突出。前胸背板浅绿色，后域稍带黄色，密布皱纹和刻点。小盾片锈色，密布横皱纹，基部有凹痕。前翅端片内缘黑褐色，密布刻点和微毛。

分布： 云南（昭通等）、河南、甘肃、湖北、台湾、四川、贵州。

角蝉科 Membracidae

半红脊角蝉 *Machaerotypus semirubronigris* Yuan & Chou

鉴别特征：体长 6~8 mm。体黑色。前胸背板上肩角后半、后突起中部和端部橘黄色。上肩角向外平伸，顶端近直角。后突起屋脊状，中脊明显，侧脊仅中部可见。前翅具 5 端室、2 盘室。

分布：云南（昭通等）、四川。

黑楔角蝉 *Sipylus nigrer* Yuan & Fan

鉴别特征：体长约 5 mm。体黑色。头部长是宽的 2 倍。前胸背板上肩角向两侧扩大，背面具数条纵脊，顶端圆钝；后突起基半宽，扁平，端部突然变细，下弯，顶端尖锐，伸过前翅臀角。

分布：云南（昭通等）。

端黑三刺角蝉 *Tricentrus nigriapiculus* Yuan & Fan

鉴别特征：体长约 7 mm。前胸背板大部杏黄色，斜面前缘、上肩角及后突起端部黑色。肩角三角形；后突起平直伸出，盖在小盾片上，顶尖。小盾片两侧露出。前翅具 5 个端室，2 个盘室。

分布：云南（昭通等）。

前三刺角蝉 *Tricentrus projectus* Distant

鉴别特征：体长约 4 mm。体褐色。前胸背板肩角发达；上肩角端尖，呈刺状；后突起长，侧缘平直或稍凹，具明显的中脊。中胸背板无盾侧沟。前翅 M 脉基部与 Cu 脉愈合；爪片逐渐变狭。

分布：云南（昭通等）、西藏；孟加拉国，缅甸。

颖蜡蝉科 Achilidae

条背卡颖蜡蝉 *Caristianus ulysses* Fennah

鉴别特征：体长约 4 mm。头部明显窄于前胸背板；复眼下缘内凹。触角梗节近球形。前胸背板中域前缘截形，后缘角状内凹。前翅长是宽的 3 倍，前缘略突出。后足胫节中部外侧具 1 根刺。

分布：云南（昭通等）；印度，斯里兰卡。

太白马颖蜡蝉 *Magadha taibaishanensis* Wang

鉴别特征：体长 6~9 mm。头部窄于前胸背板，中域凹陷，具中脊，侧缘脊状，后缘波曲。前胸背板具 3 纵脊，前缘锥状突出，后缘内凹。前翅狭长，外缘圆形，近外缘处具 1 列规则的横脉。

分布：云南（昭通等）、陕西。

从江乌颖蜡蝉 *Usana congjiangensis* Long, Yang & Chen

鉴别特征：体长约 5 mm。头部黄色。前胸背板后缘内凹。前翅前缘区具数条横脉；爪脉伸达爪片末端，其上无颗粒；后翅臀区翅脉非网状。足细长。腹部基部无侧突；第 6~8 背板无蜡孔。

分布：云南（昭通等）、贵州。

飞虱科 Delphacidae

灰飞虱 *Laodelphax striatellus* (Fallén)

鉴别特征：长翅型成虫体长 3~4 mm，短翅型成虫体长 2~3 mm。雄虫黑褐色，雌虫深褐色。头部、前胸背板、各足及腹部各节后缘污黄白色至浅黄褐色。前翅近透明，具深色斑纹。

分布：云南（昭通等），全国广布。

白条飞虱 *Terthron albovittatum* (Matsumura)

鉴别特征：体长 2~4 mm。雄虫黑褐色，雌虫深褐色。自头顶到小盾片末端具 1 条白色纵条纹，两侧褐色。头顶近方形，端部黑褐色，颜面纵沟及颊黑褐色。前翅前缘基部至中央白色。

分布：云南（昭通等）、江苏、安徽、湖北、福建、台湾、广东、四川。

袖蜡蝉科 Derbidae

红袖蜡蝉 *Diostrombus politus* Uhler

鉴别特征：体长约 4 mm。体橘红色。前胸背板两侧后缘黄色，中胸背板后缘黄白色。前翅窄长，淡黄褐色，前缘颜色稍深；后翅极小，黄褐色，外缘具褐色宽带纹，前缘近中部具 1 个褐色圆斑。

分布：云南（昭通等）、安徽、浙江、湖北、湖南、福建、台湾、四川、贵州。

三突寡室袖蜡蝉 *Vekunta triprotrusa* Wu & Liang

鉴别特征：体长 5~6 mm。头部深褐色；额具 2 条黄褐色纵带纹。触角黄褐色，长约为额的 1/3。小盾片深褐色。前翅深褐色，半透明；Sc 脉端部及附近翅面浅黄色。后翅褐色，半透明。

分布：云南（昭通等）。

象蜡蝉科 Dictyopharidae

宽带鼻象蜡蝉 *Saigona latifasciata* Liang & Song

鉴别特征：体长约 15 mm。体深褐色。头部向前极度延伸；头突，长而宽。触角短小；柄节颈状。前胸背板在复眼后方具 2 条线纹。前足股节扁平膨大，近端部具短而直的刺。后足跗节第 2 节具刺。

分布：云南（昭通等）。

蛾蜡蝉科 Flatidae

碧蛾蜡蝉 *Geisha distinctissima* (Walker)

鉴别特征：体长约 7 mm。体黄绿色，腹部浅黄褐色，覆白色粉被。前翅宽阔，外缘平直，翅脉黄色，密布似网纹，红色细纹绕过顶角，经外缘伸至后缘爪片末端。后翅灰白色，翅脉浅黄褐色。

分布：云南（昭通等）、吉林、陕西、江苏、浙江、江西、福建、台湾、广东、广西、四川等。

褐缘蛾蜡蝉 *Salurnis marginella* (Guérin-Méneville)

鉴别特征：体长约 7 mm。头部黄褐色，中央具 1 条褐色纵带纹。触角深褐色。前胸背板绿色，长为头顶的 2 倍，中央具 2 条红褐色纵带纹，侧带纹黄色。中胸背板具 4 条侧脊和 4 条红褐色纵带纹。

分布：云南（昭通等）、江苏、上海、安徽、浙江、广东、广西、重庆、四川。

蜡蝉科 Fulgoridae

斑衣蜡蝉 *Lycorma delicatula* (White)

鉴别特征：体长 15~25 mm。体灰褐色，覆白色粉被。头部小，头角向上卷起。前胸背板具 1 条横脊。前翅基部 2/3 浅褐色，具约 20 个黑斑，端部 1/3 深褐色。后翅基部红色，具黑斑，端部黑色。

分布：云南（昭通等），全国广布。

广翅蜡蝉科 Ricaniidae

透翅疏广翅蜡蝉 *Euricania clara* Kato

鉴别特征：体长 10~13 mm。体黑褐色。额呈倒梯形，上缘平直，具明显的中脊和侧脊。前胸背板具中脊，两侧具刻点。前翅大部透明，仅前缘具褐色横带，中部无带纹，顶角与臀角近圆形。

分布：云南（昭通等）、北京、山西、山东、陕西、甘肃、贵州；日本。

类透疏广翅蜡蝉 *Euricania paraclara* Ren, Stroinski & Qin

鉴别特征：体长 8~11 mm。体黑褐色。额呈倒梯形，上缘平直，具明显的中脊和侧脊。前胸背板具中脊，两侧具刻点。前翅大部透明，前、后缘具褐色横带，中部无带纹，顶角与臀角近圆形。

分布：云南（昭通等）、海南、贵州。

六斑哈广翅蜡蝉 *Hagneia kallea* Stroiński

鉴别特征：体长 8~13 mm。头部窄于中胸背板；唇基明显窄于额，中央具脊。前胸背板明显长于头顶。中足胫节明显长于股节，扁平，端部加宽，具有 2 根侧刺和 1 列大小不一的齿。

分布：云南（昭通等）；越南。

眼斑宽广蜡蝉 *Pochazia discreta* Melichar

鉴别特征：体长 11~12 mm。前翅具 2 条隐约的深色横带纹，前缘近端部处具 1 个淡黄褐色透明斑点，中部具 1 个透明圆斑，围以黑褐色宽边，外缘近臀角和近顶角处各具 1 个半透明斑点。

分布：云南（昭通等）、江苏、浙江、江西、湖南、福建、广东、海南、广西、贵州。

八点广翅蜡蝉 *Ricania speculum* (Walker)

鉴别特征：体长 6~8 mm。头部和胸部黑褐色至烟黑色；额中脊明显。前翅褐色至烟褐色；前缘近端部 2/3 具 1 个半圆形透明斑，外缘具 2 个透明大斑，中部具深褐色斑。腹部褐色。

分布：云南（昭通等）、河南、陕西、甘肃、江苏、安徽、浙江、湖北、湖南、福建、广东、四川。

扁蜡蝉科 Tropiduchidae

条扁蜡蝉 *Catullia vittata* Matsumura

鉴别特征：体长 7~9 mm。体黄褐色。触角浅绿色。前、中胸背板具 1 条贯穿中脊的红色条带。前翅具“Y”形浅褐色条带。尾节环状；生殖刺突狭长，背缘近基部及中部各具 1 个钩状突起。

分布：云南（昭通等）、安徽、浙江、湖南、福建、广西；日本。

高山chen扁蜡蝉 *Zema montana* Wang & Liang

鉴别特征：体长 5~8 mm。体褐色。头部颜面近中部在侧缘与亚侧脊间颜色较浅；后唇基中部颜色较深。侧面观复眼下方具 1 个椭圆形黑色斑点。前胸背板中脊两侧各具 1 个褐色半月形斑。

分布：云南（昭通等）；尼泊尔。

奇蝽科 Enicocephalidae

光背奇蝽 *Stenopirates* sp.

鉴别特征：体长约 6 mm。体长椭圆形，黑色。头部在复眼后方呈球形。前胸背板分为 3 叶。各足红色；前足捕捉足，胫节端部扩宽并具刺毛簇，爪发达。前翅革片前缘和爪片基部红色。

分布：云南（昭通）。

栉蝽科 Ceratocombidae

栉蝽 *Ceratocombus* sp.

鉴别特征：体长约 2 mm。体椭圆形，黑褐色。头部前端稍下倾。触角第 1、2 节短小，第 3、4 节细长。前胸背板横宽，后缘中央宽地内凹。各足浅黄褐色。前翅宽大，翅脉复杂而明显。

分布：云南（昭通）。

黾蝽科 Gerridae

细角黾蝽 *Gerris gracilicornis* (Horváth)

鉴别特征：体长 10~15 mm。体狭长形，褐色。触角细长，约为体长之半。前胸背板红褐色，中线处具 1 条浅色纵线纹。前足粗短；中、后足细长。多为长翅型个体。腹部腹面黑色，隆起呈脊状。

分布：云南（昭通等），全国广布；俄罗斯，朝鲜，日本，印度，不丹。

郑氏巨涧黾蝽 *Potamometra zhengi* Zheng, Ye & Bu

鉴别特征：体长 10~15 mm。体长卵圆形，背面黑褐色，腹面黄白色。无翅型。胸部各节背板中央具黄色纵条纹。前足胫节端部具 1 大齿突；中足、后足股节亚端部各具 1 条黄白色宽环纹。腹部缩短。

分布：云南（昭通）、四川。

宽肩蝽科 Veliidae

道氏小宽肩蝽 *Microvelia douglasi* Scott

鉴别特征：体长约 2 mm。体椭圆形，灰色。体表密被灰色或银白色毛被。头部宽大于长。前胸背板近梯形或五边形。足黄褐色。分为长翅型和无翅型。长翅型个体前翅具数个明显的白色斑块。

分布：云南（昭通等）、湖北、福建、台湾、海南、香港、四川、贵州；朝鲜，日本等。

负蝽科 Belostomatidae

日拟负蝽 *Appasus japonicus* Vuillefroy

鉴别特征：体长 18~22 mm。体椭圆形，褐色。前胸背板前叶长是后叶的 3 倍，中央具 1 对圆形小凹窝。小盾片深褐色，具 1 对浅褐色纵带纹。前足跗节 2 节，末端具 1 对爪。腹部腹面中央具纵脊。

分布：云南（昭通等）、天津、河北、河南、陕西、江苏、湖北、江西、四川、贵州；朝鲜，日本。

锈色负蝽 *Diplonychus rusticus* (Fabricius)

鉴别特征：体长 13~17 mm。体椭圆形，褐色。前胸背板前叶长是后叶的 2 倍；侧缘薄片状。前足跗节 1 节，末端具 1 对爪。前翅膜片翅脉明显，基部具 1 个布满绒毛的小圆斑。腹部腹面中央具纵脊。

分布：云南（昭通）、江苏、湖北、浙江、江西、四川、贵州等；日本，缅甸，老挝等。

蝎蝽科 Nepidae

华壮蝎蝽 *Laccotrephes chinensis* (Hoffmann)

鉴别特征：体长 14~19 mm。体长椭圆形，褐色。前胸背板后叶具 2 条纵脊。前胸腹板纵向隆起，后部平坦。各足股节具不规则的浅色环纹；前足股节膨大，近基部腹面具 1 齿突。呼吸管长于体长。

分布：云南（昭通）、浙江、江西、福建、广东、四川、贵州。

蚤蝽科 Helotrephidae

蚤蝽 *Helotrephes* sp.

鉴别特征：体长约 2 mm。体半球形，褐色。背面极为隆拱，腹面平坦。触角 2 节。前胸背板前半黄褐色，具 3 个深褐色斑块，后半黑褐色；头部与前胸间的界线呈“W”形。小盾片略呈舌形。

分布：云南（昭通）。

仰蝽科 Notonectidae

中华大仰蝽 *Notonecta chinensis* Fallou

鉴别特征：体长 13~15 mm。体长椭圆形，体色多变，从浅黄褐色、浅红色至红褐色不等。复眼大而突出。前胸背板近透明。小盾片黑色。中足转节基部具角状突起，有时较尖锐。前翅具黑色斑纹。

分布：云南（昭通等），全国广布；朝鲜，日本。

固蝽科 Pleidae

日邻固蝽 *Paraplea japonica* (Horváth)

鉴别特征：体长约 2.5 mm。体卵圆形，浅黄褐色。头部浅黄色，前端圆弧形。喙短，黑色。前胸背板具 2 条隐约的褐色横带纹，前缘近直，后缘突出。各足黄褐色；跗式为 2-2-3。腹部腹面黑褐色。

分布：云南（昭通）、台湾；朝鲜，日本，印度。

跳蝽科 Saldidae

突胸蚁跳蝽 *Saldoida armata* Horváth

鉴别特征：体长 3~4 mm。体形似蚁，褐色，具黑色和白色斑纹。复眼向两侧突出。触角第 2 节端部及第 4 节呈黄白色。前胸背板背面具 1 对直立角突，末端尖锐，稍向后弯。前翅具白色斑块。

分布：云南（昭通）、天津、台湾、香港；日本，印度，泰国，老挝，澳大利亚等。

白边沙跳蝽 *Saldula recticollis* (Horváth)

鉴别特征：体长 3~4 mm。体卵圆形，黑褐色。复眼大，向侧上方突出。触角第 1、2 节浅黄色。前翅外革片和膜片白色，半透明，内革片和爪片黑色，具若干白色斑点；革片顶角具 1 个橙色斑块。

分布：云南（昭通等），全国广布；俄罗斯，朝鲜，日本。

黄颊沙跳蝽 *Saldula saltatoria* (Linnaeus)

鉴别特征：体长 3~4 mm。体卵圆形，黑褐色。复眼大，向侧上方突出。触角第 1、2 节浅黄色。前翅外革片及膜片白色，具黑色斑纹；内革片及爪片黑色，具白色斑点；内革片具 1 个橙色斑块。

分布：云南（昭通）、内蒙古、青海、新疆、台湾、四川；俄罗斯等。

花蝽科 Anthocoridae

黄褐刺花蝽 *Physopleurella armata* Poppius

鉴别特征： 体长 2~3 mm。体长椭圆形，黄褐色。触角第 3、4 节较细。前胸背板四角各具 1 根直立长刚毛。小盾片深褐色。前足股节加粗，腹面具 2 列刺状刚毛，胫节弯曲。前翅灰褐色。

分布： 云南（昭通）、江苏、福建、台湾、海南、贵州；韩国，日本，印度，澳大利亚。

斑翅肩花蝽 *Tetraphleps galchanoides* Ghauri

鉴别特征： 体长 4~5 mm。体长椭圆形，深褐色至黑褐色。触角第 3、4 节近等长。前胸背板侧缘狭边状，后缘中央宽地内凹。前翅宽大；革片端部、楔片及爪片端部黑色；膜片具 6 个浅黄色斑点。

分布： 云南（昭通等）、四川；印度。

玉龙肩花蝽 *Tetraphleps yulongensis* Bu & Zheng

鉴别特征：体长 4~5 mm。体长椭圆形，红褐色至黑褐色。触角第 3、4 节近等长。前胸背板侧缘稍外弓，后缘中央内凹较宽。各足红褐色。前翅宽大，红褐色，在楔片缝处浅黄色；膜片灰褐色。

分布：云南（昭通等）、四川。

毛唇花蝽科 Lasiochilidae

日本毛唇花蝽 *Lasiochilus japonicus* Hiura

鉴别特征：体长 2~3 mm。体狭椭圆形，褐色至深褐色。触角第 3、4 节较细。前胸背板中央具 1 条浅纵沟，侧缘近直，后缘内凹；四角各具 1 根直立长刚毛。各足黄褐色。腹部末端具数根长毛。

分布：云南（昭通等）、广东；韩国，日本。

盲蝽科 Miridae

横断苜蓿盲蝽 *Adelphocoris funestus* Reuter

鉴别特征： 体长 7~9 mm。体狭椭圆形，黑色。触角第 3、4 节最基部黄白色。前胸背板后缘具黄白色狭边。各足胫节端 2/3 褐色。前翅楔片中部浅黄色至褐色。后胸臭腺沟缘黄白色。

分布： 云南（昭通）、陕西、甘肃、湖北、四川、贵州。

污苜蓿盲蝽 *Adelphocoris luridus* Reuter

鉴别特征： 体长 6~9 mm。体长椭圆形，浅红褐色至褐色。触角第 2 节基半浅黄褐色。小盾片具浅横皱纹。各足黄褐色；胫节具红褐色小斑点。前翅革片外侧黄褐色；楔片中部具 1 个黄褐色斑块。

分布： 云南（昭通等）、陕西、甘肃、四川。

中黑苜蓿盲蝽 *Adelphocoris suturalis* (Jakovlev)

鉴别特征：体长 5~7 mm。体狭椭圆形，黄褐色至浅褐色。前胸背板具 1 对黑色圆斑。小盾片黑褐色。前翅革片内角与中纵脉端 1/3 具黑褐色晕斑；爪片内半具黑褐色带纹；楔片端部及膜片黑褐色。

分布：云南（昭通），全国广布；俄罗斯，朝鲜，韩国，日本。

斯氏后丽盲蝽 *Apolygus spinolae* (Meyer-Dür)

鉴别特征：体长 4~6 mm。体椭圆形，绿色。头部前端黑褐色。后足股节端部具 2 条隐约的褐色环纹；各足胫节刺基部无深色斑点。前翅革片内角及周围常具黑褐色晕斑；楔片顶角具黑斑。

分布：云南（昭通等）、黑龙江、北京、天津、河南、陕西、甘肃、浙江、广东、四川；俄罗斯等。

带蕨盲蝽 *Bryocoris vittatus* Hu & Zheng

鉴别特征：体长 3~5 mm。体长椭圆形，黑褐色。头部横宽。前胸背板领、中央的宽纵带纹及侧角黄褐色。小盾片中央褐色。各足浅黄色，具深色斑纹。前翅革片和楔片端部具黑色斑纹。

分布：云南（昭通等）、台湾、广西、西藏。

多变光盲蝽 *Chilocrates patulus* (Walker)

鉴别特征：体长 4~5 mm。体卵圆形，体色多变，从黄褐色、橙红色至完全黑色。头部前唇基通常黑褐色。足黄褐色至黑褐色，有时可见褐色环纹；后足胫节基半的刺基部具黑色斑点。

分布：云南（昭通等）、河南、陕西、甘肃、湖北、广西、四川、贵州、西藏；印度，不丹，缅甸等。

赣棉淡盲蝽 *Creontiades bipunctatus* Poppius

鉴别特征：体长 6~8 mm。体狭椭圆形，浅黄褐色。触角第 1 节长几乎等于头宽。中胸盾片及小盾片基部具 1 对黑褐色纵带纹；小盾片端部黑色。后足股节端半具黑色小斑点。前翅楔片内角黑色。

分布：云南（昭通）、江西、台湾、四川；日本。

环足齿爪盲蝽 *Deraeocoris aphidicidus* Ballard

鉴别特征：体长 4~5 mm。体椭圆形，黑褐色。头部黄褐色，具 2 列浅红褐色横斑。前胸背板侧缘和后缘具黄色狭边。小盾片两侧和端部黄色。前翅具深色斑纹。各足股节和胫节具深色环纹。

分布：云南（昭通等）、陕西、浙江、湖北、湖南、福建、广东、广西、四川、贵州；印度。

甘薯跃盲蝽 *Ectmetopterus micantulus* (Horváth)

鉴别特征：体长 2~3 mm。体卵圆形，黑褐色。复眼后缘远离前胸背板前缘。触角细长。后足发达，股节明显加粗；各足胫节端半具 1 条黄色宽环纹。前翅被黄白色鳞状毛；楔片端部黄白色。

分布：云南（昭通等）、陕西、甘肃、四川、贵州、河北、山东、江西、广东；韩国，日本等。

棒角拟厚盲蝽 *Eurystylopsis clavicornis* (Jakovlev)

鉴别特征：体长 4~5 mm。体长椭圆形，褐色至深褐色。触角第 2 节长棒状，基部 2/5 或大部红褐色。前胸背板常具 3 条黑褐色宽纵带纹。小盾片稍隆起，端部黄白色。前翅后部明显下折。

分布：云南（昭通等）、陕西、甘肃、浙江、福建、广东、广西、四川、贵州。

平亮盲蝽 *Fingulus inflatus* Stonedahl & Cassis

鉴别特征：体长 3~4 mm。体长椭圆形，黑褐色，光亮。头部在复眼后方伸长。小盾片稍隆起。前、中足胫节黄褐色，最基部红褐色；后足基节端半黄褐色。前翅后部明显下折。

分布：云南（昭通等）、浙江、台湾；越南，马来西亚。

九州蚁叶盲蝽 *Hallodapus kyushuensis* Miyamoto

鉴别特征：体长 3~4 mm。体狭椭圆形，黑褐色。触角第 2~4 节浅黄色。前胸背板后缘中部近直。中胸盾片宽地外露。各足胫节和跗节黄白色。前翅革片基半、内角和端部及爪片中部具黄白色斑纹。

分布：云南（昭通）、海南；日本。

邻异草盲蝽 *Heterolygus duplicatus* (Reuter)

鉴别特征：体长 5~6 mm。体长卵圆形，红褐色、褐色或黑褐色。触角第 2 节向端部稍加粗。小盾片具 3 条黑褐色纵带纹。各足浅褐色，股节具黑褐色斑点；后足股节亚端部具 2 条深色环纹。

分布：云南（昭通等）、北京、陕西、甘肃、湖北、四川。

灰长颈盲蝽 *Macrolophus glaucescens* Fieber

鉴别特征：体长 3~5 mm。体长形，浅绿色。头部两侧在复眼后方具 1 条深色纵条纹。触角第 1 节黑褐色。前胸背板后缘中部宽地内凹。中胸盾片宽地外露。前翅膜片半透明，具 2 个黑褐色斑点。

分布：云南（昭通等）、台湾、四川、贵州。

檫木曼盲蝽 *Mansoniella sassafri* (Zheng & Liu)

鉴别特征：体长 6~8 mm。体长椭圆形，珊瑚红色。头部横宽，具明显的颈部。前胸背板在中部明显缢缩。小盾片黄色。各足黄白色至浅黄色。前翅具浅黄色斑纹；膜片黄褐色，具 1 个翅室。

分布：云南（昭通）、湖南、四川、贵州。

黑斑颈盲蝽 *Pachypeltis polita* (Walker)

鉴别特征：体长 7~10 mm。体长形，体橙红色。头部横宽，具明显的颈部。触角深红褐色至黑褐色。前胸背板在中部明显缢缩。后足胫节黑褐色，端 1/4 黄白色。前翅革片端部具 1 个黑褐色斑块。

分布：云南（昭通等）、湖南、广东、海南、广西、四川、贵州；印度，缅甸，斯里兰卡等。

黄唇蕉盲蝽 *Prodromus clypeatus* Distant

鉴别特征：体长 4~6 mm。体椭圆形，黄色。头部横宽。前胸背板梯形，中部缢缩；前叶光滑；后叶被粗大刻点。小盾片黄褐色至深褐色。各足浅黄色。前翅宽大，半透明；膜片具 1 个翅室。

分布：云南（昭通等）、福建、台湾、广东、海南、广西、贵州；印度，缅甸，斯里兰卡，马来西亚等。

邵氏萨盲蝽 *Sabactiopus sauteri* (Poppius)

鉴别特征：体长 3~5 mm。体椭圆形，红褐色。头部宽短。小盾片黄白色，中央具 1 个黑褐色大斑点。各足黄褐色，股节具褐色至红褐色环纹。前翅具黑褐色斑纹，后部明显下折。

分布：云南（昭通等）、台湾、海南、广西、四川。

深色狭盲蝽 *Stenodema elegans* Reuter

鉴别特征：体长 7~10 mm。体狭长形，深褐色。触角第 1、2 节较粗，密被平伏至直立柔毛和刚毛。前胸背板中央具 1 条浅色纵线纹，两侧浅绿色。小盾片密被刻点。前翅革片外侧和楔片浅绿色。

分布：云南（昭通等）、陕西、甘肃、浙江、湖北、江西、湖南、福建、台湾、广东、广西、四川。

泛泰盲蝽 *Taylorilygus apicalis* (Fieber)

鉴别特征：体长 4~6 mm。体长椭圆形，浅绿色。触角第 2 节长于前胸背板宽。小盾片有时具 1 对褐色短纵纹。后足股节端部具 2 条浅褐色环纹，胫节具浅色刺。前翅、楔片顶角褐色。

分布：云南（昭通等）、山东、湖北、湖南、广东、广西、四川、贵州、西藏等；韩国，日本等。

长毛刻爪盲蝽 *Tolongia pilosa* (Yasunaga)

鉴别特征：体长 8~11 mm。体长椭圆形，褐色。触角第 1、2 节红褐色，第 3、4 节黑褐色，第 2 节端部及第 3 节基部黄白色。小盾片端部淡黄色。各足股节浅绿色。前翅爪片及其外缘具 3 列刻点。

分布：云南（昭通等）、广东、广西；韩国，日本，印度。

网蝽科 Tingidae

滇无孔网蝽 *Dictyla nassata* Puton

鉴别特征：体长 3~4 mm。椭圆形，灰白色。头部具 3 根瘤状头刺。前胸背板中纵脊较高，背缘波曲；头兜前缘稍向前拱；侧背板宽叶状，外缘与中纵脊相接。前翅前缘域较宽，具 1 列小网格。

分布：云南（昭通等）；哈萨克斯坦等。

长贝脊网蝽 *Galeatus spinifrons* (Fallén)

鉴别特征：体长 3~5 mm。体深褐色。头部具 5 根头刺。前胸背板中纵脊前低后高，侧纵脊半球形；头兜较小；侧背板扇形，向斜上方翘起；三角突呈囊状隆起。前翅伸出腹末的部分与腹部近等长。

分布：云南（昭通）、黑龙江、内蒙古、河北、甘肃、青海、四川；俄罗斯，蒙古，朝鲜，日本等。

梨冠网蝽 *Stephanitis nashi* Esaki & Takeya

鉴别特征：体长 2~4 mm。体深褐色。头部具 5 根头刺。前胸背板中纵脊呈半圆形耸立，侧纵脊短而低；头兜较窄而侧扁，不遮盖复眼；侧背板宽大，具 4 列小网格，外缘圆弧形。

分布：云南（昭通），全国广布。

香蕉冠网蝽 *Stephanitis typica* (Distant)

鉴别特征：体长 3~4 mm。除头部和前胸背板浅褐色外均呈玻璃状透明。头部具 5 根头刺。前胸背板中纵脊呈半圆形耸立，侧纵脊短而低；头兜梨形；侧背板宽大。前翅端部明显分开，无明显斑纹。

分布：云南（昭通）、福建、台湾、广东、海南、香港、广西；朝鲜，日本，巴基斯坦，马来西亚等。

姬蝽科 Nabidae

丽棒姬蝽 *Arbela pulchella* Hsiao

鉴别特征：体长 7~8 mm。体狭长形，浅黄绿色。头部前端和腹面褐色。触角第 1 节长于头部。前胸背板领较粗，后叶密被刻点。前足股节基部加粗，向端部逐渐变细，腹面具 2 列长刚毛。

分布：云南（昭通）、福建。

日本高姬蝽 *Gorpis japonicus* Kerzhner

鉴别特征：体长 11~15 mm。体狭长形，浅黄色。前胸背板前叶圆鼓，表面光滑，侧缘浅褐色；后叶密被刻点，侧缘橙黄色。前足股节明显加粗，胫节弯曲。前翅革片具红色至褐色斑纹。

分布：云南（昭通）、北京、河北、山东、河南、陕西、浙江、福建、海南、四川、贵州；韩国，日本等。

瘤足希姬蝽 *Himacerus nodipes* Hsiao

鉴别特征：体长 8~9 mm。体椭圆形，背面褐色，腹面深褐色。前胸背板前叶两侧隆起；后叶短于前叶，表面平坦。各足股节端部结节状；胫节具 2 条浅色环纹。前翅不达腹末，具不规则的浅色斑纹。

分布：云南（昭通）、湖北、湖南、广西、四川、贵州；越南。

红斑狭姬蝽 *Stenonabis roseisignis* Hsiao

鉴别特征：体长 6~7 mm。体狭椭圆形，黄褐色。触角第 1 节长于头部。前胸背板具隐约的褐色斑纹，领和后叶具明显刻点。各足股节和胫节具褐色环纹。前翅革片端部浅红色，顶角褐色。

分布：云南（昭通等）、广西。

猎蝽科 Reduviidae

多氏田猎蝽 *Agriosphodrus dohrni* (Signoret)

鉴别特征：体长 20~26 mm。体椭圆形，黑褐色。喙细长弯曲。前胸背板后叶中央具 1 浅纵沟，侧角圆钝。各足基节红色至黑色，颜色可变。腹部侧接缘裙边状，各节端半和第 5~7 节外缘黄白色。

分布：云南（昭通等）、河南、陕西、甘肃、湖北、湖南、广西、四川、贵州等；日本，越南等。

滇龟瘤猎蝽 *Chelocoris yunnanus* Hsiao & Liu

鉴别特征：体长 6~8 mm。体卵圆形，黄褐色至浅褐色。头部具密集的尖刺。触角第 4 节粗棒状。小盾片长三角形。前足特化为蟹足状捕捉足。前翅革片端半红褐色。腹部侧缘具尖刺。

分布：云南（昭通等）、福建、贵州、四川。

黄缘土猎蝽 *Coranus emodicus* Kiritshenko

鉴别特征：体长 9~10 mm。体椭圆形，黑褐色。头部长短于宽的 1.5 倍。触角第 3 节显著短于第 4 节。前胸背板后缘中央圆弧形突出。各足股节稍呈结节状。腹部侧接缘各节端部 3/5 黄褐色。

分布：云南（昭通）、广东、西藏；印度，斯里兰卡。

黑光猎蝽 *Ectrychotes andreae* (Thunberg)

鉴别特征：体长 12~16 mm。体椭圆形，黑色，稍带蓝色光泽。触角 8 节。小盾片具 3 个端突。前、中足股节基部和后足股节基半红色。前翅基部黄白色。腹部侧接缘大部黄色至红色；腹面大部红色。

分布：云南（昭通等）、辽宁、北京、河北、陕西、甘肃、浙江、湖北、湖南、广西、四川、贵州等；韩国等。

缘斑光猎蝽 *Ectrychotes comottoi* Lethierry

鉴别特征：体长 13~15 mm。体椭圆形，黄褐色至红色。雄虫长翅型，前胸背板前叶短于且窄于后叶，前翅稍超过腹末。雌虫短翅型，前胸背板前叶圆鼓且长于后叶，前翅伸达第 3 背板。

分布：云南（昭通等）、江西、福建、台湾、广东、海南、广西、重庆、四川、贵州；缅甸，越南。

纹彩猎蝽 *Euagoras plagiatus* (Burmeister)

鉴别特征：体长 12~14 mm。体狭长形，黄褐色至红色。前胸背板后叶中央具 1 个黑褐色方形斑，侧角具黑色长刺。各足股节具黑色纵纹。前翅革片内侧及爪片黑褐色。腹部腹面两侧具黑褐色纵带纹。

分布：云南（昭通等）、浙江、江西、湖南、福建、台湾、广东、贵州等；日本，印度，缅甸，越南等。

褐菱猎蝽 *Isyndus obscurus* (Dallas)

鉴别特征：体长 20~30 mm。体长椭圆形，深褐色。前胸背板前叶两侧具乳突；后叶表面具浅横皱纹，侧角直角状。前足股节稍加粗。腹部稍微（雄虫）或明显（雌虫）向两侧扩宽。

分布：云南（昭通等）、辽宁、北京、河北、山东、陕西、甘肃、浙江、湖北等；日本，越南等。

茧蜂岭猎蝽 *Lingnania braconiformis* China

鉴别特征：体长 12~15 mm。体狭长形，橙黄色，具可变的黑褐色斑纹，雌虫体色较雄虫稍浅。前胸背板侧角圆钝。前翅革片具深褐色至黑褐色斑纹。腹部腹面浅黄白色，具黑褐色斑纹。

分布：云南（昭通等）、福建、台湾、广东、海南、广西、四川、贵州。

盾普猎蝽 *Oncocephalus scutellaris* Reuter

鉴别特征：体长 18~28 mm。体长椭圆形，黄褐色。触角第 1 节短于头部。前胸背板侧角为尖角状。前足股节加粗，腹面具 1 列齿突。前翅膜片外端室的黑色斑块超过翅室面积之半。

分布：云南（昭通等）、陕西、湖南、福建、广东、海南、广西、贵州；越南，印度尼西亚。

日月盗猎蝽 *Peirates arcuatus* (Stål)

鉴别特征：体长 10~12 mm。体狭椭圆形，黑褐色。前胸背板橙红色至红色。小盾片顶端细缩上翘。前翅革片和爪片基半红色；膜片深黑色，近基部具 1 条黄白色横带纹，近端部具 1 个黄白色圆斑。

分布：云南（昭通）、陕西、福建、台湾、广东、重庆、四川；日本，印度，缅甸，印度尼西亚等。

桔红背猎蝽 *Reduvius tenebrosus* Walker

鉴别特征：体长 17~23 mm。体长椭圆形，黑色。前胸背板前叶较圆鼓，约为后叶长之半。后叶橙黄色至红色，有时褐色至深褐色，侧角圆钝。小盾片端部上翘。前足胫节腹面具发达的海绵窝。

分布：云南（昭通）、河南、江苏、安徽、浙江、湖南、福建、广东、广西、四川、贵州。

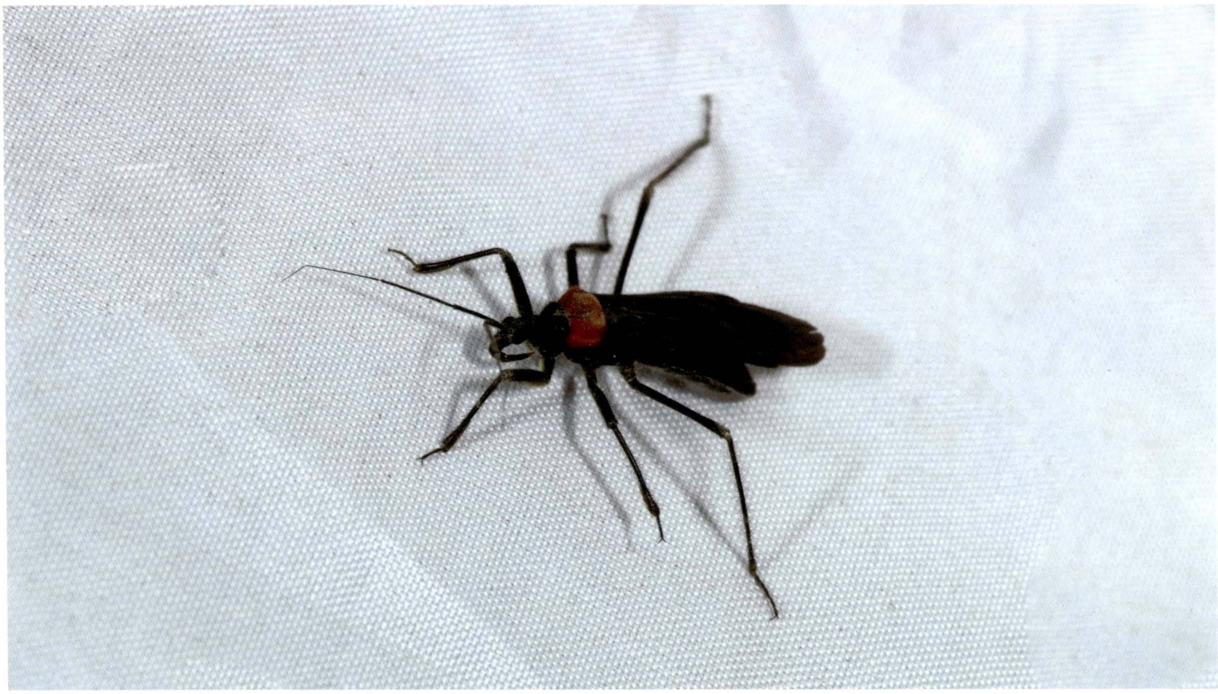

黄足锥头猎蝽 *Sirthenea flavipes* (Stål)

鉴别特征：体长 17~23 mm。体狭椭圆形，黄褐色，斑纹多变，有时带橙红色至红褐色泽。头部锥状平伸。前胸背板前叶表面具黑色纵刻纹。前翅深褐色，具浅黄褐色斑纹。腹部侧接缘黄黑相间。

分布：云南（昭通等），除东北以外的中国大部分省份；朝鲜，韩国，日本，阿富汗，马来西亚等。

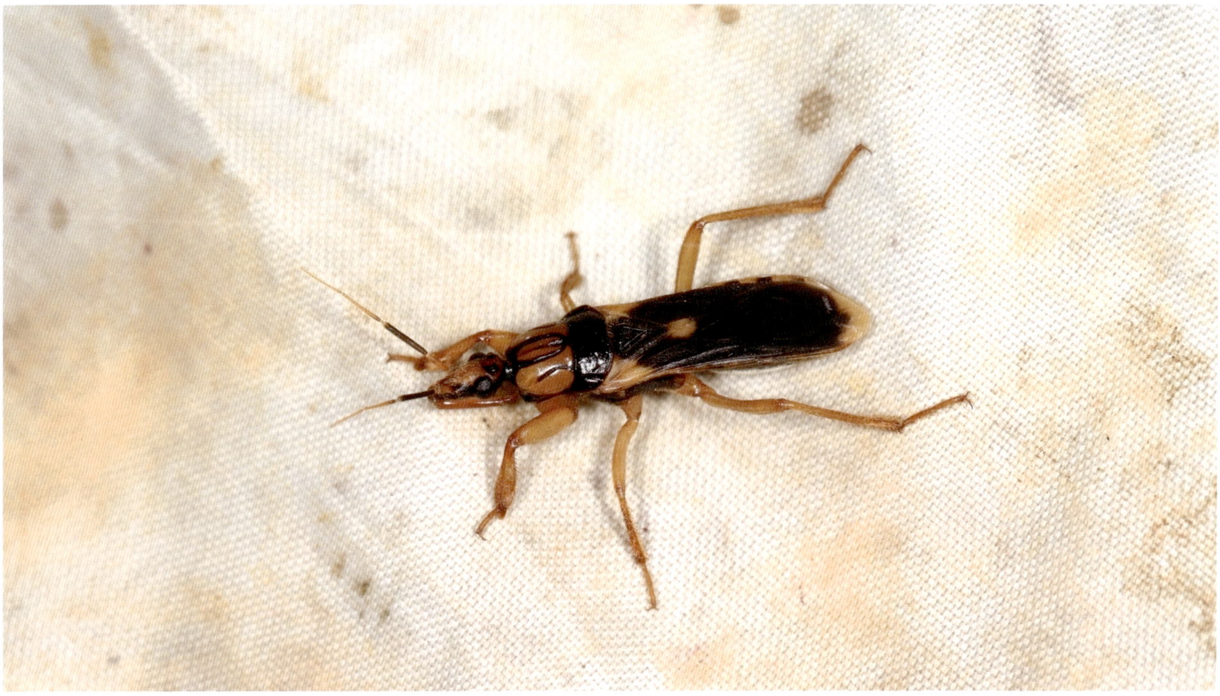

环斑猛猎蝽 *Sphedanolestes impressicollis* (Stål)

鉴别特征：体长 13~18 mm。体椭圆形，黑褐色，体色多变。头部腹面黄白色。前胸背板后叶从黄褐色、黄褐色具黑褐色斑纹到全部黑褐色。各足具白色环纹。腹部侧接缘黄黑相间。

分布：云南（昭通等），辽宁及其以南的中国大部分省份；朝鲜，韩国，日本，印度。

四点猛猎蝽 *Sphedanolestes quadrinotatus* Cai, Cai & Wang

鉴别特征：体长 12~13 mm。体椭圆形，黄色。头部大部黑色。前胸背板后叶具 4 横列的黑色斑点。小盾片除边缘外黑色。各足股节具黑色环纹。前翅深褐色。侧接缘橙黄色与黑色相间。

分布：云南（昭通）、四川、贵州。

边塔猎蝽 *Tapirocoris limbatus* Miller

鉴别特征：体长 11~14 mm。体椭圆形，褐色。头部中叶呈指状前伸。前胸背板前叶具网格状斑纹；后缘波曲，侧角不显著。前足股节加粗，腹面具 2 列刺突。腹部向两侧扩宽；侧接缘黄黑相间。

分布：云南（昭通等）；缅甸。

佛氏敏猎蝽 *Thodelmus falleni* Stål

鉴别特征：体长 22~23 mm。体狭长形，黄褐色。触角第 1、2 节端部黑色。前胸背板侧角向后侧方突出，末端尖。各足股节基部黄色，中部红色，端部黑褐色。腹部第 6 节后侧角呈短刺状突出。

分布：云南（昭通等）、福建、海南、重庆、四川、贵州；巴基斯坦，印度，缅甸，斯里兰卡。

黑脂猎蝽 *Velinus nodipes* (Uhler)

鉴别特征：体长 12~15 mm。体椭圆形，黑色。触角第 1 节具 2 黄白色环纹。前胸背板侧角钝圆。小盾片端部黄白色。各足股节结节状，具 2 条浅色环纹。腹部侧接缘向两侧扩展，边缘波状。

分布：云南（昭通等）、江苏、浙江、江西、福建、广东、广西、重庆、四川；韩国，日本。

郑氏扁蝽 *Aradus zhengi* Heiss

鉴别特征：体长 8~9 mm。体长卵圆形，深褐色至黑褐色。头部中叶伸达触角第 2 节基部。前胸背板最宽处位于中部之前，侧缘具细齿。各足股节具 2 条浅色环纹；胫节具 1 条浅色环纹。

分布：云南（昭通）、河南、陕西、甘肃、湖北。

大合扁蝽 *Arbanatus magnus* (Hsiao)

鉴别特征：体长 5~6 mm。体狭椭圆形，黑褐色。触角第 3 节最长。前胸背板前角弱地向前突出。小盾片中央具明显的纵脊。前翅膜片不达腹末，基部黄白色。腹部侧接缘各节后侧角浅色。

分布：云南（昭通）、广西。

海南脊扁蝽 *Neuroctenus hainanensis* Liu

鉴别特征：体长 7~8 mm。体长卵圆形，深褐色。头部前端具深切口；眼后刺明显超过复眼外缘。前胸背板侧缘在中央前方内凹。前翅膜片基部黄褐色。腹部侧接缘光滑域显著。

分布：云南（昭通）、海南、贵州。

蛛缘蝽科 Alydidae

扁缘蝽 *Daclera levana* Distant

鉴别特征：体长 10~12 mm。体长椭圆形，深褐色。头部前端较尖。触角第 5 节基部浅黄褐色。前胸背板两侧各具 1 黄褐色纵带纹。小盾片端部具 1 白色斑点。后足股节明显加粗，端部腹面具短刺。

分布：云南（昭通）、台湾、广东、海南；日本，印度。

黑刺锤缘蝽 *Marcius nigrospinosus* Ren

鉴别特征： 体长 18~20 mm。体狭长形，黄绿色。前胸背板侧缘和后缘黑色；前叶中部具 1 对直立的黑色短刺；侧角呈黑色长刺状突出。小盾片绿色，端部具 1 根黑色长刺。各足股节绿色。

分布： 云南（昭通）、湖南。

点蜂缘蝽 *Riptortus pedestris* (Fabricius)

鉴别特征： 体长 14~18 mm。体狭长形，黄褐色至深褐色。前胸背板表面具明显的黑褐色颗粒。头部及胸部两侧具不规则的黄色斑点，不连成带状，有时隐约可见甚至消失。后足股节加粗，胫节弯曲。

分布： 云南（昭通等），辽宁及其以南的中国大部分省份；韩国，日本，印度，缅甸，泰国等。

缘蝽科 Coreidae

大拟棒缘蝽 *Clavigralloides tuberosus* (Hsiao)

鉴别特征：体长 10~11 mm。体椭圆形，红褐色。体表密被灰白色平伏绒毛和直立细毛。前胸背板具若干瘤状突起，侧角短刺状，向两侧突出。各足股节棒状，后足股节端部腹面具刺突。

分布：云南（昭通等）、浙江、福建、四川、西藏；印度。

黑须棘缘蝽 *Cletus punctulatus* (Westwood)

鉴别特征：体长 8~10 mm。体椭圆形，浅黄褐色，背面红褐色。触角第 1 节外侧和第 2 节黑褐色。前胸背板前部色浅而后部色深，侧角短刺状。前翅革片内角附近具 1 个白色斑点。腹部背面黑色。

分布：云南（昭通等），除东北以外的中国大部分省份；阿富汗，印度。

波原缘蝽 *Coreus potanini* (Jakovlev)

鉴别特征：体长 12~14 mm。体长卵圆形，褐色。头部前端具 1 对刺突。触角第 1~3 节三棱形。前胸背板侧角近直角状。各足深褐色；胫节具浅色环纹。前翅膜片浅褐色。腹部侧接缘向两侧扩宽。

分布：云南（昭通等）、内蒙古、河北、山西、陕西、甘肃、湖北、四川、西藏。

双斑同缘蝽 *Homoeocerus bipunctatus* Hsiao

鉴别特征：体长 17~18 mm。体狭椭圆形，黄绿色。前胸背板侧角翘起，后侧缘紫褐色。中、后胸侧板各具 1 个黑点。各足胫节和跗节浅红褐色。前翅革片和爪片紫褐色；革片内角处具 1 个横长白斑。

分布：云南（昭通等）、湖北、湖南、福建、海南、香港、广西、四川、贵州；越南。

纹须同缘蝽 *Homoeocerus striicornis* Scott

鉴别特征：体长 18~21 mm。体狭椭圆形，黄绿色至绿色。触角紫红色。第 4 节基半黄白色。前胸背板侧角尖锐。前翅爪片和革片紫褐色；革片亚前缘和爪片内缘黑褐色；膜片浅褐色，半透明。

分布：云南（昭通等）、甘肃、浙江、湖北、江西、湖南、福建、广东、广西等；阿富汗，印度。

暗黑缘蝽 *Hygia opaca* (Uhler)

鉴别特征：体长 8~10 mm。椭圆形，黑褐色。头部长短于宽。触角第 4 节除基部外橙黄色。前胸背板侧角圆钝。前翅膜片翅脉网状。腹部侧接缘各节基部浅褐色；腹部腹面无中纵沟。

分布：云南（昭通等）、山西、甘肃、湖北、香港、广西、重庆、四川、贵州等；韩国，日本等。

川曼缘蝽 *Manocoreus montanus* Hsiao

鉴别特征：体长 12~14 mm。体狭椭圆形，背面黄褐色，腹面黄色。触角红色。前胸背板侧缘黑色，侧角尖锐，向两侧伸出。前翅革片顶角红色。腹部侧接缘背面具小黑斑，腹面两侧各具 5 个黑斑。

分布：云南（昭通）、四川。

月肩莫缘蝽 *Molipteryx lunata* (Distant)

鉴别特征：体长 23~28 mm。体椭圆形，褐色。触角第 4 节大部橙黄色。前胸背板两侧强烈扩展，向前延伸，超过前胸背板前缘，但略超过头端。小盾片顶端具 1 个黑色瘤突。雄虫后足股节加粗。

分布：云南（昭通等）、河南、陕西、浙江、湖北、江西、湖南、福建、台湾、广西、四川等。

棕普缘蝽 *Plinachtus basalis* (Westwood)

鉴别特征：体长 15~18 mm。体椭圆形，红褐色。头部背面具 3 黑色纵线纹。前胸背板中央具 1 条浅色纵线纹，侧角锐角状，向前侧方伸出。小盾片中央具 1 条浅色纵线纹。前翅革片翅脉黄色。

分布：云南（昭通等）、台湾；日本，印度，缅甸，斯里兰卡。

棱须鼻缘蝽 *Sinotagus nasutus* Kiritshenko

鉴别特征：体长 16~18 mm。体狭椭圆形，黄绿色。头部中叶长而侧扁，向前突出。触角第 1~3 节三棱形。前胸背板前侧缘黑色，侧角近直角形。中、后胸侧板具 1 个黑色小斑点。各足浅绿色。

分布：云南（昭通等）、四川。

粟缘蝽 *Liorhyssus hyalinus* (Fabricius)

鉴别特征：体长 6~7 mm。体椭圆形，褐色。体表被浅色细毛。头部背面具黑色斑纹。前胸背板前部具平滑的横脊。前翅半透明，翅脉颜色较深。腹部背面黑色。第 5、6 背板中央具黄色斑纹。

分布：云南（昭通等），全国广布；世界广布。

褐伊缘蝽 *Rhopalus sapporensis* (Matsumura)

鉴别特征：体长 8~10 mm。体椭圆形，褐色。前胸背板侧角圆钝。后胸侧板后角向外扩张。各足黄褐色，具深色斑点。前翅革片具黑色斑点，顶角红褐色。腹部侧接缘黄黑相间。

分布：云南（昭通等），全国广布；俄罗斯，韩国，日本，越南。

跷蝽科 Berytidae

娇背跷蝽 *Metacanthus pulchellus* Dallas

鉴别特征：体长 3~5 mm。体细长形，黄褐色至黑褐色。触角具深色环纹；第 4 节纺锤形。前胸背板后部中央具 1 个三角形突起。小盾片端部具 1 个刺突。各足具深色环纹；股节端部加粗。

分布：云南（昭通等）、山东、山西、陕西、甘肃、湖北、湖南、四川、贵州等；韩国等。

黑肩跷蝽 *Metatropis nigripes* Štusák

鉴别特征：体长 8~9 mm。体细长形，橙黄色至红褐色。腹面黑褐色至黑色。触角黑色；第 4 节长纺锤形。胸部侧面具 1 条黑色纵带，从前胸侧板前方延伸至后胸侧板后缘。各足黑色。

分布：云南（昭通）、浙江、湖北、福建、四川、贵州；越南。

川西大眼长蝽 *Geocoris chinensis* Jakovlev

鉴别特征：体长 3~5 mm。体卵圆形，黑色。头部横宽，黄色至黄褐色。前胸背板被粗大刻点，侧缘宽地黄白色。前翅浅黄褐色；革片和爪片被黑色刻点。腹部侧接缘各节交界处黑褐色。

分布：云南（昭通等）、四川。

大眼长蝽 *Geocoris pallidipennis* (Costa)

鉴别特征：体长 3~4 mm。体卵圆形，黑色。头部横宽，侧叶端部白色。前胸背板被粗大刻点，侧缘宽地黄白色，前、后缘中部各具 1 个黄白色斑点，有时连成纵条纹。前翅革片内角具 1 个黑色斑点。

分布：云南（昭通等）、辽宁、山东、河南、陕西、宁夏、上海、浙江、湖北、四川等；印度等。

室翅长蝽科 Heterogastridae

中华异腹长蝽 *Heterogaster chinensis* Zou & Zheng

鉴别特征：体长约 6 mm。体长椭圆形，黑褐色。前胸背板后部中央具 1 个黄白色斑点，侧缘内凹。小盾片末端黄白色。前足股节加粗，腹面具 2 个刺突。前翅革片基半黄白色。腹部侧接缘黄黑相间。

分布：云南（昭通等）、陕西、甘肃、浙江、湖北、江西、湖南、福建、重庆、四川、贵州。

长蝽科 Lygaeidae

杉木扁长蝽 *Sinorsillus piliferus* Usinger

鉴别特征：体长 6~9 mm。体长椭圆形，浅褐色。头部近三角形。前胸背板带红褐色泽。小盾片黑褐色，端部黄褐色。各足红褐色。前翅革片和爪片浅黄褐色，带红褐色泽，有时爪片接合缝黑色。

分布：云南（昭通等）、浙江、湖北、福建、广东、广西、重庆、四川。

斑脊长蝽 *Tropidothorax cruciger* (Motschulsky)

鉴别特征：体长约 11.5 mm。体长椭圆形，红色。头部黑色。前胸背板表面具 1 对黑色纵斑。小盾片黑色。前翅革片中央具 1 个不规则的黑色斑块，向外直达前翅前缘；膜片基角和端缘灰白色。

分布：云南（昭通等）、吉林、北京、陕西、宁夏、甘肃、湖南、福建、台湾、四川、西藏等；韩国等。

束长蝽科 Malcidae

锥突眼长蝽 *Chauliops conica* Gao & Bu

鉴别特征：体长 2~3 mm。体椭圆形，较紧凑，深褐色至黑褐色。头部前端垂直；复眼着生于眼柄上，眼柄长，伸向前侧方。前胸背板前端下倾。各足胫节黄褐色，基部和端部各具 1 条深色环纹。

分布：云南（昭通）、陕西。

豆突眼长蝽 *Chauliops fallax* Scott

鉴别特征：体长 2~3 mm。体椭圆形，较紧凑，红褐色至黑褐色。头部前端垂直；复眼着生于眼柄上，眼柄长，伸向前侧方。前胸背板前端下倾。腹部第 5~7 节侧接缘具叶状扩展。

分布：云南（昭通）、北京、天津、河北、山西、河南、陕西、甘肃、湖北、湖南、四川、贵州等。

尼长蝽科 Ninidae

黄足蔺长蝽 *Ninomimus flavipes* (Matsumura)

鉴别特征：体长 3~4 mm。体狭椭圆形，黄褐色。体表具浅灰褐色粉被，被黄白色细毛。前胸背板后侧角圆钝，黑褐色。各足股节较粗。前翅革片顶角黑色；膜片端半中央具褐色晕斑。

分布：云南（昭通）、浙江、江西、河南、湖北、广西、四川；俄罗斯，韩国，日本。

尖长蝽科 Oxycarenidae

黑斑尖长蝽 *Oxycarenus lugubris* (Motschulsky)

鉴别特征：体长 3~5 mm。体长椭圆形，黑褐色。头部前端较尖。前胸背板侧缘内凹。前足股节加粗，腹面具 4 个刺突；各足胫节中部黄白色。前翅革片外缘和基部 1/3 黄白色，顶角浅黄色。

分布：云南（昭通等）、甘肃、江苏、安徽、湖南、台湾、四川；印度，斯里兰卡，印度尼西亚等。

梭长蝽科 Pachygronthidae

长须梭长蝽 *Pachygrontha antennata* (Uhler)

鉴别特征：体长 7~9 mm。体狭椭圆形，黄褐色至深褐色。触角第 1 节末端膨大。前胸背板前叶中央具黄色纵线纹。前足股节加粗，腹面具刺突。前翅革片内角、端缘和顶角各具 1 个深色斑点。

分布：云南（昭通）、山东、陕西、安徽、浙江、湖北、江西、湖南、福建、广东、重庆、贵州。

皮蝽科 Piesmatidae

黑头皮蝽 *Piesma capitatum* (Wolff)

鉴别特征：体长 2~3 mm。体椭圆形，黄褐色至褐色。头部黑褐色；侧叶黄白色，前伸。前胸背板前半具 2 条纵脊；侧背板窄，侧缘内凹。小盾片黑褐色至黑色。前翅革片基部黄白色。

分布：云南（昭通）、天津、甘肃、新疆、湖北；俄罗斯，蒙古，朝鲜，日本，哈萨克斯坦等。

地长蝽科 Rhyparochromidae

方斑长足长蝽 *Dieuches formosus* Eyles

鉴别特征：体长 8~11 mm。体狭椭圆形，黑褐色。触角第 4 节基部黄白色。前胸背板侧缘薄片状，黄白色。前翅革片前缘的浅色部分被黑色隔断，端部的黄白色斑块内侧呈直角状。

分布：云南（昭通等）、福建、广东、广西、四川。

褐斑地长蝽 *Elasmolomus squalidus* (Gmelin)

鉴别特征：体长 7~10 mm。体狭椭圆形，黑褐色，具大量不规则的黄褐色斑纹。触角第 4 节基部黄白色。前胸背板侧缘扁片状。小盾片端部黄褐色。各足股节基半黄白色；胫节黄褐色。

分布：云南（昭通等）、福建、台湾、广东、海南、广西；日本等。

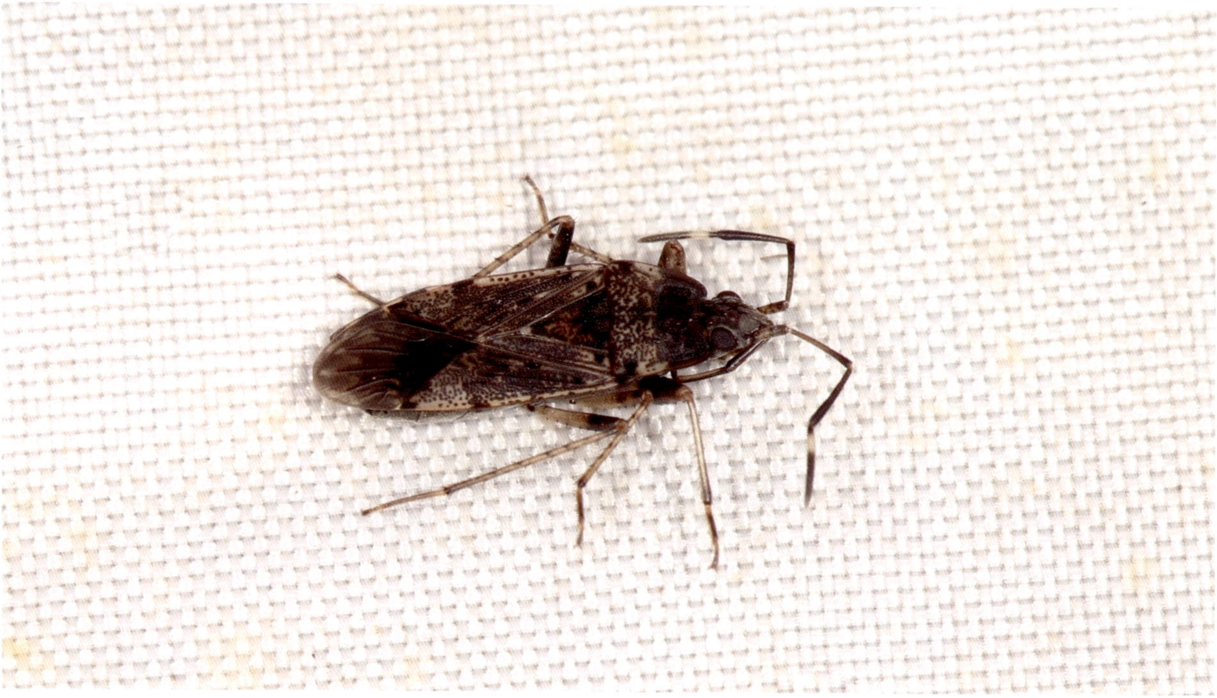

淡角缢胸长蝽 *Gyndes pallicornis* (Dallas)

鉴别特征：体长 5~8 mm。体狭椭圆形，黑褐色。触角第 4 节基部黄白色。前胸背板前叶圆鼓，后叶具 4 黄色斑点。小盾片端部黄白色。中、后足股节基半黄白色。前翅革片灰白色，具深色斑纹。

分布：云南（昭通等）、湖北、江西、福建、台湾、广东、海南、广西、贵州；日本，印度，缅甸等。

短翅迅足长蝽 *Metochus abbreviatus* Scott

鉴别特征：体长 9~12 mm。体狭椭圆形，黑褐色。触角第 4 节基部黄白色。前胸背板前、后叶区分明显；小盾片端部黄白色。前足股节加粗，腹面具刺突。前翅革片顶角前方具 1 个黄白色斑块。

分布：云南（昭通等）、河南、湖北、江西、湖南、广东、海南、广西、四川、贵州等；韩国等。

大黑毛肩长蝽 *Neolethaeus assamensis* (Distant)

鉴别特征：体长 9~13 mm。体椭圆形，黑色。触角第 3 节端部前半段黄白色。前胸背板前侧角具 1 根直立长毛，侧角处各具 1 个黄色斑点。前翅爪片内缘和革片中央分别具 2 个模糊的黄色斑点。

分布：云南（昭通等）、台湾、广西；朝鲜，日本，印度。

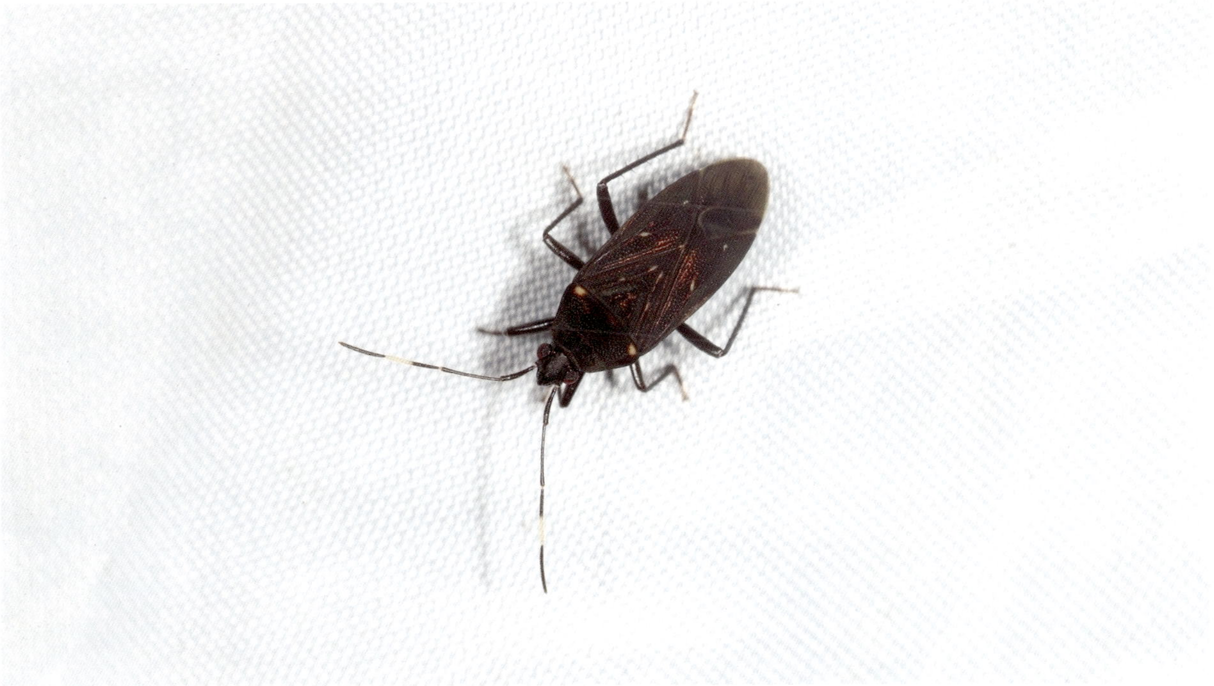

东亚毛肩长蝽 *Neolethaeus dallasi* Scott

鉴别特征：体长 5~9 mm。体椭圆形，黑褐色。触角第 2 节基半和第 3 节基部黄褐色。前胸背板前侧角具 1 根直立长毛，后缘两侧黄褐色。前翅革片具斑驳的黄色斑纹；爪片内缘具 2 个黄白色细斑。

分布：云南（昭通等）、北京、河南、陕西、甘肃、湖北、湖南、广东、广西、贵州等；韩国等。

褐斑点列长蝽 *Paradieuches dissimilis* (Distant)

鉴别特征：体长 4~6 mm。体狭椭圆形，黑褐色。前胸背板侧缘黄白色，后部内侧红褐色。前足股节加粗，腹面具刺突。前翅革片基部黄白色，端部红褐色，前缘具 2 个黑色斑点和 1 个黄白色斑点。

分布：云南（昭通等）、陕西、浙江、湖北、福建、广西、四川、贵州；俄罗斯，韩国，日本等。

淡缘全缝长蝽 *Plinthisus bembidioides* Josifov & Kerzhner

鉴别特征：体长约 4 mm。体椭圆形，黑褐色。触角第 2 节黄褐色。前胸背板前缘宽阔内凹，侧缘大部近平行，后缘颜色稍浅。各足黄褐色；前足股节稍加粗。前翅为鞘翅型，前缘褐色；膜片短。

分布：云南（昭通）；韩国。

短小钝角长蝽 *Prosomoeus pygmaeus* Zheng

鉴别特征：体长 4~6 mm。体狭椭圆形，红褐色至深褐色。触角第 4 节端部黑褐色。前胸背板侧角圆钝，后缘宽阔内凹。各足深褐色；前足股节稍加粗，腹面具刺突。前翅伸达腹末。

分布：云南（昭通等）、四川、贵州。

克伦巫长蝽 *Uzza karenia* Distant

鉴别特征： 体长 5~7 mm。体狭椭圆形，黑褐色。前胸背板侧缘在中部扩宽，黄白色。前足股节加粗，腹面具 2 列刺突。前翅革片基部 1/3 和前缘的斑点黄白色；膜片基半具 1 条黄白色横带纹。

分布： 云南（昭通等）、西藏；缅甸。

大红蝽科 Largidae

安龙斑红蝽 *Physopelta anlongensis* Zhao & Cao

鉴别特征： 体长 12~14 mm。体椭圆形，红褐色。头部黑褐色。触角第 4 节基半黄白色。各足黑色；前足股节稍加粗，端部腹面具刺突。前翅革片无明显的深色斑纹；膜片深褐色，外缘黄色。

分布： 云南（昭通）、贵州。

小斑红蝽 *Physopelta cincticollis* Stål

鉴别特征：体长 11~15 mm。体椭圆形，黑褐色。触角第 4 节基部黄白色。前胸背板边缘红褐色。前足股节稍加粗，端部腹面具刺突。前翅革片大部分红褐色，中央具 1 个黑色大圆斑，顶角黑色。

分布：云南（昭通等）、山东、河南、陕西、湖北、湖南、广东、海南、贵州等；韩国，日本等。

红蝽科 Pyrrhocoridae

细斑棉红蝽 *Dysdercus evanescens* Distant

鉴别特征：体长 15~22 mm。体长椭圆形，朱红色。触角黑色。前胸背板领白色。各胸节侧板后半白色。前翅革片内侧橙红色，具 1 个横向细长的小黑斑。腹部各节腹板后半白色，节间缝黑色。

分布：云南（昭通等）、台湾、广西、贵州、西藏；印度，缅甸，越南。

曲缘红蝽 *Pyrrhocoris sinuaticollis* Reuter

鉴别特征：体长 7~9 mm。体长卵圆形，灰褐色至深褐色。头部黑褐色，具橙色斑纹。触角黑色。前胸背板侧缘稍内凹，前胸侧板前缘和侧缘红白色，胸部侧板黑色。前翅膜片翅脉网状。

分布：云南（昭通）、北京、河南、江苏、浙江、湖北、广东、广西、贵州；俄罗斯，韩国等。

斑直红蝽 *Pyrrhopeplus posthumus* Horváth

鉴别特征：体长 11~15 mm。体长卵圆形，橙红色。前胸背板在胝区前后各具 1 条黑色横线纹。胸部侧板黄白色，边缘黑色。小盾片基部黑色。各足股节红色，胫节黑色。前翅革片具 1 个黑色圆斑。

分布：云南（昭通等）、广西、贵州、西藏；印度，孟加拉国，缅甸，越南。

同蝽科 Acanthosomatidae

峨眉同蝽 *Acanthosoma emeiensis* Liu

鉴别特征：体长 16~18 mm。体椭圆形，绿色。前胸背板后半红褐色，侧角黑色，较突出。中胸腹板隆脊低平，向前伸达前胸腹板前缘。前翅内革片除顶角外红褐色；膜片浅褐色，半透明。

分布：云南（昭通）、四川、贵州。

宽铗同蝽 *Acanthosoma labiduroides* Jakovlev

鉴别特征：体长 17~19 mm。体椭圆形，背面绿色，腹面浅黄绿色。前胸背板侧角圆钝，红色。中胸腹板隆脊向前伸达前胸腹板前缘。雄虫生殖节红色，形成发达的生殖铗，两铗近平行。

分布：云南（昭通等）、黑龙江、天津、河南、陕西、甘肃、浙江、湖北、广西、贵州等；日本等。

构树匙同蝽 *Elasmucha broussonetiae* Li & Zheng

鉴别特征：体长 6~8 mm。体椭圆形，浅黄褐色，具黑褐色刻点。前胸背板前侧缘光滑，侧角稍伸出体外。中胸腹板隆脊前伸至前足基节之前。前翅革片透明。腹基刺突伸达后足基节。

分布：云南（昭通）、河南、陕西、贵州。

土蝽科 Cydnidae

黑环土蝽 *Microporus nigrita* (Fabricius)

鉴别特征： 体长 4~6 mm。体卵圆形，黑色。头部前端圆弧形，具细长刚毛和钉状刚毛。前胸背板侧缘具 1 列刚毛。小盾片长三角形。各足胫节具成列刺毛；跗节黄色。前翅伸过腹末。

分布： 云南（昭通等）、北京、天津、山东、西藏；俄罗斯，蒙古，朝鲜，韩国，日本等。

兜蝽科 Dinidoridae

红边兜蝽 *Coridius sanguinolentus* (Westwood)

鉴别特征： 体长 13~17 mm。体卵圆形，黑褐色，稍带油状光泽。头部三角形，侧缘稍卷起。触角第 4 节明显宽而扁。前胸背板表面具细弱的横皱纹，侧角圆钝。各足跗节 2 节。腹部侧接缘红色。

分布： 云南（昭通）、青海、广东；印度，缅甸，越南，印度尼西亚。

短角瓜蝽 *Megymenum brevicorne* (Fabricius)

鉴别特征：体长 13~16 mm。体长卵圆形，黑褐色。体表十分粗糙。头部前端方形。触角第 2、3 节扁平。前胸背板侧缘深凹。小盾片基部中央具 1 个黄褐色斑点。腹部侧接缘各节具 2 个齿突。

分布：云南（昭通等），除东北以外的中国大部分省份；印度，不丹，缅甸，越南，泰国，柬埔寨等。

细角瓜蝽 *Megymenum gracilicorne* Dallas

鉴别特征：体长 12~15 mm。体长卵圆形，黑褐色。体表十分粗糙。头部前端方形。触角各节圆柱形。前胸背板前角尖细，向内弯曲，伸达复眼前缘。腹部侧接缘各节具 1 个大齿突。

分布：云南（昭通等）、河南、陕西、湖北、湖南、广东、广西、四川、贵州等；朝鲜，日本。

云南拟麦蝽 *Aeliomorpha yunnanensis* Zheng & Liu

鉴别特征：体长 8~9 mm。体椭圆形，背面浅灰褐色，腹面浅黄褐色。前胸背板中央具 1 条光滑纵线纹，前侧缘黄白色，侧角不伸出。各足黄褐色，具褐色小斑点。腹部侧接缘外缘黄白色。

分布：云南（昭通等）。

薄蝽 *Brachymna tenuis* Stål

鉴别特征：体长 15~18 mm。体椭圆形，背面黄褐色，腹面颜色较浅。头部前端较尖。触角第 5 节基半黄白色。前胸背板前侧缘稍内凹，侧角稍向两侧突出。各足具深色斑点。腹部侧接缘具小黑斑。

分布：云南（昭通等）、河南、江苏、浙江、湖北、湖南、广东、广西、四川、贵州等；日本。

柑橘格蝽 *Cappaea taprobanensis* (Dallas)

鉴别特征：体长 10~13 mm。卵圆形，背面深灰褐色，具若干橙黄色纵线纹和斜线纹，腹面浅黄褐色。前胸背板侧角不伸出。各足具大量黑色斑点；后足跗节白色。腹部侧接缘黄黑相间。

分布：云南（昭通等）、湖北、湖南、福建、广东、海南、广西、四川、贵州等；印度，孟加拉国等。

红角辉蝽 *Carbula crassiventris* (Dallas)

鉴别特征：体长 8~10 mm。体卵圆形，褐色。前胸背板胝区黄褐色，前侧缘具黄白色光滑斑块，侧角呈角状突出，末端圆钝，红褐色。各足具黑褐色斑点。腹部侧接缘各节外缘具浅黄褐色纵斑。

分布：云南（昭通等），全国广布；日本，印度，不丹，缅甸，泰国等。

大斑辉蝽 *Carbula maculata* Hsiao & Cheng

鉴别特征：体长 6~8 mm。体卵圆形，褐色。前胸背板胝区黑色，前侧缘内凹，黄白色，侧角末端圆钝，红褐色。小盾片基角各具 1 黄白色斑点，大小不一。腹部侧接缘外缘黄褐色。

分布：云南（昭通等）、四川。

凹肩辉蝽 *Carbula sinica* Hsiao & Cheng

鉴别特征：体长 6~8 mm。体卵圆形，褐色。前胸背板胝区黑色，前侧缘强烈内凹，具黄白色光滑斑块，侧角末端圆钝，黑褐色。各足黄褐色，具黑褐色斑点。腹部侧接缘外缘黄褐色。

分布：云南（昭通）、山西、陕西、甘肃、浙江、湖北、江西、湖南、四川。

峨嵋疣蝽 *Cazira emeia* Zhang & Lin

鉴别特征： 体长 10~15 mm。体椭圆形，黄褐色、红褐色至紫黑色。前胸背板表面具大量光滑的瘤突。小盾片基半具 1 对大瘤突。前足胫节叶状扩展。前翅膜片具界线分明的透明斑块。

分布： 云南（昭通等）、山东、陕西、甘肃、湖北、江西、湖南、广东、广西、四川等。

削疣蝽 *Cazira frivaldszkyi* Horváth

鉴别特征： 体长 10~12 mm。体椭圆形，深褐色。头部中线和端半黄白色。前胸背板表面强烈皱褶，中纵脊黄白色。小盾片基半具 1 对大瘤突，其后缘平削，削面黄褐色。前足胫节叶状扩展。

分布： 云南（昭通等）、江苏、浙江、安徽、江西、福建、广西、四川、贵州；印度，不丹等。

象蝽 *Cecyrina platyrhinoides* Walker

鉴别特征：体长 14~19 mm。体长椭圆形，黑色，具黄褐色不规则斑纹。头部长。触角第 4、5 节膨大。前胸背板及小盾片表面不平整。前足胫节叶状扩展；跗节第 1、2 节黄白色。

分布：云南（昭通等）、湖南、福建、广西、四川、贵州、西藏；印度，不丹。

绿岱蝽 *Dalpada smaragdina* (Walker)

鉴别特征：体长 15~20 mm。体椭圆形，金绿色。前胸背板前侧缘内凹，侧角结节状，黑褐色。小盾片端部黄褐色。各足红褐色。前翅革片和爪片黄绿色。腹部腹面浅黄褐色，两侧具金绿色纵带纹。

分布：云南（昭通等）、黑龙江、山西、陕西、甘肃、江苏、湖北、湖南、广东、广西、贵州等。

平蝽 *Drinostia fissipes* Stål

鉴别特征：体长 12~16 mm。体椭圆形，灰黄褐色。头部前端具 1 缺刻。触角黑褐色，第 5 节基半橙色。前胸背板侧角呈宽大的角状。小盾片基角具黑褐色凹陷。各足浅褐色，具大量深色斑点。

分布：云南（昭通等）、江苏、浙江、江西、湖南、福建、重庆、贵州。

麻皮蝽 *Erthesina fullo* (Thunberg)

鉴别特征：体长 20~25 mm。体椭圆形，黑褐色，具大量黄色碎斑。头部背面具 3 黄色纵线纹。触角第 5 节基部黄白色。各足胫节中部黄白色，前足胫节外侧叶状扩展。腹部侧接缘黄黑相间。

分布：云南（昭通等），辽宁及以南的中国大部分省份；日本，阿富汗，巴基斯坦，印度，斯里兰卡等。

横纹菜蝽 *Eurydema gebleri* Kolenati

鉴别特征：体长 6~8 mm。体长椭圆形，橙黄色，具黑色斑纹。前胸背板前方具 2 个黑色横斑，后方具 4 个大黑斑。小盾片具“Y”形红色斑纹。前翅革片外缘和近端部处的横斑橙黄色。

分布：云南（昭通等），全国广布；俄罗斯，蒙古，朝鲜，哈萨克斯坦等国家。

北二星蝽 *Eysarcoris aeneus* (Scopoli)

鉴别特征：体长 5~7 mm。体卵圆形，黄褐色。头部中叶稍短于侧叶。前胸背板胝区黑褐色，侧角弱地伸出，末端圆钝或尖锐。小盾片基角各具 1 个黄白色斑点。腹部腹面黑色，侧缘黄白色。

分布：云南（昭通等），全国广布；俄罗斯，朝鲜，日本，哈萨克斯坦等。

广二星蝽 *Eysarcoris ventralis* (Westwood)

鉴别特征：体长 6~7 mm。卵圆形，褐色。前胸背板前半颜色较后半浅，胝区具 1 对黑色横斑，侧角不突出。小盾片基角内侧具 1 对黄白色斑点。腹部腹面中央黑色，边缘清晰整齐。

分布：云南（昭通等），全国广布；朝鲜，韩国，日本，阿富汗，印度，越南，菲律宾等。

茶翅蝽 *Halyomorpha halys* (Stål)

鉴别特征：体长 14~18 mm。体椭圆形，背面浅褐色、绿褐色至紫褐色，有时具金属光泽，腹面黄褐色。触角第 4 节两端和第 5 节基部黄白色。前胸背板具 4 个黄色斑点。腹部侧接缘黄黑相间。

分布：云南（昭通等），全国广布；朝鲜，韩国，日本，澳大利亚，美国。

全蝽 *Homalogonia obtusa* (Walker)

鉴别特征：体长 12~13 mm。体椭圆形，褐色。前胸背板前侧缘前部锯齿状，侧角长而钝圆，伸出体外。各足黄褐色，具黑色斑点。前翅膜片灰褐色。腹部侧接缘黄褐色，具黑色刻点。

分布：云南（昭通等），全国广布；俄罗斯，朝鲜，日本，印度，越南。

弯角蝽 *Lelia decempunctata* (Motschulsky)

鉴别特征：体长 16~24 mm。体椭圆形，浅褐色。触角第 4、5 节黑色。前胸背板具 4 个黑色斑点，前侧缘强烈内凹，具黄白色锯齿，侧角角状，向前侧方突出；小盾片具 6 个黑色斑点。

分布：云南（昭通等），全国广布；俄罗斯，朝鲜，韩国，日本。

北曼蝽 *Menida disjecta* (Uhler)

鉴别特征：体长 9 ~11 mm。体椭圆形，背面褐色，具深绿色金属光泽，腹面黄白色。触角第 4 节端部和第 5 节基部黄白色。小盾片基部具 3 个白色斑点，端部黄白色。腹部侧接缘黄黑相间。

分布：云南（昭通等），全国广布；俄罗斯，朝鲜，日本。

金绿曼蝽 *Menida metallica* Hsiao & Cheng

鉴别特征：体长 9~12 mm。体卵圆形，背面金绿色，具金属光泽，腹面黄褐色。触角大部分黑色。前胸背板前侧缘黄褐色。小盾片端部白色。各足黄褐色，具黑褐色斑点。腹部侧接缘黑白相间。

分布：云南（昭通等）、陕西、甘肃、四川、贵州。

松曼蝽 *Menida pinicola* Zheng & Liu

鉴别特征：体长 6~8 mm。体卵圆形，红褐色，腹面颜色稍浅。前胸背板前侧缘和后缘中央黄白色。小盾片侧缘和端部黄白色，中央具 1 个黑色斑块，端部具 3 个黑色斑点。腹部侧接缘黄黑相间。

分布：云南（昭通等）、湖北。

四川曼蝽 *Menida szechuensis* Hsiao & Cheng

鉴别特征：体长 9~10 mm。体椭圆形，背面灰褐色，腹面浅黄褐色。触角黑色，第 1 节基部黄褐色。前胸背板侧角钝圆。小盾片长大于宽，具黑色斑纹，端部圆钝。各足黄褐色，具黑色斑点。

分布：云南（昭通等）、宁夏、福建、江西、四川、贵州、西藏。

稻赤曼蝽 *Menida versicolor* (Gmelin)

鉴别特征：体长 6~9 mm。体卵圆形，黄色至橙红色。头部具黑色纵条纹。前胸背板胝区周围黑色，侧角圆钝。小盾片中央具 1 菱形黑色斑块，可不同程度退化。前翅革片具宽阔的黑褐色斑纹。

分布：云南（昭通等）、江西、广东、海南、澳门、广西、四川、贵州、西藏等；日本，印度等。

稻绿蝽 *Nezara viridula* (Linnaeus)

鉴别特征：体长 13~17 mm。体椭圆形，体色多变，可为绿色、黄色、黄褐色至褐色。通常头部端半和前胸背板前部黄色，小盾片基缘具 3 黄色斑点。触角第 3~5 节端半黑色，第 4、5 节基部黄褐色。

分布：云南（昭通等），除东北以外的中国大部分省份；朝鲜，韩国，日本，阿富汗，印度，越南等。

圆卷蝽 *Paterculus ovatus* Hsiao & Cheng

鉴别特征：体长 8~11 mm。体卵圆形，背面深褐色，腹面大部黑褐色，或黄褐色并具黑色纵带纹。头部前端强烈卷曲。前胸背板前侧缘平直。各足黄褐色。腹部侧接缘外缘黄褐色，具小黑斑。

分布：云南（昭通等）、湖北、重庆、四川。

日本真蝽 *Pentatoma japonica* (Distant)

鉴别特征：体长 17~25 mm。体椭圆形，背面金绿色，腹面黄褐色。触角红褐色。前胸背板前侧缘和侧角外缘红褐色，侧角伸出，末端稍呈双叉状。各足黄褐色。腹部侧接缘黄黑相间。

分布：云南（昭通等）、黑龙江、内蒙古、陕西、甘肃、青海、湖北、湖南、贵州等；俄罗斯等。

益蝽 *Picromerus lewisi* Scott

鉴别特征：体长 10~16 mm。体椭圆形，灰褐色。头部中央至小盾片端部具 1 条浅色纵线纹。前胸背板侧角向两侧突出，末端尖锐。前足股节近端部处具 1 个刺突；各足胫节中部黄白色。

分布：云南（昭通等），全国广布；俄罗斯，韩国，日本。

庐山珀蝽 *Plautia lushanica* Yang

鉴别特征：体长 11~13 mm。体卵圆形，深绿色。头部黄褐色。前胸背板前半黄褐色，侧角角状，红色。小盾片端部黄白色。前翅内革片及爪片红褐色。腹部侧接缘各节后角黑色；腹面浅绿色。

分布：云南（昭通等）、山西、河南、陕西、浙江、湖北、江西、福建、四川、贵州。

邻珀蝽 *Plautia propinqua* Liu & Zheng

鉴别特征：体长 7~11 mm。体卵圆形，绿色，密被黑色刻点。前胸背板侧角钝圆，侧角后方及后侧缘深红色。小盾片基角具黑色凹陷，端部黄褐色。前翅内革片深红色。腹部侧接缘各节后角黑色。

分布：云南（昭通等）、陕西、甘肃、湖北、广西、四川、贵州。

光尖角普蝽 *Priassus excoffieri* Martin

鉴别特征：体长 16~20 mm。体椭圆形，背面黄色，腹面黄白色。头部两侧和前端红色。触角第5节端半黑色。前胸背板前半大部红色，侧角尖角状，向前侧方突出。前翅革片外侧具 1~2 列黑色刻点。

分布：云南（昭通等）、广西、四川。

东枝萨蝽 *Sarju taungyiana* Ghauri

鉴别特征：体长 13~18 mm。体椭圆形，褐色。触角第 4、5 节基部白色。前胸背板前侧缘内凹，侧角结节状，黑色。小盾片端部稍显黄白色。各足跗节第 1、2 节黄白色。腹部侧接缘黄黑相间。

分布：云南（昭通等）、广西、四川、贵州；日本，印度，尼泊尔。

小片蝽 *Sciocoris lateralis* Fieber

鉴别特征：体长 4~6 mm。体扁圆形，灰褐色。头部宽大于长，前端宽圆。前胸背板前侧缘弧形外拱，黄白色，侧角圆钝。小盾片顶端宽圆。各足黄褐色，具深色斑点。腹部侧接缘黄黑相间。

分布：云南（昭通等）、广东、海南；巴基斯坦，印度，斯里兰卡。

弯刺黑蝽 *Scotinophara horvathi* Distant

鉴别特征：体长 9~10 mm。体长卵圆形，深褐色。前胸背板前角处具 1 对向前侧方弯曲的大刺突，伸达复眼中部，侧角短刺状。小盾片宽舌形。腹部侧接缘各节后侧角呈小突起状，腹面黑褐色。

分布：云南（昭通）、陕西、江苏、江西、湖南、福建、广东、海南、广西等；韩国，日本。

丸蝽 *Spermatodes variolosus* (Walker)

鉴别特征：体长 2~4 mm。体半球形，黑褐色。头部宽大于长，前端下倾。前胸背板具大量黄褐色晕斑。小盾片宽大，基部具 3 黄褐色大圆斑，其后具大量黄褐色晕斑。各足浅黄褐色。

分布：云南（昭通等）、浙江、湖北、江西、湖南、福建、四川、贵州等；日本，巴基斯坦等。

点蝽 *Tolumnia latipes* (Dallas)

鉴别特征： 体长 9~12 mm。体椭圆形，背面黑褐色，腹面浅黄色。触角第 1~3 节黄褐色；第 4 节基部和第 5 节基半黄白色。前胸背板前侧缘狭边状，除侧角边缘外黄白色。腹部侧接缘黄黑相间。

分布： 云南（昭通等）、山西、河南、陕西、湖北、湖南、广东、海南、广西、贵州等；印度等。

突蝽 *Udonga spinidens* Distant

鉴别特征： 体长 11~13 mm。体椭圆形，深灰褐色。触角第 4 节端半部和第 5 节黑褐色。前胸背板侧角有时尖刺状，黑褐色，指向前方。小盾片长三角形，基部具 1 黑褐色倒三角形斑，端部黄白色。

分布： 云南（昭通等）、山西、河南、陕西、浙江、湖北、江西、湖南、福建、贵州、西藏等。

蓝蝽 *Zicrona caerulea* (Linnaeus)

鉴别特征：体长 6~9 mm。体卵圆形，蓝紫色，具金属光泽。触角第 2 节最长。前胸背板前侧缘光滑平直，侧角圆钝，几不突出。小盾片端部宽圆。各足蓝黑色。前翅伸过腹末；膜片褐色。

分布：云南（昭通等），全国广布；俄罗斯，蒙古，韩国，日本，阿富汗，印度，缅甸，越南等。

筛豆龟蝽 *Megacopta cribraria* (Fabricius)

鉴别特征：体长 3~6 mm。体球形，黄绿色至黄褐色。头部前端圆弧形。前胸背板被 1 行不整齐的刻点划分为前、后两部分。小盾片基胝和侧胝分界明显。腹部腹面两侧具黄色辐射状宽带纹。

分布：云南（昭通等），河北及其以南的中国大部分省份；韩国，日本，印度，孟加拉国，泰国等。

狄豆龟蝽 *Megacopta distanti* (Montandon)

鉴别特征：体长 4~5 mm。体球形，背面中央黑色，其余部分深黄褐色。头部前半段黄褐色。前胸背板前缘和侧缘、小盾片侧缘和后缘、基胝两侧及侧胝黄褐色。腹部腹面两侧具辐射状宽带纹。

分布：云南（昭通）、北京、贵州、四川；印度。

盾蝽科 Scutelleridae

角盾蝽 *Cantao ocellatus* (Thunberg)

鉴别特征： 体长 15~26 mm。体椭圆形，黄白色至红色。前胸背板具 2~8 个黑色斑点，分 2 行排列；小盾片具 2~8 个黑色斑点，以 2-3-2-1 的方式排列。前胸背板侧角圆钝、角状或刺状。

分布： 云南（昭通等）、河南、湖北、湖南、广东、海南、香港、广西、西藏等；韩国，日本等。

半球盾蝽 *Hyperoncus lateritius* (Westwood)

鉴别特征： 体长 10~11 mm。体半球形，背面强烈隆起，深红褐色，腹面平坦，黄褐色。前胸背板具 5 个深色圆斑。小盾片具 13 个深色圆斑。各足黄褐色。腹部腹面基部中央具 1 条纵沟。

分布： 云南（昭通等）、湖北、湖南、广东、海南、香港、广西、四川、贵州、西藏等；印度等。

亮盾蝽 *Lamprocoris roylii* (Westwood)

鉴别特征：体长 8~11 mm。体卵圆形，金绿色。前胸背板具 1 蓝黑色纵带纹，两侧各具 4 蓝黑色斑点。小盾片具 3 蓝黑色斑块，中部具 1 对蓝黑色斜带纹，后部具 5 蓝黑色斑块。腹部侧缘红色。

分布：云南（昭通）、河南、陕西、浙江、湖北、湖南、广东、广西、贵州等；印度，缅甸，老挝等。

荔蝽科 Tessaratomidae

巨蝽 *Eusthenes robustus* (Lepeletier & Serville)

鉴别特征：体长 30~38 mm。体宽椭圆形，黄绿色至深紫褐色，具油状光泽。前胸背板胝侧角圆钝，明显突出。后胸腹板形成一光滑平面，与后足基节平齐。雄虫后足股节加粗，基部具 1 大刺突。

分布：云南（昭通等）、湖北、江西、湖南、福建、台湾、广东、四川、贵州等；印度，不丹，越南等。

玛蝽 *Mattiphus splendidus* Distant

鉴别特征：体长 19~27 mm。体宽椭圆形，背面紫金色，具油状光泽，腹面浅黄褐色，具金绿色泽。触角第 3 节端部和第 4 节基部黄白色。小盾片末端黄白色。腹部侧接缘各节基部黄白色。

分布：云南（昭通等）、浙江、福建、台湾、江西、湖南、广东、海南、广西、四川、贵州；老挝。

异蝽科 Urostylididae

花壮异蝽 *Urochela luteovaria* Distant

鉴别特征：体长 11~14 mm。体椭圆形，背面黑褐色，腹面橙黄色。触角第 1 节褐色；第 4、5 节基半浅褐色，端半部黑色。各足黄绿色，具深色环纹。前翅革片具不规则浅色斑块。

分布：云南（昭通等）、河北、陕西、福建、湖北、江西、广西、四川、贵州；韩国，日本。

膜翅目

Hymenoptera

膜翅目是昆虫纲第 3 大目，因其膜质的翅而得名，包括各种蜂和蚂蚁，世界已知约 154 000 种，中国已知近 12 500 种，包括许多重要的天敌昆虫和传粉昆虫，是一类具有重要经济价值的类群。

成虫体长 0.21~50 mm，在“细腰”的有无、产卵器和口器结构、社会性昆虫的多态性等方面也呈现出了极大的多样性。

全变态。分为广腰亚目和细腰亚目。广腰亚目幼虫多以植物为食，通常类似毛虫，是乔木和灌木的害虫；其成虫胸部与腹部宽阔相连。细腰亚目成虫腹基部缢缩，呈细腰状，腹部第 1 节并入胸部，称为并胸腹节。雌虫通常有尖锐的产卵器适于穿刺或叮螫。幼虫通常无足。细腰亚目大多数种类为寄生性和捕食性，少数为植食性。姬蜂、茧蜂等很多类群为寄生性，寄生于其他昆虫或节肢动物。胡蜂、蜾蠃等类群则为捕食性昆虫。有些种类兼有捕食和寄生行为，例如螯蜂成虫利用捕捉足捕食猎物，幼虫为半翅目的外寄生蜂。蜜蜂和蚂蚁中的一些种类常群栖生活，为社会性昆虫。

叶蜂科 Tenthredinidae

异色狭腹叶蜂 *Athlophorus perplexus* Kônow

鉴别特征：体长 8~12 mm。体黄褐色。触角黄色，端部黑色；头红色，单眼区具黑色纹路。前胸背板红褐色，具明显黑色斑纹；足黄褐色，被白毛。前翅外缘具烟褐色斑。腹部基部收狭。

分布：云南（昭通等）、湖南、台湾、海南、广西、贵州。

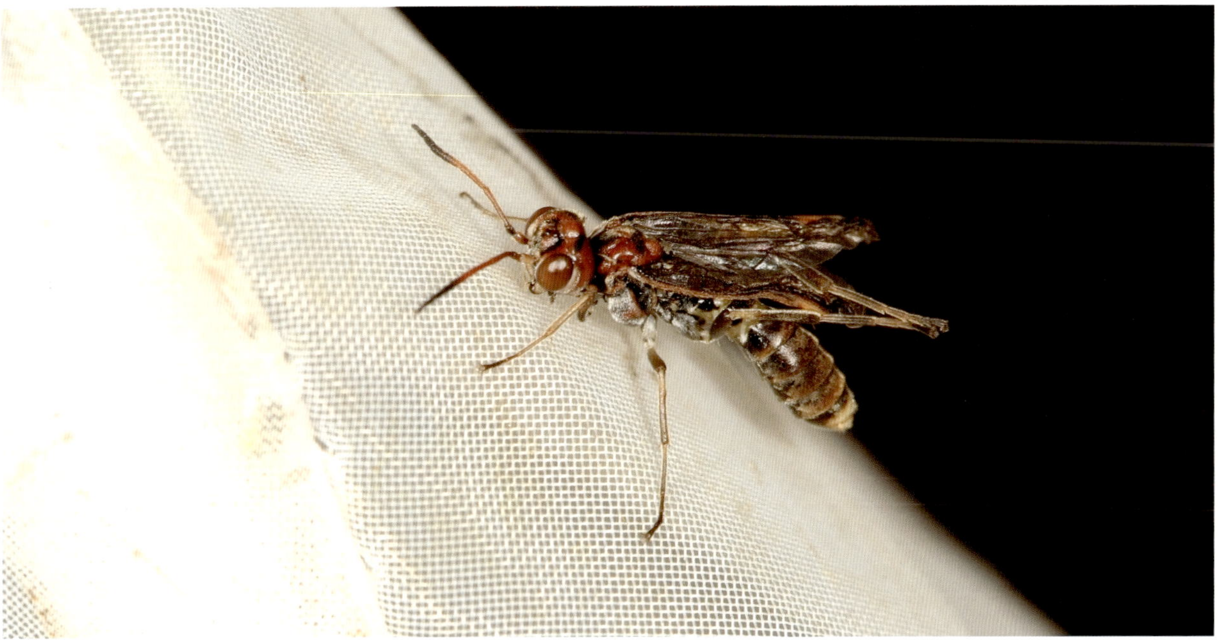

丽毛麦叶蜂 *Neodolerus poecilomallosis* (Wei)

鉴别特征：体长 9~10 mm。体黑色。触角粗壮，由基部至端部每节逐渐缩短。中胸背板前叶和侧叶红色。前胸背板、翅基片、足及小盾片部分被淡色毛，中胸背板毛（小盾片除外）金黄色。

分布：云南（昭通等）、陕西、福建、湖北、四川。

黄褐畸距叶蜂 *Nesotaxonus fulvus* (Cameron)

鉴别特征：体长约 13 mm。体黄褐色。复眼及单眼黑色；触角 1~4 节黄褐色，5~9 节浅黄色；翅透明，基部 2/3 浅烟色，端部 1/3 烟褐色，翅痣和翅脉黑色；前、中足黄褐色，后足棕褐色；体毛浅黄色。

分布：云南（昭通等）。

纹跗细斑叶蜂 *Tenthredo pseudoberyllica* Wei

鉴别特征：体长约 11 mm。体绿色，无金属光泽。头部、上唇、口须颜色较体色更深。复眼黄绿色，单眼黑色。触角长丝状，共 9 节，黑色，第 3~7 节端部浅绿色。足跗节及爪黑色，股节浅绿色。

分布：云南（昭通等）。

褐黄光柄叶蜂 *Tenthredo flavobrunneus* Malaise

鉴别特征：体长约 11 mm。头部背侧黑斑两侧接近或接触复眼内缘，触角窝上突大部黑色，后端与额脊间无凹陷，小盾片和中胸前侧片中部隆起度较低，腹部各节背板基部边缘黑色。

分布：云南（昭通）；老挝。

窄带长突叶蜂 *Tenthredo bullifera* Malaise

鉴别特征：体长约 12 mm。体绿色，无金属光泽。上唇、口须绿色；复眼蓝黑色，单眼黑色。触角长丝状，共 9 节，黑色，第 1、2 节宽大于长，鞭节细长。翅透明，烟褐色，翅脉黑色，翅痣绿色。

分布：云南（昭通等）。

陈氏环角叶蜂 *Tenthredo chenae* Wei

鉴别特征：体长约 13 mm。体黄褐色。唇基、上唇、口须浅黄色；复眼及单眼黑色；触角 9 节，第 3、4 节背面黄褐色，第 5~9 节黑色；翅透明，浅烟色，端部 1/3 烟褐色；前中足黄褐色，后足棕褐色。

分布：云南（昭通等）。

三节叶蜂科 Argidae

长角红胸三节叶蜂 *Arge captiva* (Smith)

鉴别特征：体长约 8 mm。体黑色。胸部橘色；中胸背板前叶中纵沟模糊，小盾片后部明显隆起，稍高于背板平面；后胸淡膜区很宽，间距仅为淡膜区宽的 1/4。翅膜质，深黑色。足黑色。

分布：云南（昭通）。

列斑直鞘三节叶蜂 *Arge xanthogaster* (Cameron)

鉴别特征：体长约 7 mm。体黑色。头部前侧的颜面隆起部具密集刻点，头部背侧、后侧、内眶和唇基部刻点稍小且分散，颚眼距具细密刻纹。胸部背板具稀疏细小刻点；翅深黑色。腹部橘黄色。

分布：云南（昭通）、湖北、广东、海南、广西。

茧蜂科 Braconidae

黑窄腹矛茧蜂 *Rhoptrocentrus piceus* Marshall

鉴别特征：体长 2~3 mm。体黑色，触角柄节、梗节、1~3 鞭节、下唇须、下颚须黄色，雌蜂产卵器除端部外黑色。头长等于宽，复眼大。并胸腹节是后胸盾片长的一半，具“Y”形横脊。

分布：云南（昭通）、辽宁。

绿条无垫蜂 *Amegilla zonata* (Linnaeus)

鉴别特征：体长约 11 mm。上颚基部、上唇、唇基、眼侧区及额上三角形斑均为黄色；腹部各节背板被黑色短毛，其中第 1~4 节背板端缘具绿色至绿蓝色毛带，第 5 节背板端缘被整齐的黑褐色毛。

分布：云南（昭通等），全国广布；日本，澳大利亚等。

芒康条蜂 *Anthophora mangkamensis* Wu

鉴别特征：体长 10~11 mm。上唇及唇基被黄毛；颜侧及颅顶被黑毛；额唇基区及触角窝基部被黄色杂有黑色的长毛；胸部被灰黄色毛，杂有黑毛；中胸背板被灰色杂有黑色的长毛；胸侧具黄毛。

分布：云南（昭通等）、西藏。

中华蜜蜂 *Apis cerana* Fabricius

鉴别特征：体长 10~13 mm。体色变化大，后胸背板黄色或黄褐色至黑褐色，后翅中脉分叉；唇基表面具三角形黄斑。复眼大，在头顶靠近。后翅中脉分叉，体被暗褐色和暗黄褐色的长绒毛。

分布：云南（昭通等），除新疆外全国广布；俄罗斯，日本，印度，缅甸，泰国，澳大利亚等。

牛拟熊蜂 *Bombus bohemicus* (Seidl)

鉴别特征：体长 8~13 mm。体表密被白色长毛。后足胫节外表面突起，密布中等长度的毛，无花粉筐；腹节第 6 节腹板侧面带有明显肿胀的“S”形龙骨状隆起；胸部毛发前部为淡黄色带。

分布：云南（昭通等），全国广布；世界广布。

黄熊蜂 *Bombus flavescens* Smith

鉴别特征：体长 8~10 mm。体毛黑黄色。触角第 3 节长为第 4 节的 1.4 倍。雌蜂胸部被黑色毛，腹部第 1、2 节背板被黑色毛或黄色毛。雄蜂除腹部第 4~6 节背板被锈红色毛外，其他部位毛色差异较大。

分布：云南（昭通等）、江苏、上海、浙江、湖北、湖南、广东、四川等；尼泊尔，俄罗斯等。

伪熊蜂 *Bombus imitator* Pittioni

鉴别特征：体长 8~10 mm。体毛长且不整齐。头顶、颜面被黑褐色长毛，胸部背板（除间带外）、小盾片胸侧及腹部第 1、2 节背板被褐黄色毛，腹部第 3 节背板被黑色毛，第 4、5 节被红色毛。

分布：云南（昭通等）、陕西、甘肃、浙江、湖北、湖南、福建、广西、四川、贵州、西藏。

兴熊蜂 *Bombus impetuosus* Smith

鉴别特征：体长 9~13 mm。颜面被黄色和黑色毛，颈部被黄色毛。中胸盾片正中被黑色毛，其余被黄色毛。腹部第 1、2 节被黄色毛，第 3 节被黑色毛，第 4~6 节被橙色毛。后足胫节正面光滑无毛。

分布：云南（昭通等）、宁夏、甘肃、青海、重庆、四川、贵州、西藏。

紧芦蜂 *Ceratina compacta* Smith

鉴别特征：体长约 5 mm。体黑色，具黄斑纹。头明显宽于长；上颚基部具 1 不明显的斑，触角第 1 节基半部前表面的斑，中单眼前具 2 肾形小斑，腹部第 4 腹板中央及第 5、6 腹板均为黑色。

分布：云南（昭通）、西藏；菲律宾。

虹彩带蜂 *Nomia iridescens* (Smith)

鉴别特征：体长约 13 mm。体黑色，略带黄褐色。唇基长于上唇，侧面观不强隆起；触角窝位于头部中央。中胸侧板前侧缝缺少或不明显；翅基片膨大；翅痣正常。腹部端缘具虹彩色带。

分布：云南（昭通等）。

角棒腹蜂 *Lipotriches ceratina* (Smith)

鉴别特征：体长 5~9 mm。体黄褐色，被黄毛。唇基侧面观不强隆起，触角窝位于头部中央。前胸背板在盾片前有连续的横嵴；中胸侧板前侧缝缺少或不明显。腹部黑色，各节端部为黄色。

分布：云南（昭通等）。

分舌蜂科 Colletidae

信月分舌蜂 *Hylaeus nobuyukii* Ikudome

鉴别特征：体长 5~7 mm。体黑色，具黄色斑纹。面部、腿节基半部、胸部有黄白色斑纹。体毛短或几近无毛。复眼大且发达，长椭圆形，触角黑色，仅第 1 节下方黄色，舌相对较小，非常纤细。

分布：云南（昭通等）；韩国，日本，美国。

蚁科 Formicidae

暗黑盘腹蚁 *Aphaenogaster caeclliae* Viehmeyer

鉴别特征：工蚁体长 5~6 mm。体黑色；上颚、足和触角鞭节红褐色至褐色；立毛黄色，纤细，端部钝，稀疏。头矩形，眼后不明显收缩；唇基圆，中部较隆起，其前缘中央部分有 1 宽深的缺刻。

分布：云南（昭通等）、河南、陕西、宁夏、甘肃、四川。

家盘腹蚁 *Aphaenogaster famelica* (Smith)

鉴别特征：工蚁体长约 7 mm。体黑褐色，上颚、触角、前胸与中胸背板前端和前胸背板两侧、结节和足红褐色。头近椭圆形，于复眼后逐渐收缩，后头缘平直，具边缘，但不形成颈状。

分布：云南（昭通等）、浙江、四川；朝鲜，韩国，日本。

哀弓背蚁 *Camponotus dolendus* Forel

鉴别特征：工蚁体长 5~8 mm。体黑色。触角灰黑色；上颚呈三角形，咀嚼缘宽，具齿；下颚须 6 节，下唇须 4 节；触角 12 节。腹柄 1 节，具有鳞片状或结节状的腹柄结；腹部略成卵圆形。

分布：云南（昭通）、河南、湖南、广东、海南、广西、四川、贵州、西藏；越南，老挝。

立毛举腹蚁 *Crematogaster ferrarii* Emery

鉴别特征：工蚁体长约 3 mm。体红色至暗褐色，后腹部通常色更深，刻点稀疏。大型工蚁头宽大于长或长宽相等，小型工蚁头长大于宽，两侧缘略突，后头缘平直。唇基中部圆突，前缘平直。

分布：云南（昭通等）、河南、湖南、福建、广东、广西、重庆、四川、西藏。

西伯利亚臭蚁 *Dolichoderus sibiricus* Emery

鉴别特征：工蚁体长约 4 mm。头部、基节和腹节为黑色；腹部第 1、2 节背面各有 2 个黄色斑。胸部和腹柄为深红色，背板基部和后胸背板前部为黑色；上颚、触角和足为橘黄色。

分布：云南（昭通等），全国广布；俄罗斯，蒙古，韩国，朝鲜，日本。

无毛凹臭蚁 *Ochetellus glaber* (Mayr)

鉴别特征：工蚁体长 2~3 mm。体黑色，略带褐色。触角 12 节。腹节有明显的突起，倾斜并强烈凹陷。腹柄直立，不平坦。雄蚁体棕色，但背部呈棕黑色，上颚、足和触角为黄色。

分布：云南（昭通等），全国广布；朝鲜，日本，澳大利亚。

梅氏多刺蚁 *Polyrhachis illaudata* Walker

鉴别特征：工蚁体长 7~11 mm。体黑色。头部长卵圆形；复眼大，甚突出，着生于头顶两侧；单眼无。腹柄结上缘两侧角各顶生一略向外的长尖刺，其侧下方各有 1 短尖刺，长刺间有时还有 1 小齿。

分布：云南（昭通等），全国广布。

红火蚁 *Solenopsis invicta* Buren

鉴别特征：工蚁体长 2~9 mm。上颚 4 齿，触角 10 节，身体红色到棕色，后腹部黑色。头部近正方形至略呈心形，头顶中间轻微下凹，不具带横纹的纵沟；唇基中齿发达，长约为侧齿的一半。

分布：云南（昭通等）、湖南、福建、台湾、广东、海南、香港、广西；澳大利亚，新西兰，巴西等。

白跗节狡臭蚁 *Technomyrmex albipes* (Smith)

鉴别特征：工蚁体长 2~3 mm。体黑色，有光泽；上颚红褐色或黄褐色。头、胸和腹部均有很细密的网状刻点，头部前方和腹部末端被一层很短的白丝状茸毛及一些散生的直立浅色细毛。

分布：云南（昭通等），全国广布；朝鲜，日本，澳大利亚。

长角狡臭蚁 *Technomyrmex antennus* Zhou

鉴别特征：工蚁 3~4 mm。全身具明显细网纹。触角柄节长度的 1/3 伸出头前缘；唇基前缘具明显的中央凹陷，该凹陷呈半圆形至“V”形，凹陷的边缘呈圆曲线，与前缘的侧部相接。

分布：云南（昭通等）、湖北、湖南、广东、广西、重庆。

草地铺道蚁 *Tetramorium caespitum* (Linnaeus)

鉴别特征：体长 2~3 mm。头矩形，长大于宽，两侧缘略隆起，后头缘直。复眼中等大小，位于头中部两侧。触角 12 节，柄节不达后头缘。唇基中部隆起，前缘平直，后头缘拱形伸入额脊间。

分布：云南（昭通），全国广布；世界广布。

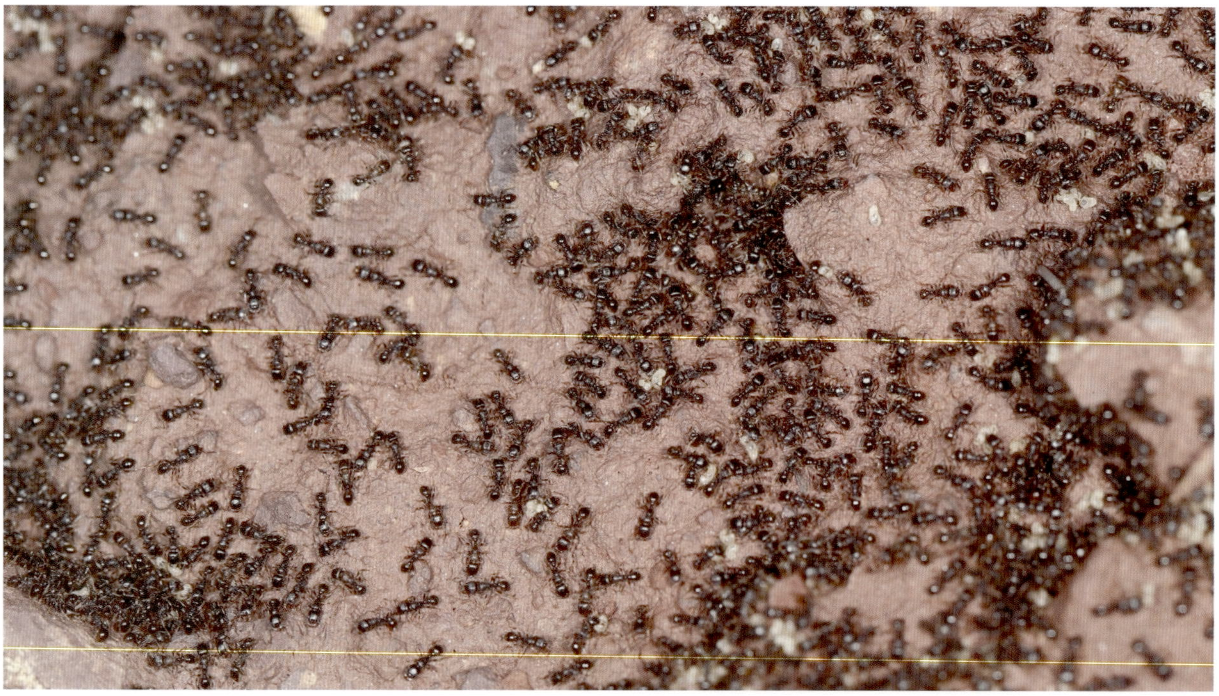

蛛蜂科 Pompilidae

红尾捷蛛蜂 *Tachypompilus analis* (Fabricius)

鉴别特征：雌虫体长 16~21 mm，雄虫体长约 11 mm。体黑色，雌虫腹末 4 节，雄虫腹末 5 节橙色。触角黑色，由基部至端部渐细。胸黑色；翅烟黑色，翅脉加粗；足黑色，细长。常捕食蜘蛛。

分布：云南（昭通等）、台湾；日本，菲律宾，美国。

长背泥蜂科 Ampulicidae

绿蠊泥蜂 *Ampulex compressa* (Fabricius)

鉴别特征：雌虫体长约 22 mm，雄虫体长 9~11 mm。体蓝绿色，具强烈金属光泽。上颚端半部、腹部末 2 节及跗节深褐色，上颚基部黑色。中、后足红色；翅透明，淡褐色，翅脉黑色。

分布：云南（昭通）、广东。

泥蜂科 Sphecidae

黑毛泥蜂 *Sphex haemorrhoidalis* Fabricius

鉴别特征：雌虫体长 23~29 mm。体黑色。头部颅顶及颊被黑毛。胸部背板毛黑褐色或灰黄色；前足腿节、胫节暗红色或黑色；中足和后足胫节和腿节红色；翅黄色透明，外缘深褐色。

分布：云南（昭通）、辽宁、浙江、江西、福建、台湾、广东；朝鲜，日本，印度，泰国，菲律宾。

胡蜂科 Vespidae

陆马蜂 *Polistes rothneyi* Cameron

鉴别特征：体长约 23 mm。体黄色，具黑色斑纹。雄虫唇基与复眼相接触；触角最后 1 节竹片状。腹部第 1 节背板端部呈黄橙色，两侧各具 1 黄橙色斑；腹板黑色，最后 1 节腹板侧枝突明显。

分布：云南（昭通等），全国广布。

日本马蜂 *Polistes japonicus* de Saussure

鉴别特征： 体长约 16 mm。体黄色。额区下半部黄色，上半部橙黄色，触角窝上部及唇基上部紧邻处呈黑色，复眼间有 1 条黑色横带，颊部黄色；触角支角突棕色，柄节背面黑色，腹面棕色。

分布： 云南（昭通等），全国广布。

点马蜂 *Polistes stigma* (Fabricius)

鉴别特征： 体长 8~13 mm。体大面积锈色或黑色。唇基黄色。中胸侧板背侧具黄色纵斑；小盾片黄色；后胸侧板背侧斑黄色。腹部锈红色，并胸腹节背面 1 对大纵斑，端部薄片黄色。

分布： 云南（昭通等）、台湾、海南、重庆、四川、西藏。

柑马蜂 *Polistes mandarinus* de Saussure

鉴别特征：体长 8~11 mm。体黑色，具黄色和红棕斑。雌虫唇基隆起，侧面观均匀突起，绒毛不明显，黄色至黄棕色。腹部第 1、3、4 节背板端部具亮黄色条带，第 2 节背板端部具红棕色条带。

分布：云南（昭通等），全国广布；俄罗斯，韩国，日本。

黄脚胡蜂 *Vespa velutina* Lepeletier

鉴别特征：体长约 18 mm。体黑色。头部除头顶及单眼为黑色外，均为黄色。胸部常为黑色。腹部第 1 节具完整的细黄色条带，第 2 节至最末节背板端部条带为橘黄色，第 4 节至最末节为橘黄色。

分布：云南（昭通等），全国广布。

细黄胡蜂 *Vespula flaviceps* (Smith)

鉴别特征：体长约 12 mm。体黑色，明显具黄斑，其中复眼凹陷的浅色区域中间无黑色隆起，边缘直、突起或直接与额区浅色区域相连。腹部第 1 节至最末节具完整条带，并胸腹节光滑，无褶皱。

分布：云南（昭通等），全国广布；俄罗斯，韩国，日本，印度，尼泊尔，缅甸，泰国。

叉胸异腹胡蜂 *Parapolybia nodosa* van der Vecht

鉴别特征：体长 8~11 mm。体棕褐色至黑色，具白色浅斑。中胸盾片棕褐色，偶具 1 对不明显的窄条带；后胸背板末端具深棕色斑点。腹部第 1~3 节背板分别具 1 对白色的侧斑。

分布：云南（昭通等）、江西、湖南、福建、台湾、广东、海南、广西、四川、贵州；印度等。

额凸代喙蜾蠃 *Dirhynchium gibbifrons* Yamane & Murota

鉴别特征：体长 8~10 mm。体黑色。唇基黄色。前胸背板端部存在不规则脊突。腹部第 1 节腹板基部与并胸腹节连接处具横皱，第 3 节至最末节腹部基部具粗糙刻点，腹部背板第 1、2 节后端条带为黄色。

分布：云南（昭通等）。

凸圆蜾蠃 *Eumenes gibbosus* Nguyen

鉴别特征：体长 8~11 mm。体黑色。触角间、颊部、前胸背板前沿、后胸背板、腹部背板第 1 节与第 2 节端部、腹板第 2 节端部橘红色。腹部第 2 节背板背面呈梨形，基部肿胀明显。

分布：云南（昭通等）、四川。

椭圆啄蜾蠃 *Antepipona biguttata* (Fabricius)

鉴别特征：体长约 6 mm。体黑色。前胸背板前斜面中间均具 1 排纵向的规则刻点，且刻点间具纵脊，占前胸背板前斜面的 1/3；前翅缘室除基部外具褐色斑。腹部第 1 节前斜面和侧面黑色。

分布：云南（昭通等），全国广布；韩国，印度，缅甸，越南，老挝，泰国，马来西亚。

钩腹蜂科 Trigonalyidae

三色带钩腹蜂 *Taeniogonalos tricolor* (Chen)

鉴别特征：体长约 8 mm。体红棕色，带有黑斑。头大部分为红棕色，额部黑色。中胸红棕色，前后叶均具黑斑，大部分侧胸和胸板为黑色。足为红棕色至黑色。腹部为黑色。

分布：云南（昭通）、河南、陕西、福建、湖北、江西、海南、广西、四川、贵州；韩国，老挝等。

蛇蛉目

Raphidioptera

蛇蛉目由于其成虫前胸延长呈颈状且头部高高抬起似蛇形而得名，包括蛇蛉科和盲蛇蛉科。间断分布于北半球亚欧大陆、北美西部及非洲北部，在南半球无分布。世界已知250余种，中国已知4属38种。

成虫体细长，小至中型，多为褐色或黑色。头长，后部近方形或缢缩呈三角形；触角丝状；口器咀嚼式；复眼大，单眼3个或无。前胸极度延长，呈颈状，中、后胸短宽。前、后翅相似，狭长，膜质、透明，翅脉网状，具发达翅痣；后翅无明显的臀区。雌虫具细长的产卵器。

完全变态。完成一代需2~3年，最长可达6年。卵具显著的卵孔瘤；幼虫蛃型，狭长，头和延长的前胸强烈骨化；蛹为强颚离蛹。成虫多为树栖，多见于针叶林，主要捕食蚜虫、粉虱等胸喙亚目昆虫。幼虫常生活于松散的树皮下或地表浅土层，有时也见于石缝中，捕食鳞翅目、膜翅目、鞘翅目昆虫的卵和幼虫以及啮虫、小型半翅目昆虫、跳虫、螨类和蜘蛛等。

本次调查中首次在昭通地区调查和记录了该目的分布，包括3种（2种为新种）。

盲蛇蛉科 Inocelliidae

陈氏盲蛇蛉 *Inocellia cheni* Liu, Aspöck, Yang & Aspöck

形态特征： 体长 7~8 mm。头近方形，头顶两侧具 2 对不明显的赤褐色楔形斑。前胸背板后缘黄色，基半部中央具 1 对向外弯曲的黄褐色钩状斑。翅无色透明，翅痣褐色，翅脉深褐色。

分布： 云南（昭通等）、广西。

广翅目

Megaloptera

广翅目是脉翅总目中一较小的类群，包括泥蛉、齿蛉、鱼蛉 3 大类，分布于世界各地。世界已知 400 余种，我国种类丰富，已知 11 属 120 余种。

成虫小至大型。头大，多呈方形；口器咀嚼式，部分种类雄虫上颚极长；复眼大，半球形；触角形状各异，如丝状、栉状等。前胸背板长方形或梯形，中后胸较前胸粗壮。翅宽大，膜质、透明或半透明，前后翅形相似，后翅具发达的臀区；脉序复杂，呈网状，无缘饰，各纵脉间被若干横脉连接。幼虫蛃型，口器咀嚼式，上颚发达；腹部两侧具成对的气管鳃。蛹为强颚离蛹，常向腹面呈“C”形弯曲，体表多密被刚毛。

完全变态。生活史较长，需 2~5 年才可完成一代。卵块产于水边植物叶片、石头、树干等物体上。幼虫水生捕食性，取食小型底栖水生无脊椎动物，对水质变化敏感，可作为指示生物用于水质监测。成虫飞行能力弱，一般栖息于幼虫生境附近的植被上，大多夜间活动；一般不取食或偶尔吸食树皮间分泌的液体等。

齿蛉科 Corydalidae

东方巨齿蛉 *Acanthacorydalis orientalis* (McLachlan)

鉴别特征：体长 75~97 mm。头部黑褐色，头顶具黄色网状纹；中单眼前具 1 个黄斑，侧单眼后具 2 个黄斑。雄虫上颚极发达。前胸具若干黄斑；中胸前缘中央具 1 对卵形黄斑。翅烟褐色。

分布：云南（昭通等）、北京、天津、河北、山西、河南、陕西、甘肃、湖北、重庆、四川。

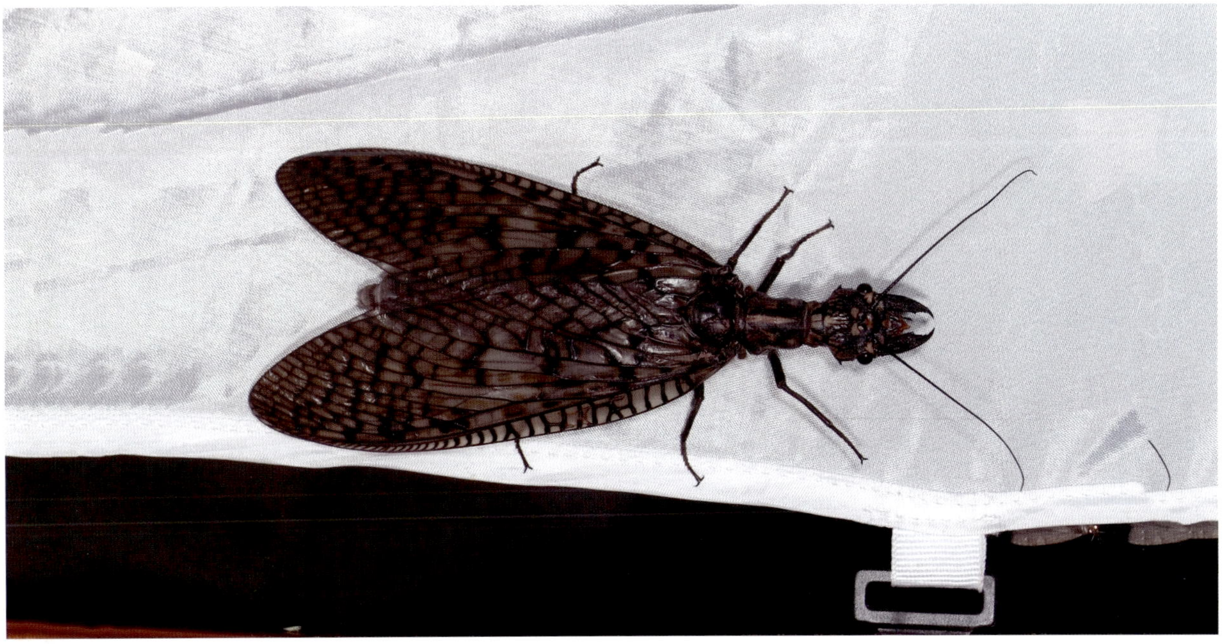

中华斑鱼蛉 *Neochauliodes sinensis* (Walker)

鉴别特征：体长 19~34 mm。头褐色；口器黄褐色，上颚端半部红褐色。前胸黄褐色；中后胸背板中央暗黄褐色。翅无色透明，具若干褐色斑；翅痣长，淡黄色。前翅前缘域基部具 1 个褐斑。

分布：云南（昭通）、安徽、浙江、湖北、江西、湖南、福建、台湾、广东、广西、贵州。

越南斑鱼蛉 *Neochauliodes tonkinensis* (van der Weele)

鉴别特征：体长 26~28 mm。头部褐色，前唇基淡黄色。前胸褐色，近端缘具 1 个淡黄色的倒三角形斑。足褐色。翅无色透明，具浅褐色斑纹；前翅翅痣两侧各具 1 个褐色斑。后翅基部无斑纹。

分布：云南（昭通等）；缅甸，越南，老挝。

普通齿蛉 *Neoneuromus ignobilis* Navás

鉴别特征：体长 37~55 mm。复眼后侧区具 1 条宽的黑色纵带斑；单眼前端具黑斑；上颚端部及其内缘的齿为红褐色。前胸两侧各具 1 条黑色纵带斑。前翅基半部几乎无色；后翅基半部完全透明。

分布：云南（昭通等）、山西、山东、陕西、湖北、湖南、福建、广东、广西等；越南，老挝。

花边星齿蛉 *Protohermes costalis* (Walker)

鉴别特征：体长 30~34 mm。头部黄褐色，复眼后侧缘齿。前胸背板近侧缘具 2 对黑斑；中后胸背板两侧各具 1 对褐斑。前翅半透明，翅基部具 1 个大的淡黄斑。后翅近端部具 1 个淡黄色圆斑。

分布：云南（昭通等）、河南、安徽、浙江、湖北、江西、湖南、福建、台湾、广东、广西、贵州。

赫氏星齿蛉 *Protohermes horni* Navás

鉴别特征：体长 36~45 mm。头黄褐色，头顶侧缘各具 4 个黑斑；后头中央具 2 个相对较小的圆斑。复眼灰褐色，单眼黄色。前胸背板侧缘具黑色纵带斑。翅宽大，浅褐色，无淡色斑；翅脉浅褐色。

分布：云南（昭通等）、四川。

威利星齿蛉 *Protohermes weelei* Navás

鉴别特征： 体长约 25 mm。头黄褐色，头顶具 3 个黑斑；触角柄节黄褐色，梗节与鞭节黑色。前胸背板两侧各具 2 个黑斑。胫节与跗节深褐色。前翅膜质，具不规则暗色斑纹。后翅无斑纹。

分布： 云南（昭通）、江西。

炎黄星齿蛉 *Protohermes xanthodes* Navás

鉴别特征： 体长 33~35 mm。头部黄色或黄褐色。前胸背板近侧缘具 2 对黑斑；中后胸背板两侧偶呈浅褐色。前翅呈浅烟褐色，翅痣黄色，中部具 3~4 个淡黄斑。后翅基半部近乎无色透明。

分布： 云南（昭通等），全国广布；俄罗斯，朝鲜，韩国。

脉翅目

Neuroptera

脉翅目昆虫因其丰富的翅脉而得名，通称蛉，包括草蛉、粉蛉、蚁蛉、褐蛉、螳蛉等，分布于世界各地。世界已知 6 000 余种，中国已知 14 科约 800 种。

成虫小至大型。下口式，咀嚼式口器；复眼发达，单眼一般缺失；触角长，一般为念珠状或线状，部分类群特化成栉状、棒状等。前胸明显，中后胸相似。前后翅大小、形状和翅脉均相似，翅膜质透明，纵脉多分支，多横脉，翅脉呈网状，在翅缘二分叉。足多为步行足，螳蛉前足特化为捕捉足。

完全变态。卵多为长卵圆形，有的具长卵柄，如草蛉。幼虫多为蛃型，上颚长镰刀状，口器双刺吸式，胸足发达但无腹足。蛹为强颚离蛹，上颚强骨化且具有 1~2 个内齿。

多数种类的幼虫和成虫为陆生；而泽蛉科、水蛉科和溪蛉科的幼虫为水生或半水生，生活在不同类型的淡水中。成虫和幼虫大多为捕食性，可捕食蚜虫、木虱、蚧等重要农林害虫，是重要的天敌昆虫；部分类群存在特殊的食性分化，如水蛉幼虫专食淡水海绵等。

云南华泽蛉 *Sinoneurorthus yunnanicus* Liu, Aspöck & Aspöck

鉴别特征：体长约 7 mm。头部橘红色略有光泽。触角黑褐色。口器橘色。胸部橘红色，略有光泽。足橘色。翅烟褐色，略呈革质；翅脉黑褐色；翅痣色极深。腹部橘红色。

分布：云南（昭通）。

溪蛉科 Osmylidae

灰斑离溪蛉 *Lysmus canimaculatus* Jia & Liu

鉴别特征：体长约 5 mm。头顶黄色，复眼间具黑色圆斑。触角柄节和梗节黑褐色，鞭节黄色。前胸背板两侧具黑色斑纹。翅透明，翅脉多为黑褐色，翅痣黄色。后翅翅痣下方具 1 个灰色小斑。

分布：云南（昭通）、贵州。

小点虹溪蛉 *Thaumatosmylus punctulosus* Yang

鉴别特征：体长约 6 mm。头顶褐色；复眼黑褐色；触角黄色；唇基上方具 1 个黑褐色点斑。中胸背板前缘及两侧上边具黑褐色斑；后胸后缘具 2 个黑褐色斑。翅略狭长，膜区分布少量褐斑。

分布：云南（昭通）、河南、福建。

螳蛉科 Mantispidae

汉优螳蛉 *Eumantispa harmandi* (Navás)

鉴别特征：体长 13~17 mm。头大部分黄色，触角基部具黑褐色大斑。前胸膨大部分褐色，具心形褐斑。前足大部分黄色，基部具黑褐色带；中、后足大部分黄色，基节黑褐色。翅透明；翅痣红褐色。

分布：云南（昭通等）、吉林、北京、河北、陕西、湖北、湖南、台湾、四川；俄罗斯，日本等。

黄基简脉螳蛉 *Necyla flavacoxa* (Yang)

鉴别特征：体长约 19 mm。头黄色；触角柄节与梗节黄色，鞭节黑色。前胸膨大部具 1 对不显著的黄色卵形斑；中胸盾片两侧褐色。前足股节外侧黄色。翅透明，翅痣黄褐色。

分布：云南（昭通等）、福建。

褐蛉科 Hemerobiidae

日本褐蛉 *Hemerobius japonicus* Nakahara

鉴别特征：体长 5~6 mm。头黄褐色，复眼灰褐色；触角超过 65 节，黄褐色。胸部背板两侧缘具褐带。足黄褐色，无斑。前翅翅面黄褐色；纵脉黄褐色。后翅翅面黄褐色，无明显斑点。

分布：云南（昭通等）、内蒙古、北京、山西、陕西、安徽、浙江、湖北、江西、贵州等；日本。

三带褐蛉 *Hemerobius ternarius* Yang

鉴别特征：体长 4~6 mm。头深褐色。触角褐色，超过 65 节。前胸背板中央具浅色纵带。足黄褐色，无斑。前翅翅面黄褐色，较透明，中部沿 RP 脉具红棕色纵带。后翅翅面浅黄褐色，透明无斑。

分布：云南（昭通等）、广西、西藏。

点线脉褐蛉 *Micromus linearis* Hagen

鉴别特征：体长 6~7 mm。头黄褐色。触角黄褐色，超过 55 节。前胸背板两侧缘具褐色纵纹；中后胸背板盾片两侧各具 1 个圆形褐斑。前翅翅面黄褐色；后翅翅面黄褐色透明。

分布：云南（昭通等）、内蒙古、河南、陕西、宁夏、甘肃、浙江、湖北、江西、湖南、福建、台湾、广西、重庆、四川、贵州、西藏；俄罗斯，日本，斯里兰卡。

草蛉科 Chrysopidae

马尔康叉草蛉 *Apertochrysa barkamana* (Yang, Yang & Wang)

鉴别特征：体长约 9 mm。头部黄绿色；触角短于前翅。前胸背板前侧角各具 1 个褐斑；中后胸绿色。足黄绿色。前翅内中室呈三角形，r-m 横脉位于其上；阶脉黑褐色。腹部背、腹板皆黄绿色。

分布：云南（昭通等）、四川。

彩面叉草蛉 *Apertochrysa pictifacialis* (Yang)

鉴别特征：体长约 8 mm。头部黄色；触角柄节具棕色条带。胸部绿色，中部具黄色纵带。足黄绿色，后足股节及胫节两端棕色。翅透明，翅痣黄绿色，纵脉绿色，横脉大多数均呈黑色。

分布：云南（昭通）、西藏。

丽草蛉 *Chrysopa formosa* Brauer

鉴别特征：体长 8~11 mm。头部绿色，具 9 个黑褐色斑；触角柄节绿色，梗节黑褐色，鞭节褐色。前胸背板绿色，两侧有褐斑和黑色刚毛；中后胸背板绿色。翅透明膜质；前翅翅痣浅绿色，无脉。

分布：云南（昭通等），全国广布；俄罗斯，朝鲜，韩国，日本。

普通草蛉 *Chrysoperla carnea* (Stephens)

鉴别特征：体长 10~12 mm。头部具颊斑和唇基斑。触角黄绿色，短于前翅。胸背板中央具黄色纵带。足淡黄色，爪棕色。前翅翅痣黄绿色，透明、内无脉。腹部深黄色，背面具黄色纵带。

分布：云南（昭通等）、内蒙古、山东、陕西、新疆、上海、安徽、湖北、广东、四川等；日本等。

日本通草蛉 *Chrysoperla nipponensis* (Okamoto)

鉴别特征：体长 9~11 mm。头部具黑褐色颊斑和唇基斑。触角柄节与梗节黄色，鞭节黄褐色。胸部背板中央具黄色纵带。足黄绿色，胫节、跗节及爪褐色，爪基部弯曲。前翅狭窄，翅痣淡黄色。

分布：云南（昭通等），全国广布；俄罗斯，朝鲜，日本，菲律宾。

白线草蛉 *Cunctochrysa albolineata* (Killington)

鉴别特征：体长约 10 mm。头部绿色；触角短于前翅，柄节与梗节淡绿色，鞭节淡黄褐色。胸部背板中央具黄色纵带。足淡绿色，跗节褐色。翅透明，翅痣明显。前翅内中室卵形；阶脉黑色。

分布：云南（昭通等）、北京、山西、陕西、湖北、江西、福建、四川、贵州、西藏；俄罗斯。

狭翅蚁蛉 *Myrmeleon trivialis* Gerstaecker

鉴别特征： 体长 32~41 mm。头顶黑色，表面粗糙；复眼具小黑斑；触角黑色，触角窝黄色，柄节和梗节的上下边缘黄色。前胸背板黑色，前缘及两侧黄色，中央常具 1 条黄色纵纹。足黄色。

分布： 云南（昭通等）、河南、陕西、广西、贵州、西藏；巴基斯坦，尼泊尔，泰国。

中华英蚁蛉 *Indophanes sinensis* Banks

鉴别特征：体长 22~25 mm。头顶黑色，具棕色条纹；触角黑色。前胸背板中央具黄色纵纹。足基部黄色，端部黑色。前翅具大量散落的小型棕色斑点，翅脉黑色与浅黄色相间。

分布：云南（昭通等）、陕西、四川、贵州。

台斑苏蝶角蛉 *Suphalomitus formosanus* Esben-Petersen

鉴别特征：体长 28~35 mm。头部黑色；复眼红褐色；触角膨大部呈梨状；唇基黄褐色。胸部中央具 1 条黄色条纹；胸侧前上部黑色，后下部黄色。足黑色。前翅透明或浅茶色。

分布：云南（昭通等）、海南、广西、贵州。

鞘翅目

Coleoptera

鞘翅目俗称甲虫，因其坚硬的体壁而得名，是昆虫纲乃至动物界中种类最多的目，世界已知38万余种，中国已知3万余种。

成虫体长0.5~170 mm，形态变化大，绝大多数种类具复眼而无单眼。触角形态多变，有丝状、棒状、锯齿状、栉齿状、念珠状、鳃叶状、膝状等，通常少于11节。口器多为咀嚼式，部分种类上颚极其发达。前胸背板通常宽大、坚硬。前翅加厚，特化为鞘翅，可保护躯体；后翅为膜翅，可纵向折叠，用于飞行。各足基节与胸部愈合，不能自由活动；通常为步行足，部分种类特化出游泳足、开掘足、跳跃足等。

完全变态。除海洋和极地之外，几乎任何地方都能找到其踪影，如森林、草原、荒漠、淡水、蚁巢、人类建筑等。鞘翅目昆虫的食性复杂，有植食性、肉食性、杂食性、寄生性、腐食性、粪食性和尸食性等，包括许多重要的农林害虫、天敌和资源昆虫。有些种类有蛀干、访花、卷叶、发声、发光、成球、育幼、拟态等特殊习性，一些种类还具有食用、药用、观赏等价值。

步甲科 Carabidae

脊青步甲 *Chlaenius costiger* Chaudoir

鉴别特征： 体长 20~23 mm。头和前胸铜绿色或红铜色，唇须及触角棕色至棕黑色。足转节黑色，腿节黄色，胫节和跗节黑色。身体腹面深棕色或黑色，鞘翅黑色，条沟内有微弱的绿色金属光泽。

分布： 云南（昭通等）、四川。

黄斑青步甲 *Chlaenius micans* (Fabricius)

鉴别特征： 体长 14~17 mm。头部铜绿色或红铜色，上唇和上颚黄褐色。前胸背板侧边狭窄，中部无侧缘毛，后角呈直角，顶端略尖。足基节黑色，其余为黄色或黄褐色。腹部黑色，鞘翅黄褐色。

分布： 云南（昭通等）、辽宁、山东、河南、陕西、甘肃、浙江、湖北、湖南、广东、广西等。

异角青步甲 *Chlaenius variicornis* Morawitz

鉴别特征：体长 10~14 mm。头部具金属光泽，触角前 3 节和后 2 节黄褐色，其余节黑色，上唇及上颚红褐色，口须黄褐色。足黄色。鞘翅墨绿色，缘折黑色。腹面黑色，末腹节具黄色边缘。

分布：云南（昭通等）、黑龙江、辽宁、北京、河北、陕西、甘肃、浙江、湖北、广东、广西等。

金缘虎甲 *Cicindela desgodinsii* Fairmaire

鉴别特征：体长 11~15 mm。头、前胸红色，具金属光泽，上唇黄色。鞘翅盘区大部分黑色，肩部以外的侧缘金属绿和红色，两侧自基部沿肩部而下至端缘及沿中缝的两侧各有 1 条淡黄色纵纹。

分布：云南（昭通等）、甘肃、四川、西藏。

大头婪步甲 *Harpalus capito* Morawitz

鉴别特征：体长 17~24 mm。头与前胸背板等宽。前胸背板宽明显大于长，侧缘呈弧形向后收缩，后角前明显向内凹入，两侧各具缘毛 2~3 根。鞘翅第 1、3、5 行距各有稀疏的 1 列长刚毛。

分布：云南（昭通等）、黑龙江、吉林、辽宁、内蒙古、河北、陕西、宁夏、江苏、四川等。

粗毛皮步甲 *Lachnoderma asperum* Bates

鉴别特征：体长 8~9 mm。头胸被长毛，头方形，眼大突出，眼后明显收缩。前胸背板心形，侧缘宽，中部以后极度收狭，基角直角，角端锐，基凹较深。鞘翅棕红色，被毛，端平截，外角钝圆。

分布：云南（昭通等）。

尖树栖虎甲 *Neocollyris grandisubtilis* (Horn)

鉴别特征：体长 14~16 mm。头、前胸背板和鞘翅深紫色，具微弱金属光泽，触角和足略为红棕色，复眼发达，头宽于前胸背板。前胸背板狭长，近梯形，前缘窄于后缘。鞘翅狭长，向后逐渐加宽。

分布：云南（昭通等）、广东、香港、四川；越南。

中华爪步甲 *Onycholabis sinensis* Bates

鉴别特征：体长 10~11 mm。体背黑色，触角第 3 节极长，约为第 2 节的 4 倍。前胸背板心形，前角钝圆，后角锐角，侧缘前部及后角各具毛 1 根。鞘翅长方形，缝角具小刺，刻点细，排列整齐。

分布：云南（昭通等）、山东、陕西、甘肃、安徽、湖北、湖南、台湾、四川、贵州。

黑屁步甲 *Pheropsophus beckeri* Jedlička

鉴别特征：体长 13~14 mm。头黑色，复眼前缘至唇基端部黄色。前胸背板和鞘翅全黑。足棕黄色。鞘翅后缘向内侧倾斜并截短，密被黄色短毛。雄虫前足腿节不膨大。腹板黑褐色，密被黄色毛。

分布：云南（昭通等）、甘肃、浙江、湖北、江西、湖南、福建、台湾、广西、重庆、四川、贵州。

耶屁步甲 *Pheropsophus jessoensis* Morawitz

鉴别特征：体长 10~20 mm。头部具倒三角形黑斑，黑斑有时向后延伸，到达前胸背板前缘。前胸背板侧缘黄色。足棕黄色，腿节顶端和跗节呈褐色。鞘翅肩部和中部具斑点，中部斑点大，近似椭圆形。

分布：云南（昭通等）、辽宁、北京、河南、陕西、甘肃、湖北、湖南、广东、广西、贵州等。

大宽步甲 *Platynus magnus* (Bates)

鉴别特征：体长 13~15 mm。触角长为体长之半。前胸背板宽大于长，侧缘前半部膨出，向后收狭，缘毛 1 根，基凹深。鞘翅肩部宽圆，后端缘凹入，条沟深，行距隆起，第 3 行距有 3 个毛穴。

分布：云南（昭通等）、吉林、北京、河北、山西、陕西、甘肃、浙江、湖北、广东、广西等。

喜掘步甲 *Scalidion hilare* Schmidt-Göebel

鉴别特征：体长 13~14 mm。头黑色。前胸背板盘区黑褐色，侧边黄色，背板横宽，前角圆，侧边加宽，边上具密集粗刻点。鞘翅宽阔，条沟深，沟内具细刻点，行距稍隆，光洁无毛。

分布：云南（昭通等）、浙江、湖北、江西、湖南、福建、台湾、广东、广西、重庆、四川、贵州。

龙虱科 Dytiscidae

小雀斑龙虱 *Rhantus suturalis* (MacLeay)

鉴别特征：体长 10~12 mm。头横宽，与前胸紧密嵌合，复眼突出，触角 11 节，丝状。后足特化为游泳足。雄虫前足为抱握足。鞘翅黄褐色，满布微细的黑褐色斑点，近末端处有 2 个小黑斑。

分布：云南（昭通等）、吉林、辽宁、北京、山东、陕西、江苏、浙江、湖南、广东；日本等。

牙甲科 Hydrophilidae

刻纹苍白牙甲 *Enochrus simulans* (Sharp)

鉴别特征：体长 4~6 mm。头、上唇黑色。前胸背板黄褐色，中央具大型黑色斑，前后缘至侧缘外突，前角圆钝，后角圆锐；足黄褐色，股节较短。鞘翅黑褐色，具纵向排列的系统刻点。

分布：云南（昭通等）。

葬甲科 Silphidae

滨尸葬甲 *Necrodes littoralis* (Linnaeus)

鉴别特征：体长 15~25 mm。头黑色。触角末端 3 节橘色，其余各节黑色。前胸背板黑色，近圆形，表面刻点细腻均匀，后缘刻点略大。鞘翅黑色，刻点较前胸背板大，具显著的端突，末端平截。

分布：云南（昭通等）、辽宁、北京、河北、陕西、甘肃、湖北、江西、福建、四川等。

隐翅甲科 Staphylinidae

果隐翅甲 *Carpelimus* sp.

鉴别特征：体长 1~3 mm。黑色，具金属光泽。头小，三角形，触角第 1 节细长，第 3 节及之后每节呈球状。前胸背板短，近球形，具明显月牙状凹陷。鞘翅方形，宽，缝角颜色浅。腹部横宽。

分布：云南（昭通）。

偏须蚁甲 *Centrophthalmus* sp.

鉴别特征：体长 1~3 mm。头小，三角形，额叶较窄，眼下突明显，触角细长，末节常膨大，形成端锤。前胸背板较短，近球形。鞘翅具毛，腹部横宽，第 4 腹背板中央具纵脊，短于第 5 腹背板。

分布：云南（昭通）。

大颚嗜肉隐翅甲 *Creophilus maxillosus* (Linnaeus)

鉴别特征：体长 15~23 mm。头横宽，黑色，雄虫稍宽于前胸，雌虫略窄于前胸。前胸黑色，长短于宽，前缘平截，后部半圆形。鞘翅比前胸宽长，密布刻点和细毛，中部具横形银色（偶为黄色）毛带。

分布：云南（昭通等），全国广布。

隐跗束毛隐翅甲 *Dianous latitarsis* Benick

鉴别特征：体长 8~9 mm。头部宽略大于鞘翅，额前区密布刚毛刻点，触角向后可达鞘翅后缘，上唇及唇基着生白色披毛，刻点较小，排列紧密。前胸基部与端部缢缩。鞘翅具大橙斑。

分布：云南（昭通等）、四川；印度，尼泊尔，泰国。

背点隐翅甲 *Eccoptolonthus* sp.

鉴别特征：体长 9~10 mm。头黑色，水滴状，复眼狭长，触角念珠状。前胸背板梯形，前缘较窄，至后缘渐宽。腹部黑色，长圆锥形，基部较粗，至端部逐渐变细。鞘翅黑褐色，表面密布细毛。

分布：云南（昭通）。

美刃颚隐翅甲 *Hesperus amabilis* (Kraatz)

鉴别特征：体长 9~10 mm。头黑色，横宽。前胸背板红色，具金属光泽，小盾片红色。前足胫节外沿具刺。鞘翅大部黑色，基部 1/3 红色，腹部第 3~5 节红色，第 6~8 节褐色，第 7 节后缘具橙黄色条纹。

分布：云南（昭通等）、四川。

双线隐翅甲 *Lobrathium* sp.

鉴别特征：体长 6~8 mm。头卵圆形，表面具柔毛和刻点，触角 11 节。前胸背板长方形，约与头等宽，表面具稀疏的柔毛和刻点。腹板表面具密集的柔毛和刻点。鞘翅略宽或等宽于前胸背板。

分布：云南（昭通）。

斧须隐翅甲 *Oxyporus* sp.

鉴别特征：体长 6~8 mm。头卵圆形，复眼突起，触角 11 节。前胸背板突起，前基节窝后方显著开放，小盾片较小，无刻点。鞘翅近方形，每侧鞘翅在中缝处具 1 列不定数量的粗刻点。

分布：云南（昭通）。

鳞腹隐翅甲 *Palaminus* sp.

鉴别特征：体长 2~4 mm。头橙黄色，横宽，梯形；复眼黑色，突出；触角纤细，黄色。前胸背板橙黄色，近心形。后足胫节外侧近端部具明显的齿。鞘翅黄色，密布刻点。腹部圆筒状，被毛。

分布：云南（昭通）。

菲隐翅甲 *Philonthus* sp.

鉴别特征：体长约 10 mm。下唇具完整的唇舌，呈环绕状或顶端稍波状。前背折缘的上侧隆线在到达前胸背板的前角之前向下弯曲连接下侧隆线。足跗节光滑，背面有长而分散的刚毛。

分布：云南（昭通）。

普拉隐翅甲 *Platydracus* sp.

鉴别特征：体长 6~8 mm。头褐色，触角第 1 节细长，第 3 节至端部球状，上颚发达。前胸背板黑色，密布刻点，前缘平直，后缘弧状，小盾片黑色。鞘翅黄色，被毛。腹部黑色，端部具长毛。

分布：云南（昭通）。

长角蚁甲 *Pselaphodes* sp.

鉴别特征：体长 2~4 mm。头狭长，近三角形，复眼间具 1 对顶窝，触角柄节长于梗节，末 3 节形成端锤。前胸背板中央及侧基窝明显，基部不具横槽。足细长，被短柔毛。鞘翅具 2 个基窝。

分布：云南（昭通）。

颊脊隐翅甲 *Quedius* sp.

鉴别特征：体长 6~9 mm。头近圆形，表面具刻点，密布波纹状或网状微刻纹。前胸背板稍向端部变窄。各足跗节背面密布刚毛。腹部向端部逐渐变窄，背板具刻点和微刻纹。鞘翅稍向端部变宽。

分布：云南（昭通）。

苔甲 *Scydmaenus* sp.

鉴别特征：体长 1~4 mm。头近梯形，下颚须第 4 节极度缩短，扁圆形，触角末 3 节膨大形成端锤。前胸背板遍布刻点及刚毛，基部具 4~5 个基窝。雄虫前足跗节前 2~3 节膨大。鞘翅椭圆形。

分布：云南（昭通）。

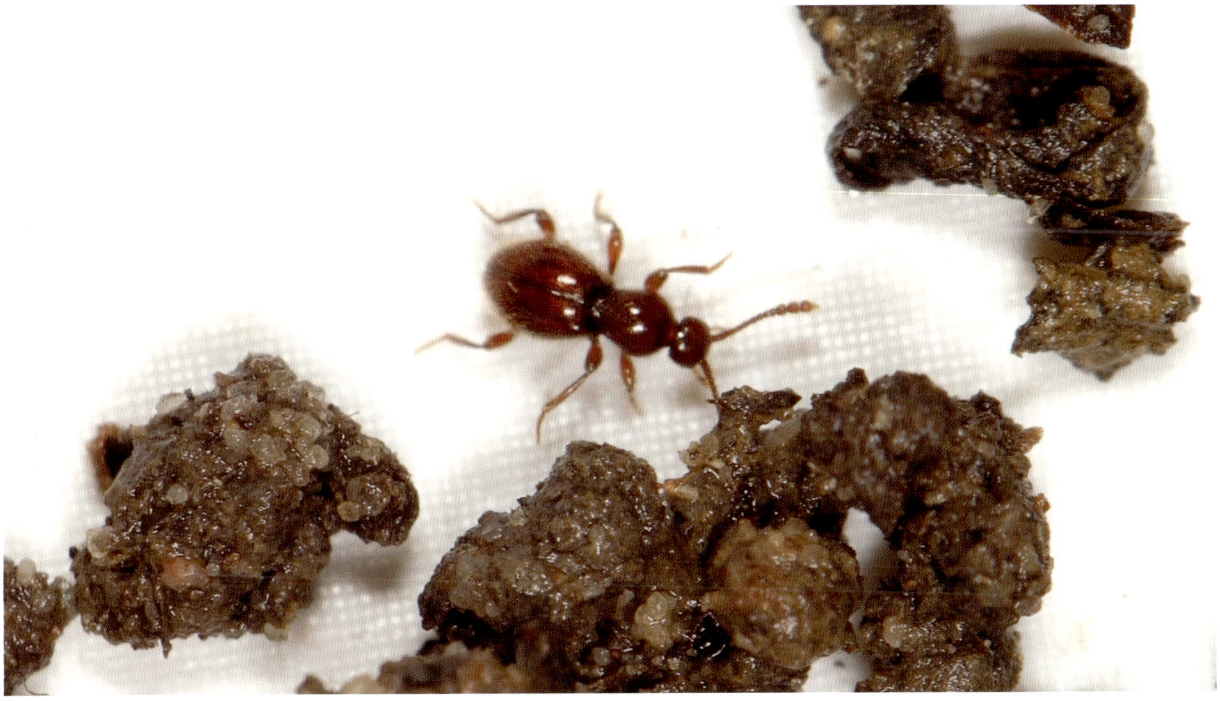

小黑突眼隐翅甲 *Stenus melanarius* Stephens

鉴别特征：体长约 3 mm。头三角形，密布刻点。前胸背板黑色，纺锤形，密布刻点。后足第 4 跗节不分叶。腹部宽于头和前胸背板，前 3 节背板基部向后具 4 条纵脊。鞘翅黑色，密布刻点。

分布：云南（昭通等）、黑龙江、山西、上海、浙江、台湾、香港；亚洲，欧洲及北美洲多国。

亮颈盾锹甲 *Aegus laevicollis* Saunders

鉴别特征：体长 12~28 mm。雄虫整体身型较为细长厚实，上颚较粗且有较强内弯，头部前方两侧无前棱突。头顶及前胸背板分布有较深刻点。后足胫节内侧末端有黄色细毛。

分布：云南（昭通等）、河南、江苏、浙江、湖北、江西、湖南、福建。

黄毛小刀锹甲 *Falcicornis mellianus* (Kriesche)

鉴别特征：体长 20~30 mm。雄虫上颚及下唇均有发达的黄色毛丛，上颚内侧的密集黄色毛区延伸至头楯及口器下方，上颚有较强内弯，内齿位于前端。雌虫后胸腹板左右各有 1 块黄色毛区。

分布：云南（昭通等）、福建、广东、广西、贵州。

藏深山锹甲 *Lucanus thibetanus* Planet

鉴别特征：体长 40~76 mm。上颚基部、头胸部及鞘翅密被棕黄色毛。雄虫上颚发达，端叉扩张显著，近端部大齿突和端叉之间有小齿突排列，头盾两侧几乎平行，头部侧棱不向外扩展。

分布：云南（昭通等）、四川。

小黑奥锹甲 *Odontolabis platynota* (Hope & Westwood)

鉴别特征：体长 20~45 mm。雄虫头前缘中央呈半圆形凹陷。前足胫节宽扁。按上颚的形态分为大颚型、中颚型和小颚型 3 种，大颚型上颚端部有 4 个小齿突，小颚型上颚内侧有大小不等的锯齿。

分布：云南（昭通等）、浙江、湖南、福建、广东、四川。

褐黄前锹甲 *Prosopocoilus blanchardi* (Parry)

鉴别特征：体长 23~45 mm。雄虫头横阔，近矩形，上颚修长，微弧形弯曲，基部内缘约 1/3 处有大齿 1 个，端部 1/3 处有较小齿突 3~5 个。前胸背板两侧有深褐色小圆斑。鞘翅沿缝肋有黑褐色纵斑。

分布：云南（昭通）、北京、河北、河南、陕西、甘肃、江苏、浙江、湖北、广西、四川。

金龟科 Scarabaeidae

窄脊异丽金龟 *Anomala costulata* Fairmaire

鉴别特征：体长 15~18 mm。头墨绿色，上唇具脊。前胸背板墨绿色，具刻点，前缘具金黄色长毛，侧缘弧形，具明显的脊。足粗壮，近褐色。鞘翅具多列纵向排布的刻点，肩部具白色长毛。

分布：云南（昭通等）。

陷缝异丽金龟 *Anomala rufiventris* Kollar & Redtenbacher

鉴别特征：体长 10~15 mm。头较小，上唇具脊。前胸背板近梯形，隆起，侧缘具脊。足粗壮，墨绿色，被稀竖毛，前足胫节粗，端部具 2~3 齿。鞘翅卵圆形，具浅刻点，末端中部各具 1 明显隆起。

分布：云南（昭通等）、四川、贵州、西藏。

皱唇异丽金龟 *Anomala rugiclypea* Lin

鉴别特征：体长 15~18 mm。触角鳃片长于其前 5 节。前胸背板密布细刻点，刻点有时较浅，点间宽于点径，小盾片正三角形，侧缘弯，密布细刻点。腹面和足深红褐，各足胫节和跗节色深或黑褐。

分布：云南（昭通等）、陕西、湖北、江西、湖南、福建、广东、海南、广西。

褐腹异丽金龟 *Anomala russiventris* Fairmaire

鉴别特征：体长 17~22 mm。头小，头顶光滑；唇基横向；前角呈弧状；触角淡黄褐色，9 节；鳃片部 3 节，雄虫鳃片部长大，雌虫细短。前胸背板后缘勾线全缺，小盾片三角形，不着生细毛。

分布：云南（昭通等）、广东。

弱脊异丽金龟 *Anomala sulcipennis* (Faldermann)

鉴别特征：体长 7~11 mm。体长形或长椭圆形。前胸背板匀布细密刻点，小盾片圆三角形密布粗刻点。足不发达，前足胫节外缘具 2 齿，基齿细弱。鞘翅匀布细小密刻点，刻点行浅陷，行距弱隆。

分布：云南（昭通）、河北、河南、陕西、江苏、浙江、湖北、湖南、福建、广东、广西、四川、贵州。

蓝边矛丽金龟 *Callistethus plagiicollis* Fairmaire

鉴别特征：体长约 15 mm。体长椭圆形。前胸背板光滑，布颇密细微浅刻点。中足基节间具 1 尖长中胸腹突。前足胫节具 2 齿，端齿长。鞘翅刻点行明晰，宽行距布颇密细刻点，窄行距无刻点。

分布：云南（昭通等）、福建、重庆、四川、贵州、西藏。

隆胸平爪鳃金龟 *Ectinohoplia auriventris* Moser

鉴别特征：体长 9~10 mm。体背密被鳞片，鳞片间散生短黑刺毛。头大，触角 10 节。前胸背板侧缘弧扩，小盾片狭小楔形。鞘翅除黑鳞片外，有黄色鳞片组成的 3 条横带，横带间有 3~5 条同色细纵带贯穿。

分布：云南（昭通等）、福建、广东、贵州。

叉钩爪鳃金龟 *Ectinohoplia harpagon* (Fairmaire)

鉴别特征：体长约 8 mm。体背密布圆形锈色鳞片，金色鳞片形成斑纹。前胸背板明显窄于鞘翅基部，小盾片锐三角形，密布鳞片。前足胫节 2 齿或 3 齿，后足爪简单，端部不裂。鞘翅扁平。

分布：云南（昭通等）。

克氏单爪鳃金龟 *Hoplia klapperichi* Endrödi

鉴别特征：体长 7~12 mm。体背密布黄棕色鳞片，腹面密布黄色鳞片。触角 9 节，红棕色。前胸背板中线两侧具 2 条深棕色及两侧的 2 条鳞片形成斑纹，散布刚毛，边缘毛短而疏。前足胫节 3 齿。

分布：云南（昭通等）、福建、广西。

仲根单爪鳃金龟 *Hoplia nakanei* Miyake

鉴别特征：体长 7~12 mm。体黑褐色，足红棕色，体背密布浅绿色、黄色、橙色鳞片，深色鳞片形成不规则斑纹。前胸背板密布圆形淡褐色鳞片。前足胫节 3 齿。鞘翅密布鳞片，间杂白色鳞状毛。

分布：云南（昭通等）、台湾。

消突修丽金龟 *Ischnopopillia angusta* Lin

鉴别特征：体长约 11 mm。头黑色，触角除中间几节颜色较浅外，其余黑色。前胸背板前缘平直，侧缘外突。足黑色，粗壮，被少量黄色长毛。鞘翅褐色，每枚鞘翅具十余列纵向排布的刻点。

分布：云南（昭通等）。

犬利蜣螂 *Liatongus vertagus* (Fabricius)

鉴别特征： 体长 8~12 mm。小型，具金属光泽。雄虫头部有 1 直立后弯、末端分叉的角突。前胸背板中部高高隆起，顶端有 1 前伸、末端分叉的角突。前足胫节外缘 4 齿显著，中、后足胫节外缘具 2 齿。

分布： 云南（昭通等）、河南、陕西、福建、台湾、四川、贵州、西藏等；印度，缅甸等。

灿背弧丽金龟 *Popillia splendidicollis* Fairmaire

鉴别特征： 体长 10~14 mm。体蓝黑色。唇基近半圆形，前缘近直，唇基及前胸背板边缘绿色，带金属光泽。前胸背板隆拱，中部光滑无刻点。鞘翅背面有 6 条粗刻点沟行，稍隆起，具明显横陷。

分布： 云南（昭通等）。

金绿叶吉丁甲 *Amorphosoma aculeatum* (Ganglbauer)

鉴别特征：体长 11~13 mm。体铜绿色。头正中纵向内凹。前胸背板前缘双弧状，两侧缘圆弧状。鞘翅顶靠外缘为 1 根大尖刺，翅面具 3 列纵脊，尾端具 2 条黑褐色横斑及 3 条灰色绒毛横带。

分布：云南（昭通等）、甘肃、四川、西藏。

恺撒刺腿吉丁甲 *Sambus caesar* Obenberger

鉴别特征：体长 5~8 mm。前胸背板前缘突出，侧缘细齿状，两侧各具肩前隆脊，近前缘 1/3 处最宽，前胸腹前叶狭窄，前胸腹板突出，具稀疏白绒毛，小盾片多角形。足腿节膨大，内侧常具大刺。

分布：云南（昭通等）。

泥红槽缝叩甲 *Agrypnus argillaceus* (Solsky)

鉴别特征：体长 14~17 mm。触角第 4~10 节锯齿状。前胸背板长大于宽，两侧拱出，向前渐宽。鞘翅短宽于前胸，两侧平行，后 1/3 处变狭，端部联合，表面有明显的粗刻点，排列成行，直达翅端。

分布：云南（昭通等）、吉林、辽宁、内蒙古、甘肃、湖北、台湾、广东、四川、贵州、西藏。

朱肩丽叩甲 *Campsosternus gemma* Candèze

鉴别特征：体长 30~39 mm。体光亮无毛，椭圆形。触角及各足黑色。前胸背板两侧具有橙红色条纹，外缘黑色，前胸侧板、腹部腹面两侧及最后两节节间膜红色。腹部翅鞘深绿色具强烈金属光泽。

分布：云南（昭通等）、江苏、安徽、浙江、湖北、江西、湖南、福建、台湾、四川、贵州。

眼纹斑叩甲 *Cryptalaus larvatus* (Candèze)

鉴别特征：体长 24~29 mm。体密被灰白、黑色、淡黄色鳞片以及扁毛形成的各种色斑。触角黑褐色，端部有假节。前胸背板中域、中线两侧有 2 个黑眼点。鞘翅中部外侧有 2 个近长方形黑褐色斑。

分布：云南（昭通等）、江苏、浙江、江西、湖南、福建、台湾、广东、海南、广西、四川。

多林扁额叩甲 *Dima dolini* Schimmel

鉴别特征：体长 5~8 mm。体红褐色，被长毛。头密被竖毛，触角第 1 节粗壮，其余节细长。前胸背板横宽，红褐色，后角尖锐。鞘翅卵圆形，褐色，密被竖毛，沿鞘翅中缝及鞘翅外缘具黄条带。

分布：云南（昭通等）。

湖北平尾叩甲 *Gamepenthes hubeiensis* Schimmel

鉴别特征： 体长 8~11 mm。触角短，第 2 节小，圆球状，第 3 节近三角形，第 4~10 节扁平，锯齿状。前胸长大于宽，背面隆起。鞘翅狭于前胸，从基部开始向后明显变狭，端部平截。足跗节细长。

分布： 云南（昭通等）。

袖珍叩甲 *Wittmeroquasimus ocellatus* (Dolin)

鉴别特征： 体长约 2 mm。头顶深褐色，触角越端部越长，除第 1、2 节外，其余节基部较细。前胸背板黑色，中央具浅色宽纵纹，后角尖锐。鞘翅黑色，具金属光泽，近末端 1/3 处具 1 条浅宽条带。

分布： 云南（昭通等）。

大端黑萤 *Abscondita anceyi* (Olivier)

鉴别特征：体长 11~14 mm。体橙黄色。头黑色，触角丝状。前翅末端为黑色雄虫腹部末端具 2 节乳白色发光器，第 1 节为长椭圆形，第 2 节为半圆形。雌虫仅具 1 节发光器。

分布：云南（昭通等）、江苏、上海、浙江、湖北、湖南、福建、台湾、广东、海南、广西等。

云南窗萤 *Pyrocoelia pygidialis* Pic

鉴别特征：体长 14~22 mm。体橙红色。头黑色，触角黑色，锯齿状。前胸背板橙色，宽阔，边缘扩展略透明；鞘翅黑色，各具数列纵脊；各足黑色。腹部橙红色，腹部各节外缘具明显叶状扩展。

分布：云南（昭通等）。

扁萤 *Lamprigera* sp.

鉴别特征：雄虫体长 13~16 mm。头黑色，完全缩进前胸背板。触角黑色，丝状，11 节。复眼较发达。雌虫体长 25~35mm。完全无翅，幼虫形。幼虫黑色，前胸背板宽大，前缘有 1 对狭长黄褐色纵纹。

分布：云南（昭通）。

熠萤 *Luciola* sp.

鉴别特征：体长 6~8 mm。头黑色，无法完全缩进前胸背板。触角黑色，丝状，11 节。复眼发达。前胸背板橙黄色，后缘角尖锐。鞘翅橙黄色，末端着生黑斑。发光器 2 节，位于第 6、7 腹节。

分布：云南（昭通）。

花萤科 Cantharidae

红肩赛花萤 *Cyrebion subrufolineatus* (Wittmer)

鉴别特征：体长约 10 mm。体黑色，前胸背板和鞘翅红棕色，具黑色纵带。触角近丝状，明显加粗，雄虫中央节具光滑细纵沟。前胸背板横向，宽明显大于长。雌雄虫所有足跗爪单齿状。

分布：云南（昭通等）、四川。

端带异花萤 *Lycocerus posticelimbatus* (Pic)

鉴别特征：体长约 7 mm。体深棕色，头棕黄色，头顶具 1 深棕色斑点，触角基部 2 节橙黄色，小盾片棕黄色。前胸背板近方形。雄虫所有足单齿状，雌虫前、中外侧爪各具 1 个指状突。

分布：云南（昭通等）、四川。

云南异花萤 *Lycocerus yunnanus* (Fairmaire)

鉴别特征： 体长约 10 mm。体黑色，前胸背板和鞘翅红棕色，腿节端部与胫节腹面棕色。雌雄虫触角均为锯齿状，前胸背板近方形。雄虫所有足单齿状，雌虫前、中外侧爪各具 1 个指状突。

分布： 云南（昭通等）、四川、西藏；缅甸，尼泊尔。

淡缘丝角花萤 *Rhagonycha albolimbata* Pic

鉴别特征： 体长约 8 mm。体橙黄色，头、足胫节和跗节橙色，鞘翅黑色，内、外侧缘淡黄色。雌雄虫触角均为简单丝状，前胸背板近方形，宽稍大于长，跗爪均为双齿状。

分布： 云南（昭通等）、四川。

囊花萤科 Malachiidae

亥囊花萤 *Hypomixis* sp.

鉴别特征：体长约 4 mm。体黑色，前胸背板和鞘翅末缘橘黄色，体表密布刻点并覆有白色柔软短毛。雌雄二型性显著，雄虫鞘翅末端有特化突起结构，雌虫则简单，无明显突起。

分布：云南（昭通）。

康拟花萤 *Condylops* sp.

鉴别特征：体长约 5 mm。体黑色，触角及前、中足部分棕色，鞘翅具墨绿色金属光泽，体表密布刻点并覆有黑色长刚毛和白色柔软短毛。雌雄二型性显著，雄虫头部特化突起，雌虫则无。

分布：云南（昭通）。

红萤科 Lycidae

云南短沟红萤 *Plateros yunnanensis* (Bocakova)

鉴别特征：体长约 7 mm。体棕黑色，前胸背板和鞘翅红色，有时存在浅色的斑纹。触角丝状，复眼小，眼间距约为其直径的 2 倍，鞘翅向后略微加宽，各具 4 条粗壮的主棱和较弱的次棱。

分布：云南（昭通）。

大蕈甲科 Erotylidae

栗色歪拟叩甲 *Doubledaya castanea* Zia

鉴别特征：体长 13~17 mm。触角末端 5 节膨大。前胸背板拱圆横宽，刻点细密，两侧拱曲，基部收狭，前角圆钝，后角尖锐，不延伸。鞘翅基缘略隆突，翅肩等阔于前胸背板基部，末端收狭平截。

分布：云南（昭通等）、海南、四川、贵州、西藏。

云南艾蕈甲 *Episcapha yunnanensis* Li & Ren

鉴别特征：体长 9~14 mm。触角长，向后超过前胸背板后缘。中胸腹板中间有近马蹄形凹陷，中间不隆起，后缘呈波状。每鞘翅具 2 条橘色带，横贯翅面，每鞘翅有 8 条刻点列，行间具小刻点。

分布：云南（昭通等）。

长特拟叩甲 *Tetraphala elongata* (Fabricius)

鉴别特征：体长约 15 mm。体瘦长。头黑色，触角较粗，端部 4 节膨大，形成明显的端锤。前胸背板红色，有 3 个横向排列的黑色斑点。鞘翅黑色，具金属光泽，密布细刻点，端缘具细微锯齿。

分布：云南（昭通等）、浙江、福建、广东、海南、广西、四川、贵州。

红折宽蕈甲 *Tritoma metasobrina* Chûjô

鉴别特征：体长 3~5 mm。体卵圆形，黑色。头窄，触角短，11 节。前胸背板背面隆起，具刻点。足胫节端部扩张，跗节第 1~3 节明显扩大。每鞘翅有 1 个红色或橘色三齿斑，每鞘翅具 8 行刻点列。

分布：云南（昭通等）、河北、河南、陕西、甘肃、浙江、湖南、台湾、广西。

伪瓢虫科 Endomychidae

台湾尹伪瓢虫 *Indalmus formosanus* (Csiki)

鉴别特征：体长 5~6 mm。体长卵形，棕黑色。上颚宽，触角 11 节，细长，约达体长之半。前胸背板有粗糙而密集的刻点。前足胫节内侧近端部 1/3 处具 1 个短锐齿，中足胫节近端部 1/4 处强烈弯曲。

分布：云南（昭通等）、台湾。

蕈伪瓢虫 *Mycetina* sp.

鉴别特征：体长 3~6 mm。体卵形，红棕或黑色。上颚常顶端分裂，形成中等大小的端齿和亚端齿，下唇须末节圆柱形，顶钝或平截。鞘翅刻点排列不规则，其间具微网，常具鲜明的鞘翅斑。

分布：云南（昭通）。

瓢虫科 Coccinellidae

链纹裸瓢虫 *Calvia sicardi* (Mader)

鉴别特征：体长 5~6 mm。体宽卵形，圆形拱起。头部黄褐或浅黄色。前胸背板红褐色。鞘翅上有 2 条链形条斑，并在鞘翅端角同 1 个四边形环相连，内外 2 条链形条纹都由 2 个椭圆形环组成。

分布：云南（昭通等）、河南、陕西、甘肃、湖南、福建、广东、广西、四川、贵州。

六斑月瓢虫 *Cheilomenes sexmaculata* (Fabricius)

鉴别特征：体长 4~7 mm。体近圆形，背稍拱起。复眼黑色。前胸背板黑色，唯前缘和前角区侧缘黄色，鞘翅黑色，具 4 个或 6 个淡色斑，小斑纹多变，但前胸背板斑纹固定。

分布：云南（昭通等），全国广布；日本，印度，泰国，柬埔寨，斯里兰卡，伊朗等。

二双斑唇瓢虫 *Chilocorus bijugus* Mulsant

鉴别特征：体长 4~6 mm。体近于心形。头部黑色。前胸背板黑色，两前角的色泽较浅。鞘翅黑色，每侧各有 2 个橙红色的圆斑，成横线排列，内斑大而外斑小，有时两斑相连而成哑铃状。

分布：云南（昭通等）、甘肃、江苏、湖北、四川、贵州、西藏；日本，巴基斯坦，尼泊尔等。

褐绣花瓢虫 *Coccinella luteopicta* Mulsant

鉴别特征：体长 5~7 mm。触角 11 节，第 1 节最粗长，中间黑色。中、后足胫节端部有 2 个刺距。鞘翅基色黄色，肩斑、小盾斑通过鞘缝和鞘翅外缘的黑色纵带与鞘翅中部的黑色横带相连。

分布：云南（昭通等）、四川、贵州、西藏；印度。

八斑隐势瓢虫 *Cryptogonus octoguttatus* Mader

鉴别特征：体长 2~3 mm。体卵圆形，隆起。头黄色（雄虫）或黑色（雌虫）。前胸背板黑色，两前角各有 1 个黄色侧斑（雄虫），或前角的前缘区侧缘黄色（雌虫）。鞘翅黑色，各有 4 个黄色斑点。

分布：云南（昭通等）、四川。

十斑食植瓢虫 *Epilachna macularis* Mulsant

鉴别特征：体长 7~9 mm。体周缘近于心形，最宽处位于中部之前肩胛之后。前胸背板有 1 个黑色中斑。鞘翅各有 6 个大型黑斑，其中第 1、5 两斑与鞘缝相连而与另一鞘翅上相对应的斑点构成缝斑。

分布：云南（昭通等）、湖南、广西。

永善食植瓢虫 *Epilachna yongshanensis* Cao & Xiao

鉴别特征：体长约 7 mm。每个鞘翅上具 6 个斑点，呈 1-2-2-1 排列：第 1 斑位于鞘缝内线上；第 2 斑位于鞘翅 1/3 处；第 3 斑位于外线上；第 4 斑位于鞘翅 2/3 处；第 5 斑位于外线上；第 6 斑位于端角。

分布：云南（昭通等）、贵州、四川。

红肩瓢虫 *Harmonia dimidiata* (Fabricius)

鉴别特征：体长 7~10 mm。体橙黄至橘红色。前胸背板中线基部两侧各有 1 个黑斑，小盾片黑色。红色型鞘翅后半部黑斑相融合，占鞘翅的一半以上，仅留红色的肩部，鞘翅缘折近后胸处最宽。

分布：云南（昭通等）、湖南、福建、台湾、广东、香港、广西、四川、贵州、西藏；日本，印度等。

奇斑瓢虫 *Harmonia eucharis* (Mulsant)

鉴别特征：体长 4~8 mm。体椭圆形至长椭圆形。头部褐黄、浅黄或红褐色，无斑纹。前胸背板浅黄、红褐或栗褐色，中央有 5 个不同形状的斑纹。鞘翅浅黄、红褐或栗褐色，其上斑纹形态多变。

分布：云南（昭通等）、西藏；印度。

北部湾裂臀瓢虫 *Henosepilachna tonkinensis* (Bielawski)

鉴别特征：体长约 7 mm。体近卵圆形，隆起，最宽处位于中部之前。前胸背板窄于鞘翅基缘，其上具 5 个黑色斑点，中间斑点较大。有的个体前胸背板的斑点扩展连合，整体成黑色，边缘浅色。

分布：云南（昭通等）、广西、贵州、西藏；越南。

茄二十八星瓢虫 *Henosepilachna vigintioctopunctata* (Fabricius)

鉴别特征：体长约 6 mm。体半球形，黄褐色，体表密生黄色细毛。前胸背板上有 6 个黑点，中间的 2 个常连成 1 个横斑。每个鞘翅上有 14 个黑斑，其中第 2 列 4 个黑斑呈直线。

分布：云南（昭通等），除东北外全国广布；日本，印度，不丹，尼泊尔，缅甸，泰国，澳大利亚等。

多异瓢虫 *Hippodamia variegata* (Goeze)

鉴别特征：体长 3~5 mm。体长卵形。头前部黄白色，后部黑色。前胸背板基部的黑色横带向前分出 4 个黑带，有时在前部左右分别愈合，有时黑斑扩大。鞘翅背面共 13 个黑斑，黑斑变异甚大。

分布：云南（昭通等），全国广布；日本，阿富汗，印度等。

陕西素菌瓢虫 *Illeis confusa* Timberlake

鉴别特征：体长 4~5mm。体卵圆形。头部白色，复眼黑色。小盾片和鞘翅黄色，鞘翅无斑纹，具光泽。雌雄外观近似，雌虫体型稍大。幼虫体色灰白透明，体背有 6 条点状的黑色纵带。

分布：云南（昭通等）、浙江、广东、香港、广西；尼泊尔，越南，泰国，印度。

红颈盘瓢虫 *Lemnia melanaria* (Mulsant)

鉴别特征：体长 5~6 mm。体圆形，半球形隆起。头部除复眼黑色外全部黄褐色。前胸背板暗红色、无斑纹，小盾片黑色。鞘翅基色为橘红色，具黑色缘纹，起自肩角直达端角，前半略宽于后半。

分布：云南（昭通等）、陕西、甘肃、湖北、江西、湖南、福建、台湾、广东、贵州等；印度，越南等。

黄缘巧瓢虫 *Oenopia sauzeti* Mulsant

鉴别特征：体长 3~4 mm。体椭圆形。头、前胸背板、鞘翅缝黑色。爪细小，有基齿。鞘翅中央部分扩展成椭圆形黑斑，每一鞘翅的前半部有 1 个四边形黑斑，后半部中央或稍前有 1 个近圆形黑斑。

分布：云南（昭通等）、山东、河南、江苏、浙江、湖北、江西、福建、广东、广西、四川等。

红星盘瓢虫 *Phrynocaria congener* (Billberg)

鉴别特征：体长 3~5 mm。体近圆形，背面呈半球状隆起，黑色。雄虫头橙黄色，前胸背板两侧具黄色大斑；雌虫头黑色，前缘及侧缘橙黄色。鞘翅在外、内线之间距鞘翅基部 1/3 处具 1 个圆形大斑。

分布：云南（昭通等）、福建、台湾、广东、香港、广西、四川；日本，印度，越南。

西南龟瓢虫 *Propylea dissecta* (Mulsant)

鉴别特征：体长 4~6 mm。体卵形。头白色，头顶黑色。前胸背板黑色。足褐色。鞘翅斑纹多变，基本型的鞘翅红色或黄白色，具 3 条黑色的横带和鞘缝。腹面黑色，腹板两侧及第 5 腹板前端褐色。

分布：云南（昭通等）、四川、西藏；印度，尼泊尔，孟加拉国。

黄室龟瓢虫 *Propylea luteopustulata* (Mulsant)

鉴别特征：体长 4~6 mm。头褐黄色。前胸背板黑色。鞘翅颜色和斑纹变化大。鞘翅黑色，每鞘翅上或具 5 个黄斑，呈 2-2-1 排列；或 4 个黄斑；或前面 2 个黄斑连成 2 条黄横带；或前后横带相连。

分布：云南（昭通等）、河南、陕西、湖南、福建、台湾、广东、广西、四川、贵州、西藏。

拟步甲科 Tenebrionidae

纹翅异伪叶甲 *Anisostira rugipennis* (Lewis)

鉴别特征：体长 9~12 mm。体长卵形。头部黑色，复眼大，后侧密布刻点。前胸背板圆柱状，橙红色，后缘颜色较深。足黑色。鞘翅长卵型，黑色，具金属光泽，密布刻点，肩部具明显的纵向沟。

分布：云南（昭通等）。

喙尾琵甲 *Blaps rhynchoptera* Fairmaire

鉴别特征：体长 23~27 mm。体长卵形，暗黑色。头顶平坦，粗刻点密。前胸背板近心形。各跗节较粗，后足第 1 跗节不对称。鞘翅宽卵形，具稠密皱纹颗粒，翅尾宽扁，假缘折在后足基节窝处收缩。

分布：云南（昭通等）、四川。

差角伪叶甲 *Cerogria anisocera* (Wiedemann)

鉴别特征：体长 6~8 mm。头、前胸背板、足褐色，鞘翅深褐色至黑色，具白色长绒毛。前胸背板密布刻点，前角圆，后角略突出。鞘翅刻点间区为 1~3 个刻点直径，向两侧渐密。

分布：云南（昭通等）、台湾、广东、广西、四川、贵州、西藏；印度，孟加拉国，印度尼西亚等。

弱光彩菌甲 *Ceropria induta* (Wiedemann)

鉴别特征：体长 7~11 mm。头和前胸背板黑色。前、中足胫节内弯，后足胫节长直。鞘翅隆起并具强烈金属光泽，肩部和后外侧具虹彩。鞘翅两侧近平行，中部最宽，刻点沟浅，行上刻点清晰。

分布：云南（昭通等）、河南、福建、台湾、广东、海南、广西、西藏。

库氏栉甲 *Cteniopinus koltzei* Heyden

鉴别特征：体长 13~14 mm。头狭长，黑色，密布刻点，上唇具长毛，触角短于虫体的 1/2。前胸背板红色，被黄色短毛。足狭长，腿节粗壮，胫节平直近平行。鞘翅肩宽，刻点行整齐，行间隆起高。

分布：云南（昭通等）、黑龙江、吉林、辽宁、内蒙古、北京、天津、河北、山西、四川、贵州。

黑角栉甲 *Cteniopinus nigricornis* Borchmann

鉴别特征：体长 11~13 mm。体黄色，被淡黄色短毛。头狭长，触角 11 节。前胸背板密布刻点，具短毛，小盾片红褐色。足细长，红色，上有黑色短毛，胫节与跗节均黑色。鞘翅狭长，密布刻点。

分布：云南（昭通等）、江西、福建、贵州。

鳞栉甲 *Cteniopinus scapulatus* Pic

鉴别特征：体长约 13 mm。头狭长，密布刻点，触角 11 节，丝状，复眼肾形。前胸背板近梯形，密布刻点，前缘平直，小盾片舌状，具短毛。足狭长。鞘翅狭长，肩部圆钝，密布刻点及短毛。

分布：云南（昭通等）、四川。

单脊土甲 *Gonocephalum outreyi* Chatanay

鉴别特征： 体长约 8 mm。体暗黑色，无光泽。触角、口须、胫节及跗节略带棕红色。前胸背板宽大于长，被粗颗粒及稀疏短毛。前足胫节端部宽，内外缘弯曲。鞘翅基部微宽于前胸背板基部。

分布： 云南（昭通等）、湖北、福建、广东、香港；朝鲜，印度，越南，老挝，柬埔寨。

隆线异土甲 *Heterotarsus carinula* Marseul

鉴别特征： 体长 9~12 mm。前胸背板前角尖角形突出，前缘弧凹较深，具饰边，侧缘在中部偏后最宽，有完整侧缘饰边，后角近于直，基部中间略突出，背面有皱纹状粗点。鞘翅光裸无毛。

分布： 云南（昭通等）、陕西、甘肃、湖北、浙江、海南、四川、贵州等；俄罗斯，日本等。

小伪叶甲 *Lagria kondoi* Masumoto

鉴别特征：体长 5~7 mm。头稍窄于前胸背板，额窄，刻点浅密。前胸背板横形，刻点粗密。足强壮，腿节膨大弯曲，胫节直，无端刺。腹部 5 节，鞘翅刻点间区为 1~2.5 个刻点直径，肩部微隆起。

分布：云南（昭通等）、台湾、广西。

弗氏毛土甲 *Mesomorphus feai* Kaszab

鉴别特征：体长 7~8 mm。唇基与前颊间无缺刻。前胸背板基部最宽，前缘浅弧形凹陷。足长满长毛，前足胫节内侧弯曲，外侧具波状锯齿。鞘翅基部与前胸背板基部等宽，翅面布明显刻点行。

分布：云南（昭通等）、广西。

属模窄亮轴甲 *Morphostenophanes aenescens* Pic

鉴别特征：体长 18~20 mm。触角第 1 节粗短，第 3 节之后基部较细，端部渐粗。前胸背板中线两侧各具 1 个凹陷。足粗壮，胫节内侧弯曲，具金黄色缘毛。鞘翅布深切凹陷，凹陷中央明显突起。

分布：云南（昭通等）。

长茎邻烁甲 *Plesiophthalmus longipes* Pic

鉴别特征：体长 14~17 mm。体长卵形，暗黑色，头和体前下方密生白色短柔毛。触角伸达鞘翅基部 1/3。前胸背板宽大于长，盘区隆起。鞘翅长大于宽的 1.5 倍，背隆，盘区刻点线细，行间扁平。

分布：云南（昭通等）、陕西、福建、重庆、贵州、西藏。

白腿邻烁甲 *Plesiophthalmus pallidicrus* Fairmaire

鉴别特征：体长 13~15 mm。体长卵形，背面黑色，腹面棕黑色。头密布刻点，触角纤细，伸达鞘翅中部。前胸背板梯形，饰边宽显。足细长，前足腿节端内侧近 2/5 具齿。鞘翅卵形，背面适度隆起。

分布：云南（昭通等）、浙江、湖南、福建、台湾、广东、广西、重庆、四川、贵州。

赤拟谷盗 *Tribolium castaneum* (Herbst)

鉴别特征：体长 3~4 mm。体长椭圆形，红褐色，具弱光泽。头扁，复眼小，触角短，向后伸达前胸背板端部，端部 3 节膨大。前胸背板宽，近矩形，两侧缘近平行。鞘翅两侧近平行，刻点行明显。

分布：云南（昭通等），全国广布。

黑带差伪叶甲 *Xanthalia nigrovittata* (Pic)

鉴别特征：体长 4~5 mm。额不平坦，触角粗短，向后达鞘翅肩部。前胸背板倒梯形，横向隆起，刻点稀小。鞘翅褐黄色，隆起，10 条刻点列清晰，刻点列间光滑，翅缝黑色，向端部黑色带渐宽。

分布：云南（昭通等）、河北、陕西、四川；尼泊尔。

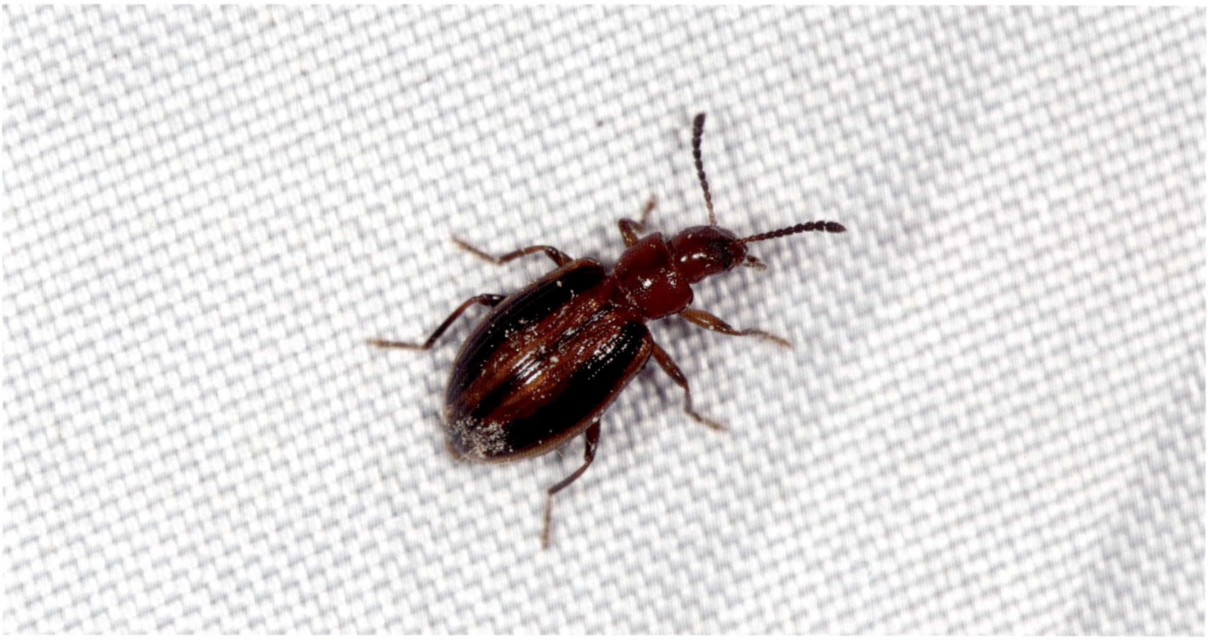

芫菁科 Meloidae

短翅豆芫菁 *Epicauta aptera* Kaszab

鉴别特征：体长 11~14 mm。体黑色，头红色，被黑毛。头顶具 1 深色中央纵纹。前胸背板狭于头，长大于宽，近前端 1/3 处最宽，后缘平直。足细长。后翅短，完全展开时最多与鞘翅等长。

分布：云南（昭通等）、河南、陕西、甘肃、浙江、江西、福建、广西、重庆、四川、贵州。

眼斑沟芫菁 *Hycleus cichorii* (Linnaeus)

鉴别特征：体长 11~22 mm。雄虫体黑色，密布黑短毛，头胸部杂被黄柔毛。前胸背板长大于宽，盘区中央具 1 纵沟和 1 浅椭圆凹。鞘翅黑色，具 2 个黄色圆斑和 2 条黄色横纹，黄色部分被有黄毛。

分布：云南（昭通等）、河北、江苏、安徽、浙江、湖北、福建、广东、广西；印度，越南。

曼氏沟芫菁 *Hycleus mannheimsi* (Kaszab)

鉴别特征：体长约 15 mm。额上中央略纵隆，两侧各 1 个浅凹，无红斑，触角向后伸达前胸背板基部，末节中间最宽。前胸背板长约等于宽，中部最宽，向端部和基部渐收缩。鞘翅黑色，具黄斑。

分布：云南（昭通等）、四川。

钳齿拟红芫菁 *Synhoria maxillosa* (Fabricius)

鉴别特征：体长 20~22 mm。头横宽，触角短于体长之半，向后伸达前胸背板基部，锯齿状。雄虫上颚强烈弯曲，雌虫上颚短。前胸背板宽大于长，隆起。鞘翅具 4 条弱脊，第 1、2 条于中央愈合。

分布：云南（昭通等）、河南、安徽、江西、台湾、广东、香港、重庆、四川。

蚁形甲科 Anthicidae

暗肩齿蚁形甲 *Anthelephila degener* Kejval

鉴别特征：体长 4~6 mm。头黑色。前足腿节具棒状刺突。鞘翅大部黑色，有蓝色金属光泽，其上着生大量柔毛和少量刚毛，基部有 1 个横斑，颜色与前胸背板相似，横斑中两边各有 1 条黑色的条纹。

分布：云南（昭通等）。

赤翅甲科 Pyrochroidae

褐伪赤翅甲 *Pseudopyrochroa lineaticollis* Pic

鉴别特征：体长 6~10 mm。头部复眼面积较大，复眼周围与口器呈明显的褐色，头部表面粗糙，被黑色鳞毛，触角柄节无明显膨大，呈棍状，梗节较短。鞘翅呈褐色，表面具较长的琥珀色鳞毛。

分布：云南（昭通等）、广西。

天牛科 Cerambycidae

簇角缨象天牛 *Cacia cretifera* (Hope)

鉴别特征：体长 23~34 mm。被黑褐绒毛。头、胸有少许茶褐色或黄褐色绒毛分布。鞘翅散布茶褐色或黄褐色细小绒毛点，有时每翅中部绒毛点较密，形成横斑。体腹面被茶褐及灰白色绒毛。

分布：云南（昭通等）、广西。

云南球虎天牛 *Calloides yunnanensis* Zhang & Chen

鉴别特征：体长约 25 mm。大部被黄色绒毛，头、中后胸及腹部腹面毛色较暗。前胸背板中央有 1 个菱形黑斑。鞘翅有 3 对黑斑，第 1 对在翅基半部中央，第 2 对在中部近鞘缝处，第 3 对在端半部中央。

分布：云南（昭通等）。

顶斑蜡天牛 *Ceresium nilgiriense* Gahan

鉴别特征：体长 10~19 mm。体暗红棕色，被灰白短毛。复眼内缘深凹，雄虫触角细长，一般超过体长，雌虫则稍长或不长于虫体。前胸背板一般长大于宽，两侧缘微呈弧形，密被黄绒毛，无侧刺突。

分布：云南（昭通等）；越南。

肥绿虎天牛 *Chlorophorus pinguis* Holzschuh

鉴别特征：体长 8~12 mm。头及背面密被黄色绒毛，腹面被白绒毛。前胸背板具 4 个长形黑斑，中央 2 个至前端合并。鞘翅基部具 1 卵圆形黑环，中央具 1 黑色横条，其外侧与黑环相接，端部具 1 圆黑斑。

分布：云南（昭通等）。

短绿虎天牛 *Chlorophorus trivialis* Holzschuh

鉴别特征：体长 9~11 mm。体黑褐色，被灰色或褐色浓密绒毛。头、前胸背板及体腹面绒毛密集且长。前胸背板具较多无毛黑斑，鞘翅有时肩部具 1 条不显著的无毛黑纵斑及中央具 1 个黑色小圆点。

分布：云南（昭通等）、重庆、四川、西藏。

瘤筒天牛 *Linda femorata* (Chevrolat)

鉴别特征：体长 17~21 mm。触角基瘤黑色与柄节同色，头顶及触角基瘤之间有不稳定黑斑纹。头、胸、小盾片、体腹面及前足腿节大部、中足腿节、后足腿节基部黄红色，触角、鞘翅及足大部黑色。

分布：云南（昭通等）、河南、陕西、浙江、湖北、湖南、福建、广东、广西、四川、贵州等。

菊脊筒天牛 *Nupserha ventralis* Gahan

鉴别特征：体长 6~11 mm。触角近乎体长，被稀疏绒毛，下沿有稀疏缨毛。前胸背板中区有 1 个近三角形的红斑点。腹部、各足腿节、前足胫节除外沿端部以及中、后足胫节基部外沿均呈橘红色。

分布：云南（昭通等），全国广布；俄罗斯，蒙古，朝鲜，韩国，日本。

黑胫筒天牛 *Oberea diversipes* Pic

鉴别特征：体长 14~19 mm。触角近乎体长，大部分黑褐色。前胸圆筒形，宽略大于长。后足腿节伸达第 3 可见腹节前缘，后足胫节和腹部末节末端黑褐色。鞘翅红褐色具黑刻点，两侧缘黑褐色。

分布：云南（昭通等）、河南、陕西、湖南、福建、广东、海南、四川、贵州等；越南，老挝。

黄星天牛 *Psacothea hilaris hilaris* (Pascoe)

鉴别特征：体长 15~23 mm。头顶有 1 条黄色纵带，触角约为体长的 2 倍。前胸两侧中央各生 1 个小刺突，左右两侧各具 1 条纵向黄纹与复眼后的黄斑点相连。鞘翅上具 10 余个黄色斑点。

分布：云南（昭通等）、北京、河北、陕西、甘肃、浙江、湖北、四川、贵州等；韩国，日本等。

家茸天牛 *Trichoferus campestris* (Faldermann)

鉴别特征：体长 9~22 mm。体棕褐色至黑褐色，被褐灰色绒毛，小盾片及鞘翅肩部密被淡黄毛。雄虫额中央具 1 条细纵沟，雌虫无纵沟。雄虫触角长达鞘翅端部，雌虫触角略短于雄虫。

分布：云南（昭通等），全国广布；俄罗斯，蒙古，朝鲜，日本等。

咖啡脊虎天牛 *Xylotrechus grayii* (White)

鉴别特征：体长 8~17 mm。体黑色，触角末端 6 节具白毛。前胸节背面具 10 个白色或淡黄绒毛斑点。足黑色，腿节基部及中、后足胫节大部棕红色。鞘翅栗棕色，上有较稀白毛形成的数条曲折白线。

分布：云南（昭通等）、河北、河南、陕西、甘肃、浙江、湖北、湖南、广东、贵州等；韩国，日本。

钩殊角萤叶甲 *Agetocera deformicornis* Laboissiere

鉴别特征：体长 13~15 mm。头及前胸背板红色，触角、鞘翅、各足胫节端半部及跗节黑色。前胸背板基部窄，小盾片半圆形，无刻点。鞘翅刻点细密，不规则，中缝两侧及侧缘具明显纵脊。

分布：云南（昭通等）、河南、甘肃、浙江、湖北、江西、湖南、海南、四川、贵州。

豆长刺萤叶甲 *Atrachya menetriesi* (Faldermann)

鉴别特征：体长 5 mm。头顶具极细刻点。前胸和腹部橙黄色，中胸、后胸和足黑褐色至黑色。后足胫节端部具长刺。鞘翅黄褐色（除侧缘和端部黑色）或后端 2/3 黑色，亦有全部黑色。

分布：云南（昭通等），全国广布。

印度黄守瓜 *Aulacophora indica* (Gmelin)

鉴别特征：体长 6~8 mm。体橙黄色至橙红色，后胸及腹部腹面黑色，腹末节大部橙黄色。触角达鞘翅中部。前胸背板宽约为长的 2 倍，中央具 1 条弯曲深横沟，两端达前、后缘。鞘翅密布细刻点。

分布：云南（昭通等）、黑龙江、内蒙古、河北、山西、陕西、甘肃、广东、海南、广西等。

菊攸萤叶甲 *Euliroetis ornata* (Baly)

鉴别特征：体长 4~7 mm。头、前胸橘红色，小盾片、足橘黄色。前胸背板宽大于长，后角具缺刻。各足腿节和胫节背部具褐色纵带。鞘翅黑色至黑褐色，每侧鞘翅有 2 个黄褐色近圆形斑。

分布：云南（昭通等）、黑龙江、吉林、辽宁、江苏、福建、广东。

异色柱萤叶甲 *Gallerucida ornatipennis* (Duvivier)

鉴别特征：体长 6~8 mm。复眼黑色或金黄色，触角栉齿状，11 节。后足胫节端部具 1 小刺。鞘翅黑色，具蓝紫色光泽，每侧基部具 1 条黄环纹，端部具 2 条弧形黄横纹，亦有鞘翅全为黑色或黄色。

分布：云南（昭通等）、浙江、四川、贵州。

黄胸寡毛跳甲 *Luperomorpha xanthodera* (Fairmaire)

鉴别特征：体长约 3 mm。头顶及前胸背板表面具皮革状网纹，额瘤横形，触角间隆起呈脊纹状。前胸背板棕黄至棕红色，后角圆形。鞘翅狭长，基部较前胸背板略宽，表面具颗粒状细纹。

分布：云南（昭通等）、辽宁、北京、河北、浙江、湖北、江西、湖南、广西、四川、贵州等。

桑黄米萤叶甲 *Mimastra cyanura* (Hope)

鉴别特征：体长 8~10 mm。头、前胸、鞘翅及足黄褐色。头顶具 3 个黑褐色斑。前胸背板矩形。鞘翅两侧在中部之后略膨阔，翅面刻点稠密，翅端黑斑有时扩大至鞘翅端部的 2/3，有时缩小或消失。

分布：云南（昭通等）、甘肃、江苏、浙江、湖北、江西、湖南、福建、广东、广西、四川、贵州。

凹翅长跗萤叶甲 *Monolepta bicavipennis* Chen

鉴别特征：体长 4~5 mm。头、触角、前胸背板、各足胫节和跗节红褐色至黑褐色，小盾片红色至红褐色，鞘翅红色，各足腿节黄褐色。头具细刻点。前胸背板刻点细密，着生短毛。鞘翅刻点细密。

分布：云南（昭通等）、山西、陕西、浙江、湖北、江西。

竹长跗萤叶甲 *Monolepta pallidula* (Baly)

鉴别特征：体长 3~5 mm。头顶具细刻点。触角约为体长的 2/3，触角间隆突呈脊状。前胸背板表面稍隆突，具较稠密刻点，小盾片三角形。鞘翅隆起，两侧在中部稍膨宽，端部圆，翅面刻点细密。

分布：云南（昭通等）、河南、江苏、浙江、湖北、湖南、福建、广东、海南、四川、贵州等。

红角榕萤叶甲 *Morphosphaera cavaleriei* Laboissiere

鉴别特征：体长 7~8 mm。头及触角黑褐色。前胸背板黄色，具 5 个黑色斑点，小盾片及鞘翅褐色，小盾片三角形。足黑褐色。腹部末端浅三叶状，鞘翅侧缘在中部膨阔，翅面刻点细小。

分布：云南（昭通等）、河南、陕西、湖北、江西、湖南、广东、海南、广西、四川、贵州等。

丽九节跳甲 *Nonarthra pulchrum* Chen

鉴别特征：体长 2~3 mm。头黑色。前胸背板黄色，前缘凹入。鞘翅前部 1/2 黄色，后部 1/2 红色至红褐色，每侧前端具 2 个黑斑点，中部具黑色波纹状横带，端部具黄白色尾灯状斑，以黑环纹包围。

分布：云南（昭通等）、江苏、安徽、浙江、江西。

黄曲条跳甲 *Phyllotreta striolata* (Fabricius)

鉴别特征：体长约 2 mm。体黑色，具光泽。触角第 1~3 节、各足胫节基部、跗节黑褐色。前胸背板及鞘翅具大量刻点，排成纵行。后足腿节膨大。鞘翅中央有 1 黄色纵条，两端大，中部狭而弯曲。

分布：云南（昭通等），全国广布；世界广布。

紫茎甲 *Sagra femorata* (Drury)

鉴别特征：体长 20~25 mm。体紫色，具金属光泽。前胸背板长方形，背面隆起，小盾片舌形。后足腿节发达，后足胫节弯曲，端部匙状，末端尖，有内外 2 齿，外齿较大，胫节内面凹入呈槽状。

分布：云南（昭通等）、浙江、江西、广东、广西。

双齿长瘤跳甲 *Trachytetra bidentata* Chen & Wang

鉴别特征：体长 3~4 mm。头和小盾片黑色，触角基部第 3、4 节棕色，其余各节黑色。前胸背板红色，表面刻点极细。前足黄褐色，中足、后足近黑色。后足腿节强烈隆起，长度不及宽度的一半。

分布：云南（昭通等）、浙江、四川、贵州。

水稻负泥虫 *Oulema oryzae* (Kuwayama)

鉴别特征：体长 4~5 mm。头、触角、小盾片蓝色或接近黑色。前胸背板、足大部橙红色。鞘翅深蓝并带金属光泽。体腹面一般黑色。背面光洁无毛。头、触角和体腹面被金黄色毛。

分布：云南（昭通等）、黑龙江、吉林、辽宁、陕西、湖北、湖南、广东、广西、四川、贵州等。

甘薯台龟甲 *Cassida circumdata* Herbst

鉴别特征：体长 4~7 mm。前胸背板、鞘翅四周向外延伸呈“龟”状，延伸部分具网状纹，前胸背板后方中央有 2 条紧靠的黑斑纹，有的合并。鞘翅背面隆起处边缘有 1 个黑色至黑褐色“V”形斑。

分布：云南（昭通等）、江苏、浙江、湖北、江西、湖南、福建、台湾、广东、海南、广西、贵州。

甜菜大龟甲 *Cassida nebulosa* Linnaeus

鉴别特征：体长 6~8 mm。体色变异较大。前胸背板近半圆形，基侧角甚阔圆；表面满布粗密刻点，盘区中央具 2 个微隆突起。鞘翅除敞边基半部外，满布不规则的小黑斑，能长大到鞘翅肩角。

分布：云南（昭通等），全国广布；欧洲国家。

红端趾铁甲 *Dactylispa sauteri* Uhmann

鉴别特征：体长约 4 mm。体较短阔，黑色。触角、足及腹部淡棕黄。前胸横阔，中央有 1 个无刻点纵斑；前缘刺每侧 3 个，侧缘刺每侧 4 个。鞘翅侧缘敞出，侧缘及端缘具刺 15 个左右。

分布：云南（昭通等）、浙江、湖北、江西、福建、台湾、广东、广西、四川。

三带椭龟甲 *Glyphocassis trilineata* (Hope)

鉴别特征：体长 5~6 mm。体背边缘棕黄色。额唇基次方形，表面隆起，刻点粗深。前胸背板半圆形，后缘微弓出，光洁无刻点。鞘翅基部与前胸近等宽，刻点细，排列不整齐，行距宽。爪附齿。

分布：云南（昭通等）、湖北、广西；印度，尼泊尔，越南。

甘薯蜡龟甲 *Laccoptera nepalensis* Boheman

鉴别特征：体长 7~10 mm。体近三角形。触角 11 节，黄褐色，雌虫末端 3 节为黑色，雄虫末端 5 节为黑色。前胸背板和两鞘翅向外延伸部分为黄褐色半透明，有网状纹，其余部分暗褐色。

分布：云南（昭通等）、江苏、浙江、湖北、福建、台湾、广东、海南、广西、四川、贵州。

黑斑厚缘叶甲 *Aoria bowringii* (Baly)

鉴别特征：体长 5~6 mm。触角细长，约达体长之半。前胸近于球形，无侧边，后缘呈稍隆起的边框状，并稍有弯曲，中部向后略突出，盘区刻点大而深，较鞘翅的稀疏，毛被也较疏短。

分布：云南（昭通等）、江苏、湖北、江西、广东、海南、广西、贵州。

褐足角胸叶甲 *Basilepta fulvipes* (Motschulsky)

鉴别特征：体长 3~5 mm。体卵形或近于方形，体色变异较大。头部刻点密而深刻。前胸背板宽短，宽近于或超过长的 2 倍，略呈六角形。鞘翅基部隆起，后面有 1 条横凹。

分布：云南（昭通等），全国广布；俄罗斯，韩国，蒙古等。

隆基角胸叶甲 *Basilepta leechi* (Jacoby)

形态特征：体长 3~6 mm。头部刻点大而深，较密，触角达到或超过体长之半。前胸背板宽约为长的 1.5 倍，侧缘中部稍突出成 1 小三角。鞘翅肩部隆起，肩部内侧的基部隆起如球形，二者之间有 1 条纵沟。

分布：云南（昭通等）、江苏、浙江、湖北、江西、福建、广东、广西、重庆、四川、贵州；越南。

圆角胸叶甲 *Basilepta ruficollis* (Jacoby)

鉴别特征：体长 4~5 mm。头红褐色，前胸背板红褐色，触角基部 3 节红褐色，其余黑褐色。小盾片、鞘翅、足及身体腹面黑色。头顶刻点粗大、稀疏，鞘翅刻点细小、稀疏，成纵行排列。

分布：云南（昭通等）、浙江、湖北、福建、台湾、广西、四川、贵州；日本。

葡萄叶甲 *Bromius obscurus* (Linnaeus)

形态特征：体长 4~6 mm。头部刻点粗密，触角第 1~4 节棕黄或棕红，有时第 1 节大部黑褐色。前胸背板后缘中部突出，盘区密布大而深的刻点，被白色卧毛。鞘翅盘区刻点细密，不规则排列，被白色卧毛。

分布：云南（昭通等），全国广布。

中华萝藦肖叶甲 *Chrysochus chinensis* Baly

形态特征：体长 7~14mm。头部具刻点，头中央具 1 条细纵纹，有时此纹不明显，在触角的基部各有 1 个稍隆起光滑的瘤。前胸背板长大于宽，基端两处较狭，盘区中部高隆，两侧低下，如球面形。

分布：云南（昭通等），全国广布；朝鲜，日本等。

李叶甲 *Cleoporus variabilis* (Baly)

形态特征： 体长 3~4 mm。体色变异大，头部红褐色，光亮，有时头顶为黑色。前胸前侧片全部或仅前半部红褐色，有的个体完全红铜色，或头部、胸部和小盾片土红色。鞘翅墨绿色并有闪光。

分布： 云南（昭通等），全国广布；朝鲜，日本，菲律宾，俄罗斯等。

甘薯叶甲 *Colasposoma dauricum* Mannerheim

形态特征： 体长 5~7 mm。体色变化大，多为蓝黑色，有金属光泽。触角 11 节，端部 5 节略扁平。头、胸部背面密布刻点，前胸背板呈横长方形，小盾片近方形。鞘翅布满刻点，肩胛隆起，刻点粗而明显。

分布： 云南（昭通等），除西藏外全国广布；朝鲜，日本。

蒿金叶甲 *Chrysolina aurichalcea* (Mannerheim)

形态特征：体长约 6 mm。触角第 1、2 节端部和腹面棕黄，触角细长，约为体长之半。前胸背板刻点很密，粗刻点间有极细刻点，侧缘纵隆，隆内凹，以基部较深。鞘翅刻点较胸部的更粗、深。

分布：云南（昭通等），全国广布；俄罗斯，朝鲜等。

杨叶甲 *Chrysomela populi* Linnaeus

形态特征：体长 8~13 mm。头、前胸背板蓝色或蓝黑、蓝绿，具铜铝光泽。头部刻点细密，中央略凹。触角向后略过前胸背板基部，端末 5 节较粗。前胸背板宽约为长的 2 倍，侧缘微弧，前角突出。

分布：云南（昭通等），全国广布；俄罗斯，蒙古，朝鲜，韩国，日本以及印度等。

黑胸扁叶甲 *Gastrolina thoracica* Baly

形态特征：体长 6~9 mm。头小，中央凹陷，刻点密，刻点间光滑，触角向后稍过鞘翅肩胛。前胸背板宽约为中部长度的 2.5 倍，基部明显狭于鞘翅。鞘翅刻点粗密，每翅有 3 条纵肋，彼此等距。

分布：云南（昭通等）、黑龙江、吉林、辽宁、河北、甘肃、湖北、四川；俄罗斯，朝鲜等。

核桃扁叶甲 *Gastrolina depressa* Baly

形态特征：体长 5~8 mm。体略呈长方形。触角短，不及体长之半，第 3 节较细长。前胸背板基部狭于鞘翅，前缘凹进很深。头部及鞘翅上有粗大的刻点。鞘翅蓝紫色，有光泽。雌虫产卵期腹部彭大似球。

分布：云南（昭通等）、黑龙江、北京、河北、河南、陕西、甘肃、湖北、浙江等；俄罗斯，朝鲜等。

蓼蓝齿胫叶甲 *Gastrophysa atrocyanea* Motschulsky

形态特征：体长 5~6 mm。头部刻点相当粗密、深刻，唇基呈皱状，触角向后超过鞘翅肩胛。前胸背板横阔，侧缘在中部之前拱弧，盘区刻点粗深，中部略疏。翅基部较前胸略宽，表面刻点更粗密。

形态：云南（昭通等），全国广布；俄罗斯，朝鲜等。

蓝胸圆肩叶甲 *Humba cyanicollis* (Hope)

鉴别特征：体长 10~15 mm。体蓝黑色、黑紫或绿紫色，触角基部 6 节铜绿色，末端 4 节黑色。鞘翅淡棕或深红棕色，具 3 条无刻点纵区。腹面腹部（除第 1 节中部，有时包括第 2 节基部外）红棕色。

分布：云南（昭通等）、甘肃、湖北、湖南、广东、广西、贵州等；越南，缅甸，斯里兰卡等。

桤木里叶甲 *Linaeidea placida* (Chen)

鉴别特征：体长约 7 mm。体金绿色或蓝紫色，头顶中央凹陷，密布皱状刻点，触角基部棕红色，端部 4 节黑色。前胸背板中部蓝绿色，两侧棕红色且各具 1 个圆斑。足、腹部外侧缘及端缘棕红色。

分布：云南（昭通等）、甘肃、四川、西藏。

十八斑牡荆叶甲 *Phola octodecimguttata* (Fabricius)

形态特征：体长 5~6 mm。头顶中央具 1 小黑斑，前胸背板 3 个小黑斑，排成倒三角形。鞘翅具 8 个乳白色圆形斑，排成 4 排，其中基部 2 斑较小，另鞘翅外侧缘和端缘为乳黄色，中缝为深棕色。

分布：云南（昭通等）、山东、陕西、甘肃、江苏、安徽、湖北、湖南、福建、广东等；日本，印度等。

黑斑柱萤叶甲 *Gallerucida nigropicta* Fairmaire

形态特征：体长 5~7 mm。头顶具稀疏刻点，在头顶与角后瘤之间的中部有几根灰色毛，复眼内侧具 1 列毛。前胸背板两侧较圆，盘区四周及中部两侧凹窝内具粗深刻点，其他部位杂有细刻点。

分布：云南（昭通等）、湖北、四川。

长角黑丝跳甲 *Hespera krishna* Maulik

形态特征：体长约 3 mm。头顶被以与前胸背板同样粗密的刻点和毛，光亮，触角细长，向后伸展迫近鞘翅末端。前胸背板刻点粗密混乱。鞘翅在中部后明显加宽，末端宽圆，底面呈颗粒状，相当粗糙。

分布：云南（昭通等）、湖北、湖南、西藏。

黄斑长跗萤叶甲 *Monolepta signata* (Olivier)

形态特征：体长 3~5 mm。头、前胸、腹部、足腿节橘红色，上唇、小盾片、中胸、后胸腹板、足胫节及跗节、触角端部红褐色至黑褐色，鞘翅褐色至黑褐色，每翅上各具浅色斑 2 个，斑前方缺刻较大。

分布：云南（昭通等），全国广布；印度，尼泊尔。

黑跗瓢萤叶甲 *Oides tarsatus* (Baly)

鉴别特征：体长 9~15 mm。体卵形，黄褐色。触角末端 4 节 (有时 5~6 节)，后胸腹板，腹部两侧及跗节黑褐至黑色。前胸背板表面具细密刻点。鞘翅缘折小于翅宽的 1/4，翅面刻点明显。

分布：云南（昭通等）、河北、陕西、江苏、湖北、江西、湖南、福建、广东、广西、四川、贵州。

宽缘瓢萤叶甲 *Oides laticlava* (Fairmaire)

形态特征：体长约 12 mm。体黄褐色，触角末端 4 节黑褐色。前胸背板具不规则的褐色斑纹，有时消失。每个鞘翅具 1 条较宽的黑色纵带，其宽度略窄于翅面最宽处的 1/2，有时鞘翅完全淡色。

分布：云南（昭通等）、山东、陕西、江苏、上海、湖北、江西、湖南、广西、四川、贵州等。

黄色凹缘跳甲 *Podontia lutea* (Olivier)

形态特征：体长约 12 mm。体棕红色，触角基部 4 节棕红色，其余黑色。上颚端缘黑色，触角 1~2 节黄色，余节黑色。足的胫、跗节黑色，余同体色。鞘翅有黄色大型云状斑纹，分布在前、后部及中缝中部。

分布：云南（昭通等）、陕西、江苏、安徽、浙江、湖北、江西、湖南、广东、四川等；缅甸，越南等。

膨宽缘萤叶甲 *Pseudosepharia dilatipennis* (Fairmaire)

形态特征：体长 5~6 mm。头顶具明显刻点，角后瘤三角形，光滑无刻点，触角长超过鞘翅中部。前胸背板宽约为长的 2 倍多，两侧较直，盘区具较明显的刻点。鞘翅基部窄，中部变宽，端部又变窄。

分布：云南（昭通等）、湖北。

卷象甲科 Attelabidae

膝异卷象甲 *Heterapoderus geniculatus* Legalov

鉴别特征：体长约 8 mm。体深红褐色。头部基部逐渐缩窄，背面有浅横纹，中线明显，端部有浅洼。触角着生于喙背面近基部中间瘤突的两侧。腿节较短粗，端部常为黑色。

分布：云南（昭通等）、河北、江苏、上海、浙江、江西、湖南、福建、广东、广西、四川、贵州。

胡枝子卷叶象甲 *Leptapoderus carbonicolor* (Motschulsky)

鉴别特征：体长 6~7 mm。体黑色。触角、足、前胸背板局部黄褐色，鞘翅具少数明亮斑点。头长卵形，眼突起。前胸背板梯形；小盾片几乎为半圆形。鞘翅近矩形，腿节末端膨大，黑色。

分布：云南（昭通等）、黑龙江、辽宁、北京、山东、河南、湖北、广西。

锥象甲科 Brentidae

甘薯蚁象甲 *Cylas formicarius* (Fabricius)

鉴别特征：体长 5~8 mm。触角棒节、前胸及足呈红褐色，身体其余部分均为蓝黑色，具金属光泽。鞘翅呈长卵形，显著隆起，较前胸为宽。足细长，腿端部膨大呈棒状，色稍呈深褐色。

分布：云南（昭通等）、浙江、江西、湖南、福建、台湾、广东、广西、四川、贵州。

长角象甲科 Anthribidae

粗角平行长角象甲 *Eucorynus crassicornis* (Fabricius)

鉴别特征：体长约 8 mm。体壁黑褐色。喙宽短，颏扁平，密生白色毛。背面被黑色毛，掺杂黄色和白色毛，在翅端部 1/3 处更为明显；小盾片小，被白色毛。足被白色毛，胫节中部外侧被黑色毛。

分布：云南（昭通等）、北京、陕西、福建、台湾、海南、香港、广西；俄罗斯，日本等。

象甲科 Curculionidae

棉小卵象甲 *Calomycterus obconicus* Chao

鉴别特征：体长 3~4 mm。体暗灰色。头梯形，喙粗短，末端褐色，复眼黑色。前胸背板具很多小粒状突起，密生暗灰色鳞毛。鞘翅翅面具纵行刻点纹 10 条，且密生圆形灰白色鳞片，纹间稍隆起。

分布：云南（昭通等）、河北、陕西、江苏、浙江、福建、广东、四川。

基绒象甲 *Demimaea basalis* Kôno

鉴别特征：体长约 5 mm。体背黑色具白色及褐色斑纹，头黑色密布刻点，翅鞘斑纹复杂，主要有 3 条白色横带，第 2 列横带呈“V”形纹，翅端白色，翅缝褐色，各足腿节具白色绒毛。

分布：云南（昭通等）、山东、江苏、浙江、湖北、福建、广东、海南、广西、重庆、四川、贵州。

淡灰瘤象甲 *Dermatoxenus caesicollis* (Gyllenhal)

鉴别特征：体长约 14 mm。体卵形，黑色，密被淡灰色鳞片，散布倒状鳞片状毛。鞘翅基部略宽于前胸基部，向后逐渐放宽，翅坡最宽，基部中间黑，与前胸基部的黑斑连成 1 个三角形黑斑。

分布：云南（昭通等）、江苏、安徽、浙江、江西、福建、台湾、广西、重庆、四川。

长尖光洼象甲 *Gasteroclisus klapperichi* Voss

鉴别特征：体长约 10 mm。体黑褐色。密布细毛，灰色，倒伏，通常稀薄。触角柄节和索节暗红色。前胸背板中线两侧具“V”形斑纹；鞘翅末端各具 1 瘤状突出，翅瘤后具 1 深洼。足沥青褐色。

分布：云南（昭通等）、浙江、江西、福建、广西、四川。

枇杷小梨象甲 *Miniapion sulcirostre* (Sharp)

鉴别特征：体长 2~3 mm。体黑色，被白毛。喙粗壮，弯曲；触角第 5~8 节球状，最后一节圆锥状。鞘翅背部隆起，呈半球形，具明显纵沟，鞘翅中央红色。足黑色，腿节粗壮，跗节 4 节。

分布：云南（昭通）；日本。

小齿斜脊象甲 *Phrixopogon excisangulus* (Reitter)

鉴别特征：体长约 5 mm。体长椭圆形，黑色，体表覆盖绿色铜质鳞片。触角纤细，索节和鞭节浅棕色；复眼黑色，不突出，两眼间具 1 条黑色纵纹。翅基部两侧各具 1 个黑色斑点。足浅棕色。

分布：云南（昭通等）、江苏、浙江、上海、台湾。

玉米象甲 *Sitophilus zeamais* (Motschulsky)

鉴别特征：体长 3~4 mm。体筒形，红褐色或黑褐色。头部额区向前延长成喙。鞘翅长形，后缘细而尖圆，鞘翅基部、端部各具 1 条橙黄色斑纹；足 3 对，前足粗大，后、中足次之。

分布：云南（昭通等），全国广布。

甘薯胸骨象甲 *Sternuchopsis waltoni* (Boheman)

鉴别特征：体长 12~14 mm。体黑色或黑褐色，少数红褐色。体表被有灰色、灰褐色、土黄色或红棕色鳞毛。复眼稍大。前胸背板镶入两鞘翅基部中央，每个鞘翅表面有 10 条纵沟，形成纵隆线 11 条。

分布：云南（昭通等）、陕西、浙江、湖北、江西、湖南、福建、台湾、广东、香港、广西、四川、贵州。

毛翅目

Trichoptera

毛翅目昆虫的翅面具粗细不等的毛，成虫通称石蛾，幼虫通称石蚕，全世界已知 12 800 余种，中国已知 1 100 余种。

成虫小型到中型，外形似蛾类。口器咀嚼式，但几乎退化而失去咀嚼功能。前翅略长于后翅，狭窄，休息时翅呈屋脊状覆于体背。成虫常见于溪水边，主要在黄昏和晚间活动，白天隐藏于植物中，不取食固体食物，但可吸食花蜜或水。

完全变态。幼虫水生，靠鳃或皮肤呼吸，可建造移动巢，多数依靠水生微生物生存，少数种类诱捕小型水生生物。结巢习性在多数科中高度发达，巢的形状各异，材料多样，如小石头、沙粒、叶片以及蜗牛壳等。化蛹前，幼虫在石头或其他支持物上结茧，蛹成熟后依靠上颚破茧而出，在树干或石头上羽化为成虫。

幼虫喜清洁的水，对水中的溶解氧较为敏感，并对某些有毒物质的忍受力较差，因而可作为监测水质的指示昆虫，用于评估水质和人类活动对水生态系统的影响。

纹石蛾科 Hydropsychidae

长角纹石蛾 *Macrostemum* sp.

形态特征：体中大型。体色多样，可为绿色、黄色或褐色。触角较长，节数较多，具有黑白相间的斑纹。前翅细长且常密布黄褐短毛和黑褐斑点。后翅灰暗或半透明状。

分布：云南（昭通）。

等翅石蛾科 Philopotamidae

等翅石蛾 Philopotamidae sp.

形态特征：体中型。体浅褐色或黑褐色。头部具有单眼 3 个，下颚须 5 节，且第 5 节有明显环纹。触角长，通常长度大于展翅。中胸背板光滑无毛瘤。翅上具被毛，如屋脊状折叠于腹部之上。

分布：云南（昭通）。

长角石蛾科 Leptoceridae

突长角石蛾 *Ceraclea* sp.

形态特征： 体中型。头、胸部黑褐色，额黄褐色，头部刚毛白色。侧面观第 9 节近腹部 1/3 呈宽矩形，中部突然收缩。背面观左右上附肢基部 1/3 愈合，端部渐收狭，呈指形，末端下曲。

分布： 云南（昭通）。

石蛾科 Phryganeidae

褐纹石蛾 *Eubasilissa* sp.

形态特征： 体大型。头部和胸部背面通常呈黑褐色，前翅呈褐色，前缘散布有橘黄色波浪形横纹。触角相对较长。翅上被有细毛，且通常折叠于腹部之上。

分布： 云南（昭通）。

舌石蛾科 Glossosomatidae

舌石蛾 *Glossosoma* sp.

形态特征：体小型。成虫具单眼；下颚须第 1~2 节粗短，第 2 节呈圆球形；胫节距式 0-2~4-3~4；雌虫中足胫节与跗节宽扁；后翅 R_1 长而完整，与 R_2 几平行，终止于翅的边缘，分径室封闭，通常大。

分布：云南（昭通）。

螯石蛾科 Hydrobiosidae

竖毛石蛾 *Apsilochorema* sp.

形态特征：体小型。头窄于前胸。触角线形，短于前翅长。下颚须 5 节，每节均等长。复眼突出于头部两侧，单眼 3 个或缺。前胸窄，前胸背板有 1 对毛瘤。翅较宽，翅缘圆滑。

分布：云南（昭通）。

原石蛾科 Rhyacophilidae

喜原石蛾 *Himalopsyche* sp.

形态特征：体小型。体多为黑褐色或棕色，身体表面覆盖有细密的鳞片。成虫具有单眼。下颚须分为5节，其中第1、2节粗短，第2节呈圆球形。翅宽大，翅形多变，翅脉和斑纹也可能有差异。

分布：云南（昭通）。

鳞翅目
Lepidoptera

鳞翅目是昆虫纲中的第二大目，包括蝶、蛾两类，中国已知 25 000 余种，世界已知约 200 000 种。

完全变态，一生经历卵、幼虫、蛹和成虫 4 个阶段。幼虫通常具有咀嚼式口器，成虫多为虹吸式口器，具有细长的、能吸吮花蜜的喙，但也有少数类群成虫口器为咀嚼式或退化。成虫体躯密被鳞片，鳞片的功能包括增添色彩、辨识种类、防水、调节温度、防卫天敌等。很多种类的幼虫具有特殊的防御手段，包括刺或刺激性的纤毛，有毒物质或难闻的气味，鲜艳的警戒色或各种拟态现象。

蝶类通常白天活动，蛾类则多夜间活动，常有趋光性，但也有少数日行性或晨昏性的蛾类。有些种类的成虫有季节性远距离迁飞的习性。

幼虫绝大多数为植食性，有的钻入植物组织为害，潜食叶肉，钻蛀茎干；有的侵蛀芽、花、种子等部位，有时还能引致虫瘿；还有部分生活于土壤中，咬食植物根部，因而很多种类是重要的农林害虫。还有些种类取食仓库粮食、物品或皮毛，是重要的仓储害虫。

三尾凤蝶 *Bhutanitis thaidina* (Blanchard)

鉴别特征：体大型。前翅翅表由 8 条自前缘至内缘的横线划为 9 个青铜黑色宽横带区。后翅具黄色宽线，外缘呈扇形；端部有 1 个大红斑、4 个橙黄色月形斑及 3 个浅蓝色盘域中点。

分布：云南（昭通等）、陕西、四川、西藏。

粗绒麝凤蝶 *Byasa nevilli* (Wood-Mason)

鉴别特征：体大型。雌雄翅色皆偏灰色；尾突较宽且浑圆。尾突端无红斑。后翅面 2 个大白斑有时带红色；红色亚缘新月斑翅里比翅面大。两性后翅里中室具 2 条明显黑脉纹。

分布：云南（昭通等）、四川、西藏；印度，缅甸。

突缘麝凤蝶 *Byasa plutonius* (Oberthür)

鉴别特征：体大型。翅灰黑色，翅脉两侧黑褐或灰褐色；后翅外缘凹刻很深，后翅尾突前后齿明显突出，有 4 个或 5 个红色或带红色的亚缘斑，末端明显膨大；外缘的月牙状红斑有时不明显。

分布：云南（昭通等）、陕西、四川、西藏；印度，不丹，缅甸。

青凤蝶 *Graphium sarpedon* (Linnaeus)

鉴别特征：体大型。翅黑褐色。前翅有 1 列青色方斑，近前缘的 1 斑最小。后翅前缘中部到后缘中部有 3 个斑，近前缘 1 斑白色或淡青色；外缘区有 1 列新月形青蓝色斑纹；无尾突。

分布：云南（昭通等）、陕西、浙江、湖北、江西、湖南、福建、台湾、四川、贵州、西藏等。

燕凤蝶 *Lamproptera curia* (Fabricius)

鉴别特征：体大型。翅黑色；前翅中内区有 1 条灰白色带，端半部透明。后翅狭长，尾突特长，从前缘中部斜向尾突有 1 条灰白色带。翅反面前、后翅基部灰白色，其余与正面相似。

分布：云南（昭通等）、广东、海南、香港、广西、四川。

红珠凤蝶 *Pachliopta aristolochiae* (Fabricius)

鉴别特征：体大型。体背黑色，胸侧、腹部末端密生红色毛。前、后翅黑色；后翅中室外侧的白斑列 3~5 个，外缘波状，翅缘有 6~7 个粉红色斑。后翅反面斑比正面明显，臀缘具 1 条红斑纹。

分布：云南（昭通等）、河北、河南、陕西、浙江、江西、湖南、福建、台湾、广东、四川等。

碧凤蝶 *Papilio bianor* Cramer

鉴别特征：体大型。体翅黑色；前翅端半部色淡，翅脉间散布金蓝或金绿色鳞片；后翅亚外缘有 6 个粉红或蓝色飞鸟形斑，臀角有 1 个半圆形粉红色斑；尾突布有弥散蓝及绿色亮鳞片。

分布：云南（昭通等）、黑龙江、辽宁、河北、山西、安徽、台湾、广东、广西、四川、西藏等。

金凤蝶 *Papilio machaon* Linnaeus

鉴别特征：体大型。翅背面底色黑褐色，翅脉黑色，翅室具黄斑；前翅背面基部呈暗黄色，亚外缘内具 1 列小黄斑；后翅背面亚外缘区具黑宽边，臀区具 1 橘红色圆斑，后翅具 1 对尾突。

分布：云南（昭通等），全国广布。

宽带凤蝶 *Papilio nephelus* Boisduval

鉴别特征：体大型。雄蝶翅背面黑色，前翅具土黄色中室纹和脉间纹；后翅亚顶区具 4 块小斑构成的牙白色大斑。雌蝶翅色暗淡，后翅白斑宽阔，腹面向臀角延伸为带状。

分布：云南（昭通等）、江西、福建、台湾、广西。

巴黎翠凤蝶 *Papilio paris* Linnaeus

鉴别特征：体大型。翅黑褐色，散生金绿色鳞片。前翅亚外缘有金绿色小斑列。后翅前面、中室外有 1 大块金蓝色斑。后翅臀角有 1 个粉红色弦月斑；反面亚外缘具红色飞鸟形斑列。

分布：云南（昭通等）、河南、陕西、浙江、江西、福建、台湾、广东、海南、香港、广西等。

柑橘凤蝶 *Papilio xuthus* Linnaeus

鉴别特征：体大型。底色黑褐色，翅脉黑色，各翅室内具长短不一的黄白色斑；前翅中室具 4 条近乎平行的黄色线纹，后翅臀区具 1 个橘红色的圆斑，内具 1 个黑点；后翅具细长尾突。

分布：云南（昭通）、河南、陕西、广东、海南、香港、广西、四川、贵州等；日本，菲律宾等。

粉蝶科 Pieridae

暗色绢粉蝶 *Aporia bieti* Oberthür

鉴别特征：体中型。翅色泛黄，前翅背面顶角及外缘黑褐色，外缘翅脉末端斑纹明显，黑色加宽变暗，中室端斑黑色。后翅背面翅脉较淡，黑褐色。中室稍微狭窄，翅基黑色。

分布：云南（昭通等）、甘肃、四川、西藏。

倍林斑粉蝶 *Delias berinda* (Moore)

鉴别特征：体中型。翅背面红褐色至黑色，前翅翅表斑纹灰白色，亚外缘斑 7 个，线状。后翅正面中域斑纹比前翅稍宽。反面黑褐色，前翅亚外缘斑为黄色和白色。中室内有白色条斑。

分布：云南（昭通等）、陕西、湖北、江西、福建、广西、四川、贵州、西藏；印度，越南等。

北黄粉蝶 *Eurema mandarina* (de l'Orza)

鉴别特征：体中型。翅黄色，正面前翅外缘有黑色带其内侧在 M_3 脉和 Cu 脉处向外凹入，夏型该带较宽，秋型较窄或消失，仅顶角处黑色。后翅外缘有较窄的黑带，秋型退化为脉端的黑点。

分布：云南（昭通等）、江苏、上海、湖北、江西、福建、台湾、海南、香港、广西；朝鲜，日本。

圆翅钩粉蝶 *Gonepteryx amintha* Blanchard

鉴别特征：体中型。体被黄色鳞毛，翅深黄色。雄蝶翅面淡黄色，前翅前缘从第 4 脉起有紫褐色小点；后翅 7 脉显著，翅里暗黄色，中室端斑暗红色。雌蝶背面及腹面底色为淡黄白色。

分布：云南（昭通等）、河南、陕西、甘肃、浙江、福建、四川、西藏；俄罗斯，朝鲜。

鹤顶粉蝶 *Hebomoia glaucippe* (Linnaeus)

鉴别特征：体大型。雄蝶翅白色，前翅前缘及外缘黑色，前缘和外缘近后角处有黑色锯齿状斜纹；后翅外缘脉端有黑箭头纹。雌蝶黄白色，反面前翅端半部和整个后翅满布褐色细纹。

分布：云南（昭通等）、河南、陕西、甘肃、福建、海南、广西、四川、西藏。

东方菜粉蝶 *Pieris canidia* (Linnaeus)

鉴别特征：体中型。翅正面白色，前翅前缘脉黑色，顶角有三角形黑斑与外缘的黑斑相连；后翅前缘中部有 1 个黑斑；后翅外缘各脉端均有三角形黑斑。翅反面白色，前翅有 2 个黑斑。

分布：云南（昭通等），全国广布；土耳其，朝鲜，印度，缅甸，越南，老挝，泰国，柬埔寨。

黑纹粉蝶 *Pieris erutae* Poujade

鉴别特征：体中型。翅白色，脉纹黑色。前翅脉纹、顶角及后缘均黑色，近外缘的 2 个黑斑较大；后翅前缘外具 1 个黑圆斑。翅背面前翅顶角和后翅有黄色鳞粉，后翅基角具 1 个橙黄色斑点。

分布：云南（昭通等）、河北、陕西、甘肃、江苏、浙江、湖北、广西、贵州等；朝鲜，日本。

云粉蝶 *Pontia edusa* (Fabricius)

鉴别特征：体中型。前翅白色，正面有 1 个黑色中室端斑，顶角处白斑有 1 条白线连到翅缘；后翅反面黄绿色，从前缘经外缘到内缘有 9~10 个近圆形的短白斑，中室内有圆形白斑。

分布：云南（昭通等）、吉林、山东、河北、河南、江苏、上海、广西、四川、西藏等；印度。

紫闪蛱蝶 *Apatura iris* (Linnaeus)

鉴别特征：体中型。翅背面底色黑褐色，雄蝶有紫色闪光。前翅有白斑，中室有 4 个黑点；反面有 1 个黑色蓝瞳眼斑。后翅中央有 1 条白色横带且上端很宽，下端尖削成楔形带。

分布：云南（昭通等）、黑龙江、吉林、河北、河南、陕西、湖北、湖南等；日本，朝鲜等。

阿芬眼蝶 *Aphantopus hyperantus* (Linnaeus)

鉴别特征：体中型。背面翅褐色；前翅 3 个眼斑前后翅亚缘各 2 个黑眼斑，前翅基部翅脉膨大；后翅 5 个眼斑，前 2 个眼斑位于中线处，后 3 个位于亚外缘处。腹面翅色棕褐色。

分布：云南（昭通等）、内蒙古、北京、河北、四川、西藏；俄罗斯，蒙古，朝鲜。

曲纹蜘蛱蝶 *Araschnia doris* Leech

鉴别特征：体中型。翅正面黑褐色，前后翅亚基部具橙黄色条纹。反面基半部翅脉、亚基部条纹、中带及外侧浅色区均为浅黄白色，浅色区上内列斑纹为棕褐色，具1列淡蓝紫色圆斑。

分布：云南（昭通）、河南、陕西、江苏、安徽、浙江、湖北、江西、湖南、福建、重庆、四川。

银豹蛱蝶 *Childrena childreni* (Gray)

鉴别特征：体大型。翅正面橙黄色，斑纹黑色。前翅有1条黑细线和1列相连的小斑。雄蝶有黑褐色性标；后翅外缘波状，后缘近基部密披橙黄色长毛，外缘中下部有青蓝色区。

分布：云南（昭通等）、河南、陕西、浙江、湖北、江西、福建、广东、四川、西藏；印度，缅甸。

斐豹蛱蝶 *Argyreus hyperbius* (Linnaeus)

鉴别特征：体中型，雌雄异型。雄蝶翅橙黄色，后翅外缘黑色具蓝白色细弧纹，翅面布黑斑；雌蝶前翅端紫黑色有白色斜带。反面前翅顶角暗绿色有小斑；后翅亚外缘有 5 个银白色小点。

分布：云南（昭通等），全国广布；日本，尼泊尔，孟加拉国，缅甸，泰国，菲律宾，印度尼西亚。

绿豹蛱蝶 *Argynnis paphia* (Linnaeus)

鉴别特征：体中型，雌雄异型。雄蝶翅橙黄色，雌蝶暗灰色或灰橙色，黑斑较发达。雄蝶前翅有 4 条性标，翅端有 3 列黑色圆斑，后翅灰绿色，有白色线及眼状纹和 3 条白色斜带。

分布：云南（昭通等），全国广布。

奥蛱蝶 *Auzakia danava* (Moore)

鉴别特征：体中型，雌雄异型。雄蝶翅背面黑褐色，前翅腹面顶角白色，有暗白色纹斜中带，后翅斑点，端外具 2 条“V”形纹。雌蝶翅背面黑色，有白色中带贯穿前后翅。

分布：云南（昭通等）、江苏、浙江、江西、湖南、福建、广东、四川、西藏；印度，越南等。

珍蛱蝶 *Clossiana gong* (Oberthür)

鉴别特征：体中型。前翅基部、后缘区、后翅基半部黑褐色，上有黄毛。前后翅外缘有“V”形斑；后翅亚外缘有 1 列眼斑；基半部有几个珍珠白色斑，中室内有 1 个围黄环的黑点。

分布：云南（昭通等）、陕西、甘肃、青海、四川、西藏。

布翠蛱蝶 *Euthalia bunzoi* Sugiyama

鉴别特征：体中型。雄蝶翅背面呈青铜色。翅面斑纹与峨眉翠蛱蝶较相似，但后翅黄斑的中室端部 1 个黑色缺刻，雌蝶翅背面呈青铜色，后翅中室有明显的缺刻，翅腹面呈淡绿色。

分布：云南（昭通等）、甘肃、浙江、江西、湖南、福建、广东、广西、重庆、四川；越南。

圆睛舜眼蝶 *Loxerebia rurigena* (Leech)

鉴别特征：体中型。前翅亚顶角有 1 个大型带黄圈的黑眼斑，内双瞳点白色，背面黑褐色，雄蝶前翅中室下方及外侧有性标；腹面前翅眼斑两侧有深色线纹，后翅中域有白色鳞片。

分布：云南（昭通等）、陕西、四川、贵州。

蒺藜纹脉蛱蝶 *Hestina nama* (Doubleday)

鉴别特征：体中型。翅面黑色，有尖形白斑，前翅中室内白斑分开，后缘一室有 2 条平行白条纹，后翅基半部脉间白色，端部有亚缘及缘小白斑列。前翅顶角、后半部及后翅端区深褐色。

分布：云南（昭通等）、海南、广西、四川；印度，尼泊尔，缅甸，泰国。

枯叶蛱蝶 *Kallima inachus* (Boisduval)

鉴别特征：体大型。翅正面黑褐色，前翅顶角尖出，顶区有 1 个小白点，中部有条橙色斑带；后翅臀角呈叶柄状。反面翅色多变，前翅顶角至后翅臀角有条黑色中线。

分布：云南（昭通等）、安徽、浙江、湖北、江西、湖南、福建、台湾、广东、贵州；缅甸，泰国。

白带黛眼蝶 *Lethe confusa* Aurivillius

鉴别特征：翅背面黑褐色，腹面棕褐色。前翅顶角处有 3 个眼斑，中央有 1 条宽阔的白色斜带。后翅外中区及内中区各有 1 条紫白色中带，外侧中带曲折，亚外缘有 6 个眼斑

分布：云南（昭通等）、浙江、福建、广东、香港、广西、四川、贵州。

白条黛眼蝶 *Lethe albolineata* (Poujude)

鉴别特征：前翅腹面有 3 条倾斜白色带，其中中室内的白色带较短，亚外缘白带外侧有 1 列小眼斑。后翅中部有 1 条白带，亚外缘有 1 列眼斑，眼斑边伴有 1 条白带。

分布：云南（昭通等）、甘肃、江西、福建、四川。

波纹黛眼蝶 *Lethe rohria* (Fabricius)

鉴别特征：体中型。雄蝶翅背面灰褐色，翅腹面浅褐色，前翅中央有白色斜带，前后翅外缘有橙色细带，内侧有白纹，亚外缘有弧状的眼斑，翅基部有白色线贯穿翅面。

分布：云南（昭通等）、福建、台湾、广东、海南、香港、广西、四川。

泰妲黛眼蝶 *Lethe titania* Leech

鉴别特征：体中型。后翅背面眼斑大而圆，排列紧密，前翅腹面外侧横带边界模糊，亚外缘眼斑为 3 个，后翅外缘自上而下的第 4 个眼斑内几乎全为白色，后翅的 2 条中带几乎平行。

分布：云南（昭通等）、湖北、江西、广东、重庆、四川。

玉带黛眼蝶 *Lethe verma* (Kollar)

鉴别特征：体中型。翅正面黑褐色，前翅前缘中部至后角有 1 条弧形宽阔白带。翅反面前翅顶角有 3 个眼状斑；后翅有淡色波曲的内线、中线、缘线，亚缘有 6 条眼状纹。

分布：云南（昭通等）、浙江、江西、福建、台湾、广东、海南、广西、四川；印度，尼泊尔等。

残锷线蛱蝶 *Limenitis sulpitia* (Cramer)

鉴别特征：体中型。翅正面黑褐色，斑纹白色，前翅中室内剑眉状纹在 2/3 处残缺；前翅中横斑列弧排列，后翅中横极倾斜，到达翅后缘的 1/3 处。翅反面红褐色，具黑、白色斑及白色外缘线。

分布：云南（昭通等）、河南、湖北、广东、海南、香港、广西、四川等；印度，缅甸，越南。

林区舜眼蝶 *Loxerebia sylvicola* (Oberthür)

鉴别特征：体中型。背面翅色黑褐色，前翅顶有 1 个椭圆形眼斑，双瞳点白色，后翅亚缘有黑斑 3~4 个，眼圈红色；腹面前翅砖红色，顶区椭圆形眼斑，后翅多云纹，亚缘带内黑眼斑 1 列。

分布：云南（昭通等）、青海、四川。

亚洲白眼蝶 *Melanargia asiatica* (Oberthür & Houlbert)

鉴别特征：体中型。翅白色，前翅近顶角及中部有 2 条黑褐色不规则斜带，后缘黑褐色条纹较宽；后翅内缘黑色条纹较宽。后翅后缘褐色半带内缘直。雄蝶前、后翅带纹较雌蝶窄。

分布：云南（昭通等）、甘肃、四川。

睇暮眼蝶 *Melanitis phedima* (Cramer)

鉴别特征：体中型。身体褐色，腹面颜色较淡。外缘近顶角有角状突出，后翅外缘带小尾突。翅背呈褐色，前翅近顶区有 1 个内带 2 个白斑的眼纹，后翅近臀角有 2~3 个圆形眼纹。

分布：云南（昭通等）、浙江、江西、福建、台湾、广东、海南、广西、重庆、四川、贵州、西藏。

阿尔网蛱蝶 *Melitaea arcesia* Bremer

鉴别特征：体中型。背面翅黄色，前翅中室、中室外分布黑斑，外缘黑色带宽。翅中部有 2 列弧形点状黑斑列。后翅外缘带内具黄斑，中部黑色围成橙色斑。反面后翅红、白带相间排列。

分布：云南（昭通等）、黑龙江、内蒙古、北京、陕西；蒙古，印度，不丹，尼泊尔。

圆翅网蛱蝶 *Melitaea yuenty* Oberthür

鉴别特征：体中型。翅面橘黄，外缘带黑色，中横带黑斑大。后翅亚外缘黑斑新月形；外横斑 5 列。后翅反面外缘有三角形斑列，中域黄褐色横带有 3 条断续条斑，中室内有 1 个黑边斑。

分布：云南（昭通等）、四川、西藏。

大理石眉眼蝶 *Mycalesis mamerta* (Stoll)

鉴别特征：体中型。底色较深，前翅中央的直纹明显，背面的眼纹无中央的白点。翅腹面中央直纹显眼，其内侧有细碎波纹。雄蝶后翅性标带黑色毛束。旱季型底色较淡，腹面眼纹消退。

分布：云南（昭通等）、广西；印度，不丹，缅甸，泰国。

黄荫眼蝶 *Neope contrasta* Mell

鉴别特征：体中型。翅色偏黄，前翅形近直角三角形；前翅前缘上侧具 1 个黄色小斑，前翅背面中域外侧通常具 4 个眼斑，其中第 2 个眼斑呈黄白色，后翅中域外侧具 1 列深褐色的眼斑。

分布：云南（昭通等）、安徽、浙江、湖南、福建、四川。

蒙链荫眼蝶 *Neope muirheadii* (Felder & Felder)

鉴别特征：体中型。前翅到后翅臀角有 1 条棕色和白色并行的横带。前翅中室内有 2 条棕色条斑和 4 个链状圆斑，亚外缘有 4 个眼状斑。后翅基部有 3 个小圆环，亚外缘有 7 个眼状斑。

分布：云南（昭通等）、河南、陕西、湖北、湖南、广东、香港、广西、四川等；印度，缅甸等。

黄斑荫眼蝶 *Neope pulaha* (Moore)

鉴别特征：体中型。翅背面深褐色，前翅基半部有黄色脉纹，外端部具有 2 列黄色斑纹；后翅外部同样具有 2 列黄色斑纹。翅反面布满黄色斑，前翅顶角有 1 个眼斑。后翅外部有 8 个眼斑。

分布：云南（昭通等）、河南、陕西、广东、广西、四川等；印度，不丹，缅甸，老挝。

阿环蛱蝶 *Neptis ananta* Moore

鉴别特征：体中型。翅背面黑褐色，前翅中室内黄色中室条有缺刻，亚顶角有 2 个黄斑，后翅有 2 条黄色横带，翅腹面红棕褐色，雄蝶前翅中室条斑下部外方有黄棕色鳞区。

分布：云南（昭通等）、安徽、浙江、江西、福建、广东、海南、广西、西藏；印度，泰国等。

细带链环蛱蝶 *Neptis andetria* Fruhstorfer

鉴别特征：体中型。前翅正面黑色或黑褐色，斑纹白色；外缘波状，中间凹入；亚顶区 4~5 个斑纹；室条窄，分割成四段。前翅反面棕红色，斑纹白色，后缘珠光区银灰色。

分布：云南（昭通等）、黑龙江、北京、陕西、甘肃、湖北、重庆、四川；俄罗斯，朝鲜。

娑环蛱蝶 *Neptis soma* Moore

鉴别特征：体中型。触角末端黄色不明显，翅面的斑纹乳白色，后翅中带由后缘向前缘逐渐加宽，后翅内中区的白色横带明显不等宽，由内缘向外逐渐变宽，翅腹面暗红褐色。

分布：云南（昭通等）、浙江、福建、广东、重庆、四川、贵州、西藏等；印度，缅甸，越南等。

中华荨麻蛱蝶 *Aglais chinensis* (Leech)

鉴别特征：体中型。前翅背面橘红色，顶角有白斑，前缘黄色有 3 块黑斑，中域有 2 个较小黑斑，后缘有 1 个较大黑斑，前、后翅外缘黑色带中有蓝色新月状斑列。腹面呈暗色并密布细纹。

分布：云南（昭通等）、四川、西藏。

黑绢斑蝶 *Parantica melanea* (Cramer)

鉴别特征：体中型。头胸部黑褐色，带白色斑点及线纹，腹部红褐色，腹面节间带白纹。翅深褐色，有淡蓝色光泽的半透明斑纹。后翅外侧带 2 列白色斑点。雄蝶后翅臂角带有黑色性标。

分布：云南（昭通等）、广东、海南、香港、广西、西藏。

窄斑凤尾蛱蝶 *Polyura athamas* (Drury)

鉴别特征：体中型，前翅黑色。前翅和后翅翅脉 4 以下到后翅翅脉 2 之间有一片宽阔的横向区域，前翅间隙 5 有 1 个较大的斑点，前翅间隙 6 有 1 个微小前顶点，后翅尾角有 2~3 个淡黄斑点。

分布：云南（昭通等）、福建、广东、海南、香港、广西；印度，缅甸，越南，老挝，泰国等。

大二尾蛱蝶 *Polyura eudamippus* (Doubleday)

鉴别特征：体大型。翅背面浅黄色。前翅背面有“Y”形纹，亚外缘有 2 列斑点，腹面银白色，基部有 2 个黑点，后翅背面亚外缘黑色带有绿色斑点。雌雄同型。雌蝶尾突较长，尾尖较钝。

分布：云南（昭通等）、浙江、湖北、湖南、福建、台湾、广东、海南、广西等；印度，缅甸等。

罗蛱蝶 *Rohana parisatis* (Westwood)

鉴别特征：体中型。雄蝶翅背面全黑，腹面基部为红褐色，有黑色斑点，中域有白色斑，亚外缘有蓝紫色斑纹。雌蝶翅背面为红褐色，顶角区有 4 个白点，翅面满布黑斑，腹面与雄蝶接近。

分布：云南（昭通等）福建、广东、海南、海南、香港、广西；印度，缅甸，越南，老挝，泰国等。

斑豹盛蛱蝶 *Symbrenthia leoparda* (Chou & Lee)

鉴别特征：体中型。翅正面橙色斑纹较窄，翅反面淡黄色，基部 2/3 斑点黑色。前翅亚缘有 2 条弧线；后翅亚缘长线圈内有 5 个横置的“=”形条纹，后翅在两黑色缘线间有蓝色线。

分布：云南（昭通等）。

散纹盛蛱蝶 *Symbrenthia lilaea* (Hewitson)

鉴别特征：体中型。翅背面黑褐色，有 3 条条纹，第 1 条为前翅中室及外侧橙纹，第 2 条为前翅外侧斑纹及后翅基部条纹，第 3 条为后翅亚外缘条纹。翅腹面黄色，布满红褐色复杂花纹。

分布：云南（昭通等）、浙江、湖北、江西、福建、重庆、四川、贵州、西藏等；印度，缅甸等。

藏眼蝶 *Tatinga thibetana* (Oberthür)

鉴别特征：体中型。翅背面暗褐色，前翅端半部有淡黄褐色纹，后翅隐约可见黑色斑纹。反面灰白色，斑纹黑褐色，前翅端半部黑色，斑纹黄褐色，后翅亚外缘有 6 个黑色圆斑。

分布：云南（昭通等）、北京、河北、河南、陕西、宁夏、甘肃、湖北、四川、西藏。

小红蛱蝶 *Vanessa cardui* (Linnaeus)

鉴别特征：体中型。前翅顶角有白斑，中部有不规则红色横带，内有 3 个黑斑相连。后翅背面橘红色，外缘及亚外缘有黑色斑列。翅腹面前翅顶角黄褐色，后翅有黄褐色的复杂云状斑纹。

分布：云南（昭通等），全国广布；全球广布。

田氏矍眼蝶 *Ypthima tiani* (Huang & Liu)

鉴别特征：体中型。翅背面为深褐色，前后翅近圆形，后翅反面有波状纹和有黄色环的黑色亚缘眼斑，前翅亚端有 1 个大眼斑。眼光滑，无毛。翅腹面黑褐色，密布褐纹。雌蝶眼斑发达。

分布：云南（昭通等）广西、西藏；越南。

密纹矍眼蝶 *Ypthima multistriata* Butler

鉴别特征：体中型。翅深褐色，前后翅背面各具 1 个小眼斑，雄蝶的眼斑外无明显黄色环纹；翅腹面灰白色，密布褐色波纹，后翅具 3 个眼斑。雄蝶前翅的眼纹较小且不明显。

分布：云南（昭通等）、辽宁、北京、河北、河南、江苏、浙江、四川、贵州等；朝鲜，日本。

小矍眼蝶 *Ypthima nareda* (Kollar)

鉴别特征：体中型。与东亚矍眼蝶相近，但个体较小，翅色较淡，外缘缘毛较短疏。正反面除亚端有大眼斑外，Cu1 室无小眼斑。后翅反面有 3 个亚缘眼斑，眼斑的黄色框宽，无白色横带。

分布：云南（昭通等）。

前雾矍眼蝶 *Ypthima praenubila* Leech

鉴别特征：体中型。翅背面黑褐色，前翅近顶角有 1 个眼斑，后翅近臀角有 1 个眼斑；翅腹面灰褐色。后翅常具白色斑带，近顶角处具 1 个眼斑，近臀角处常具 2 个或 3 个眼斑。

分布：云南（昭通等）、安徽、浙江、江西、福建、台湾、广东、香港、广西。

卓矍眼蝶 *Ypthima zodia* Butler

鉴别特征：体中型。翅背面为深褐色，前翅有 1 个眼斑，中心有 2 个蓝白色瞳点；后翅有 2 个眼斑。后翅反面中区有 2 条平行的暗色横带，亚外缘有 6 个小眼斑。低温型后翅反面眼斑退化。

分布：云南（昭通等）、河南、陕西、甘肃、江苏、浙江、江西、福建、四川、贵州。

黄带褐蚬蝶 *Abisara fylla* (Westwood)

鉴别特征：体中型。雄蝶前翅黑褐色，有 1 条淡黄色带；亚外缘顶角常带 2 个白点；后翅棕褐色，亚外缘有 6 个黑斑，排成 1 列。雌蝶翅面淡青色，亚外缘顶部有 2 个白点。

分布：云南（昭通等）、福建、广东、海南、广西、四川、西藏；印度，缅甸，泰国。

白带褐蚬蝶 *Abisara fylloides* (Moore)

鉴别特征：体中型。翅展约 40 mm，翅面色浅，前翅端部不带白点，斜带白色，翅缘有白色缘毛，后翅外缘带有 1 列黑色斑纹；雌蝶斜带较雄蝶细，后翅中部有 1 条模糊细条纹。

分布：云南（昭通等）、福建、广东、海南、广西、四川、西藏。

无尾蚬蝶 *Dodona durga* (Kollar)

鉴别特征：体小型。翅背面暗褐色，翅面缀橙黄色斑点及条纹。翅腹面暗褐色，前翅面缀橙黄色斑点。后翅外缘前端有 2 个黑斑。臀角黑褐色，前方有 1 条橙黄色纹，内有黑褐色小斑点。

分布：云南（昭通等）、西藏、四川；印度，尼泊尔。

大斑尾蚬蝶 *Dodona egeon* Westwood

鉴别特征：体中型。后翅有楔形状尾突。翅背面暗褐色，翅面缀橙色斑点及细纹，前翅翅端附近有数个小白点。翅腹面暗褐色，翅面缀白色斑点及条纹。后翅外缘前端有 2 个黑斑点。

分布：云南（昭通等）、福建、广东、香港；印度，缅甸，越南，老挝，泰国。

浓紫彩灰蝶 *Heliophorus ila* (de Nicéville)

鉴别特征：体小型。翅正面黑褐色；后翅外缘有 2 个橙红色新月斑，具尾突。翅反面橙黄色，前翅外缘有赤红带，臀角有 1 个长黑斑。雌蝶背面黑褐色，前翅中部有 1 个橙红色斑。

分布：云南（昭通等）、河南、陕西、江西、福建、台湾、广东、海南、广西等；印度，不丹等。

莎菲彩灰蝶 *Heliophorus saphir* (Blanchard)

鉴别特征：体小型。翅正面黑褐色，前后翅外中域至基部具蓝色闪光，后翅外缘有波状橙红色斑纹，具尾突。翅反面黄色，前翅亚外缘有 1 列逐渐增大的黑褐色斑；后翅具白边。

分布：云南（昭通等）、陕西、浙江、湖北、江西、湖南、四川。

莎罗彩灰蝶 *Heliophorus saphiroides* Murayama

鉴别特征：体小型。翅背面底色黑褐色，具湖蓝色金属光泽，前翅腹面后缘靠外黑色斑点常呈椭圆形，后翅外缘有 1 条橙红色带，橙红色斑带散布白色鳞片，边缘波状，内侧具白边。

分布：云南（昭通等）。

丽罕莱灰蝶 *Helleia li* (Oberthür)

鉴别特征：体小型。翅背面深褐色，有蓝紫色光泽，两翅外缘有黑色圆斑，圆斑内侧有橙红色新月形斑带，腹面橙黄色。前翅亚缘有白色横线；后翅橙红色，外缘有黑色边，尾突橙红色。

分布：云南（昭通等）、四川、西藏。

栅黄灰蝶 *Japonica saepestriata* (Hewitson)

鉴别特征：体小型。翅橙黄色，前翅顶角黑色，后翅臀角和 Cu2 室各有 1 个黑圆点，尾突黑色，末端白色，前翅反面外缘有宽黄红色带，中室端及外方各 1 条深色带，两侧镶白色细线。

分布：云南（昭通等）、陕西、浙江、江西、福建、四川、贵州等；俄罗斯，朝鲜，日本。

中华锯灰蝶 *Orthomiella sinensis* (Elwes)

鉴别特征：体小型。翅正面黑褐色，前翅中域至基部及后翅上半部具深蓝紫色光泽，中室中部及端部各有 1 个短斑，Cu1 室及 M3 室各有 1 个近圆形斑。翅反面棕褐色，斑纹深棕褐色。

分布：云南（昭通等）、河南、陕西、浙江。

东亚燕灰蝶 *Rapala micans* (Bremer & Grey)

鉴别特征：体小型。翅正面黑褐色，前翅后半部及后翅具深蓝色光泽，后翅 Cu_2 脉端具尾突。翅反面土黄色，前后翅外中带为深黄褐色，外侧具白边，后翅 Cu 室外具 1 个橙斑。

分布：云南（昭通等）、北京、安徽、湖北、四川；印度，尼泊尔，泰国，马来西亚，印度尼西亚。

霓纱燕灰蝶 *Rapala nissa* (Kollar)

鉴别特征：体小型。翅背面褐色，有蓝色金属光泽。翅腹面前、后翅各有 1 条线纹，外侧为模糊白线，中间为暗褐色线，内侧为橙色线。后翅臀角附近有眼状斑，有细长尾突。

分布：云南（昭通等）、台湾、四川、西藏；印度，尼泊尔，泰国。

生灰蝶 *Sinthusa chandrana* (Moore)

鉴别特征：体小型。翅正面黑褐色，具尾突。反面灰白色，亚外缘内斑灰褐色，两侧具白边。前后翅各有 1 个中室端斑，后翅亚基部具数个黑点，后翅 Cu1 室外侧具 1 个橙色斑。

分布：云南（昭通）、浙江、江西、福建、台湾、广东、海南、香港、广西、四川；缅甸，泰国。

蚜灰蝶 *Taraka hamada* (Druce)

鉴别特征：体小型。翅正面黑灰色，缘毛黑白相间。翅反面白色，前后翅各散布 20 余个黑斑，翅中央黑斑较大，排成不规则纵列，具黑色外缘线。雌蝶前翅顶角圆，雄蝶较尖。

分布：云南（昭通）、浙江、江西、福建、台湾、广东、广西、四川等；朝鲜，日本，印度。

点玄灰蝶 *Tongeia filicaudis* (Pryer)

鉴别特征：体小型。翅正面黑褐色，后翅亚外缘有 1 列蓝斑，尾突短细。翅反面灰白色。前翅反面外缘线黑色，内有 2 列黑斑；后翅反面外缘线褐色，内有围绕橙红色的 2 列黑斑。

分布：云南（昭通等）、山东、河南、陕西、浙江、江西、福建、台湾、广东、四川。

淡纹玄灰蝶 *Tongeia ion* (Leech)

鉴别特征: 体小型。翅背面黑褐色。前翅腹底青褐色，中室及亚外缘有清晰黑斑，后翅腹面底色较淡，外围环绕白边，中横带中部斑纹向外突出明显，与外缘斑纹相连接。

分布：云南（昭通等）、河南、陕西、浙江、福建、四川；印度，缅甸，越南，老挝，泰国等。

珍贵妩灰蝶 *Udara dilecta* (Moore)

鉴别特征：体小型。雄蝶翅正面黑褐色，除前翅外缘上半部及后翅前缘外具淡蓝色光泽。反面灰白色，前后翅中室端斑灰色线状，外中斑黑色，前翅外中斑多为短线状，后翅外中斑为点状。

分布：云南（昭通等）、安徽、台湾、海南、广西。

埃毛眼灰蝶 *Zizina emelina* (de l'Orza)

鉴别特征：体小型。雄蝶背面闪蓝色金属光泽，雌蝶则为黑色，仅基部闪有蓝色金属光泽。翅腹面呈暗褐色，具有黑褐色小斑点，其中后翅前缘近顶角处的2个小斑点的连线与前缘垂直。

分布：云南（昭通等）、四川；日本。

黄斑锷弄蝶 *Aeromachus dalailamus* (Mabille)

鉴别特征：体小型。翅正面黑褐色，斑纹黄色。前翅前缘具 1 条状斑，M3 室及 Cu1 室有 2 个紧挨的条斑；后翅外中区有 1 列黄斑。反面前翅 Cu1 室上方具亚外缘斑，后翅基半部具数个黑褐色斑。

分布：云南（昭通等）、陕西、甘肃、四川。

黎氏刺胫弄蝶 *Baoris leechi* (Elwes & Edwards)

鉴别特征：体小型。翅正面褐色，前翅正面亚顶角区 R3 室至 R5 室各有 1 个小斑，弧形排列；中室具 2 个长条状斑。中域 M2 室至 Cu1 室斑依次变大，呈方形；前翅 2A 脉中部具 1 个黄棕色椭圆形性标。

分布：云南（昭通等）、陕西、安徽、浙江、江西、湖南、福建、广东、广西、四川。

双色舟弄蝶 *Barca bicolor* (Oberthür)

鉴别特征：体小型。全翅缘毛为黑褐色，前翅具 1 条黄色的宽阔斜带，内具 1 个小黑点，中室端纹黑色，位于带内；翅底色为黑褐色；后翅背面无斑，腹面具有 1 条黄白色的细带。

分布：云南（昭通等）、陕西、湖北、江西、福建、广东、四川；越南。

云南银弄蝶 *Carterocephalus alcinus* Evans

鉴别特征：体小型。背面翅黑褐色，前翅外侧 3 个大斑，中室下侧有 1 个橙色斑，后翅中域有 3 个斑，中室内有 1 个橙色斑；后翅基部、中域、外侧有黄色斑带，腹面色浅。

分布：云南（昭通等）、四川。

黑弄蝶 *Daimio tethys* (Ménétriés)

鉴别特征：体小型。翅正面黑色，前翅顶角处有 3 个斑纹，下侧有 2 个极小的斑点。前翅中室端有 1 个大白斑，上方有 1 个小白斑；后翅外侧有 1 列黑色圆斑。后翅反面基半部灰白色。

分布：云南（昭通等），全国广布。

西藏赭弄蝶 *Ochlodes thibetana* (Oberthür)

鉴别特征：体小型。翅赭黄色，前翅斑橙色，前翅顶角突出较小，外缘平弧形。后翅腹面常呈绿色，具黄色。Sc 脉端部弯曲，靠近 R_1 脉，Cu 脉比 R_1 脉先分出，中室末端尖锐。

分布：云南（昭通等）、四川、西藏；缅甸。

直纹稻弄蝶 *Parnara guttata* (Bremer & Grey)

鉴别特征：体小型。翅正面黑褐色，前翅中室有上下 2 个条状短白斑，前翅 6~8 个斑点弧状排列，后翅中部具 4 个斑点排列成直线。反面底色为黄褐色，斑纹与正面相似。

分布：云南（昭通等）、河南、陕西、安徽、江西、福建、台湾、广东等；俄罗斯，朝鲜等。

花弄蝶 *Pyrgus maculatus* (Bremer & Grey)

鉴别特征：体小型。翅黑褐色，缘毛黑白相间。前翅反面褐色，中室端部具 1 个大白斑，中室下方 5 个白斑。后翅反面基半部与外缘灰白色，斑纹与正面相同，中部 4 个白斑组成带状。

分布：云南（昭通等）、黑龙江、吉林、青海、新疆、安徽；朝鲜，西班牙，法国，德国，希腊。

长角蛾科 Adelidae

红长角蛾　*Nemophora ahenea* Stringer

鉴别特征：翅展约 15 mm。头部橙红色。触角为体长的 3~4 倍，近基部褐色，近端部白色。胸部背面灰褐色，具银白色斑。前翅红褐色，具金属光泽，近基部及中央具 2 条黑色横带。

分布：云南（昭通等）、台湾；缅甸，泰国，柬埔寨。

铜色长角蛾　*Nemophora albiantennella* Issiki

鉴别特征：体长 6~7 mm。头部黄色至褐色。触角细长，基部黑褐色，端部白色。胸部背面黄褐色。前翅黄褐色，具金属光泽，中部具宽的金紫色横带，端部稍带红褐色泽。

分布：云南（昭通等）、陕西、湖南；俄罗斯，朝鲜，日本。

小黄长角蛾 *Nemophora staudingerella* (Christoph)

鉴别特征：体长约 4 mm，翅展 12~14 mm。触角约为前翅长的 3 倍。胸部背面黑褐色，具金黄色鳞片。前翅金黄色，基半具 4~5 条黑色纵纹，中部具较宽的金黄色横带纹，具紫色金属光泽。

分布：云南（昭通等）、北京、河北、陕西、青海、湖北、四川等；俄罗斯，朝鲜，日本。

菜蛾科 Plutellidae

小菜蛾 *Plutella xylostella* (Linnaeus)

鉴别特征：体长 6~7 mm，翅展 12~16 mm。前后翅细长，缘毛较长，前后翅缘呈黄白色三度曲折的波浪纹，前翅缘毛长并翘起，触角丝状，褐色有白纹。幼虫头部黄褐色，臀足向后伸超过腹部末端。

分布：云南（昭通等），全国广布；世界广布。

卷蛾科 Tortricidae

洋桃小卷蛾 *Gatesclarkeana idia* Diakonoff

鉴别特征：翅展约 14 mm。头部黑褐色，触角黄褐色。前翅黑褐色，夹杂褐、黄、银灰色鳞片；前缘基部到中部有粉红色条纹；中室末端有 1 个淡黄色斑点。后翅灰黑色，前缘与缘毛灰白色。

分布：云南（昭通等）、浙江、江西、福建、台湾、海南、广西。

刺蛾科 Limacodidae

双线巴刺蛾 *Barabashka bilineatum* (Hering)

鉴别特征：翅展 15~19 mm。头和胸背红褐色；腹背暗褐色，末端苍褐色。前翅赭褐色，散布有红褐色鳞片；亚端线细弱，在前缘几乎与斜线同一点伸出，与外缘平行伸至臀角。后翅赭灰色。

分布：云南（昭通等）、陕西、浙江、湖北、江西、福建、广东、广西、重庆、四川、贵州；越南。

背刺蛾 *Belippa horrida* Walker

鉴别特征：翅展 30~38 mm。整体黑色混杂褐色，密生黑褐色的绒毛和厚鳞。前翅狭窄，翅基部具 1 个白色斑。后翅灰黑色，外缘较直，整体呈三角形，顶角和臀角处具明显黑斑。

分布：云南（昭通等）、黑龙江、河北、河南、浙江、湖北、湖南、广东、贵州等；日本，印度等。

雪背刺蛾 *Belippa thoracica* (Moore)

鉴别特征：翅展 34~44 mm。头部白色；胸背白色混有深棕色，近前端有 2 个明显的黑斑。前翅底色暗褐色混有稀疏白色鳞片；翅基部具白斑。后翅暗褐色，饰毛深棕色。腹背深棕色。

分布：云南（昭通等）、西藏；印度，尼泊尔。

帕氏凯刺蛾 *Caissa parenti* Orhant

鉴别特征：翅展 21~26 mm。身体和前翅浅黄白色，颈板、胸背末端毛簇和腹背褐色。前翅中带黑褐色，前宽后窄，中室端嵌有 1 个明显黑点。后翅黄白色，近后缘灰色，翅顶和臀角各有 1 个黑点。

分布：云南（昭通等）、重庆、贵州、西藏；缅甸。

断带瑟茜刺蛾 *Parasa mutifascia* (Cai)

鉴别特征：翅长 11 mm，翅展约 23 mm。头部和胸背绿色，边缘略带黄色。腹部灰棕色至深棕色。前翅底色绿色，基部稍带黄色，翅前缘棕色。后翅暗红棕色，基部黄色，后缘颜色较深。

分布：云南（昭通等）、陕西、湖北、湖南、重庆、四川、贵州。

茶纷刺蛾 *Griseothosea fasciata* (Moore)

鉴别特征：翅展 22~36 mm。头、胸深棕色至暗褐色。前足胫节端部有 1 个明显的银白色小斑。前翅灰红棕色，具雾状黑点；中室端有黑色小点。后翅灰褐色，内缘饰毛颜色较淡。

分布：云南（昭通等）、陕西、河南、浙江、湖北、湖南、四川、贵州等；印度，泰国等。

漪刺蛾 *Iraga rugosa* (Wileman)

鉴别特征：翅长约 14 mm。整体呈棕色。头部、胸部和腹部基部呈黄色，唇须暗红褐色。胸背淡黄褐色，近前端有 2 个黑斑。前翅灰黑色或暗红褐色，翅面有涟漪状横纹；后翅灰黑色。

分布：云南（昭通等）、陕西、甘肃、湖北、广东、海南、重庆、四川、贵州等；越南，老挝。

纤刺蛾 *Microleon longipalpis* Butler

鉴别特征：翅展 14~23 mm。头部和胸背黄棕色，腹背灰褐色，末端颜色稍淡。前翅基部、顶角及后缘中部黄褐色，其余部分暗褐色。后翅灰褐色，臀角处有 1 个黄棕色卵圆形斑。

分布：云南（昭通等）、河北、山东、浙江、湖南、广东、广西、贵州等；俄罗斯，日本，韩国。

台湾黄刺蛾 *Monema rubriceps* (Matsumura)

鉴别特征：翅展 30~36 mm。体黄色。触角丝状。足深褐色。前翅基半部黄色，端半部黄褐色，近基部处具 1 个黑色斑点，近顶角处具 1 条黑色斜线纹，伸向翅中部，亚端线至外缘褐色。

分布：云南（昭通）、台湾、广东。

中国绿刺蛾 *Parasa sinica* Moore

鉴别特征：体长 9~11 mm，翅展 23~26 mm。头顶和胸背绿色。前翅绿色，基斑褐色，外缘区较宽，绿色部分外缘向内突出 2 钝齿。后翅淡黄色，外缘稍带褐色，臀角暗褐色。腹部淡黄色稍带褐色。

分布：云南（昭通等），全国广布；俄罗斯，朝鲜，韩国，泰国。

枣奕刺蛾 *Phlossa conjuncta* (Walker)

鉴别特征：翅展 28~33 mm。全体褐色。胸背上部鳞毛稍长，中间微显褐红色。前翅基部呈铜棕色；中部黄褐色；横脉上具 1 个黑色的中室端斑。后翅为灰褐色。腹部呈暗褐色。

分布：云南（昭通等），全国广布；韩国，日本，印度，缅甸，越南，老挝，泰国。

大和田温刺蛾 *Prapata owadai* Solovyev & Witt

鉴别特征：翅展 26~32 mm。头、胸背、腹背浅黑棕色。前翅浅黑棕色，前缘黑棕色；中室基部及其下侧乳黄色至橙色；各翅脉末端具乳黄色半圆小斑。后翅浅灰棕色，前后缘颜色较深。

分布：云南（昭通等）、台湾、重庆、四川、西藏；越南。

叉茎鬼刺蛾 *Pretas furcillata* (Wu & Fang)

鉴别特征：翅长 14~16 mm，翅展 32~36 mm。体褐色。前翅褐色，散布有黑色鳞片，黑色外横线从前缘 2/3 处伸到臀角。中室端斑明显，黑色。后翅暗灰色至褐色。前足胫节基部有银白色小斑。

分布：云南（昭通等）、重庆、四川；越南，泰国。

玛伪凯刺蛾 *Pseudocaissa marvelosa* (Yoshimoto)

鉴别特征：翅展约 35 mm。头灰白色，胸背、腹背灰黑色，胸背中央有灰白色竖立毛簇。前翅灰黑色，密布白斑；翅基部有 1 小白斑。后翅浅灰黑色，外缘浅黄色。腹部散布棕褐色和白色鳞片。

分布：云南（昭通等）、西藏；尼泊尔。

斑蛾科 Zygaenidae

茶斑蛾 *Eterusia aedea* (Clerck)

鉴别特征：体长 17~20 mm，翅展 56~66 mm。雄蛾触角双栉齿状；雌蛾触角基部丝状。整体黑色，前翅基部有数个黄白色斑块，中部外侧散生 11 个斑块；后翅近外缘处散生若干黄白色斑块。

分布：云南（昭通等）、江苏、安徽、浙江、江西、湖南、福建、台湾、广东、海南、四川、贵州。

榆斑蛾 *Illiberis ulmivora* (Graeser)

鉴别特征：体长 10~12 mm，翅展 25~30 mm。成虫体淡紫蓝色，翅半透明，匀被细鳞。身体背面暗褐色，腹面暗黄色毛，两侧黄色毛，前胸背板褐色，被有淡褐色长毛。雄蛾触角双栉齿状；雌蛾触角齿短。

分布：云南（昭通等）、北京、河北、山西、山东、河南。

木蠹蛾科 Cossidae

大斑豹蠹蛾 *Zeuzera multistrigata* Moore

鉴别特征：体长 16~44 mm，翅展 30~70 mm。体灰白色。触角褐色。胸部背面具 3 对蓝黑色圆斑。前翅前缘具 10 个蓝斑，中室斑点稀疏，有时具 1 个较大斑块。腹部具成对蓝黑色斑点和黑色纵带纹。

分布：云南（昭通等）、河南、陕西、福建、湖北、江西、广西、贵州；印度，孟加拉国，缅甸。

草蛾科 Ethmiidae

江苏草蛾 *Ethmia assamensis* (Butler)

鉴别特征： 体长 8~12 mm，翅展 25~35 mm。头部浅灰色。胸部灰色，具 3 对黑斑，呈三角形排列。翅基片灰色，具 2 个黑色斑点。前翅深灰色，前缘浅褐色，具 20 余个镶灰白色的黑斑。腹部橙黄色。

分布： 云南（昭通等）、湖北、湖南、广东、广西、四川、西藏等；日本，印度，尼泊尔等。

织蛾科 Oecophoridae

四点绢蛾 *Scythris sinensis* (Felder & Rogenhofer)

鉴别特征： 体长约 4 mm，翅展 11~17 mm。体黑色。下唇须短小，末端尖。前翅近基部处具 1 个黄色大斑块，端部具不规则黄色斑点，黑色型个体前翅无斑纹。腹部杏黄色。雄蛾背面基部 3 节黑褐色。

分布： 云南（昭通）、辽宁、北京、天津、河北、河南、陕西、甘肃、新疆、浙江；朝鲜，俄罗斯。

羽蛾科 Pterophoridae

杨桃鸟羽蛾 *Diacrotricha fasciola* (Zeller)

鉴别特征：体长约 6 mm。成虫体褐色。前后翅缘开裂，呈羽毛状。后翅分 3 裂，达到基部，每片均密生羽毛状缘毛。足细长，并有突出的距。

分布：云南（昭通等）、福建、台湾、广东、广西。

甘薯异羽蛾 *Emmelina monodactyla* (Linnaeus)

鉴别特征：体长约 6 mm，翅展约 15 mm。整体细瘦，触角及足均细而长。全身及后翅呈黄褐色，前翅为灰黄色，近外缘具褐斑，顶角呈弯钩状。前、后翅均不分支，翅上无羽状鳞毛。

分布：云南（昭通等）、福建、台湾、广东、海南、广西。

网蛾科 Thyrididae

虹丝网蛾 *Rhodoneura erubrescens* Warren

形态特征：翅展约 8 mm。体灰褐色。头及下唇须黄褐色，触角丝形，棕黄色。胸足淡褐色，前足胫节短，只有腿节的 1/3 左右；前、后翅白色，布满褐色网纹，网纹间有规则的大斑。

分布：云南（昭通）；日本，印度，泰国。

泰网蛾 *Telchines vialis* (Moore)

形态特征：翅展 38~45 mm。体黄褐色。前翅棕褐色，三角形，前缘区颜色较深，向基部逐渐变浅，基线双线黑色直线型。内线双线黑色直线型；后翅约等长于腹部。

分布：云南（昭通）；印度，马来西亚，印度尼西亚。

草螟科 Crambidae

桃蛀野螟 *Conogethes punctiferalis* (Guenée)

鉴别特征：翅展 20~28 mm。体黄色。胸部背面中央、前翅基部前缘、中室端脉及其内侧有 1 个黑斑，腹部背面各节和基线及亚基线和外缘有 3 个黑斑，腹部末端黑色，背面黄色。

分布：云南（昭通等）、黑龙江、内蒙古、山西、甘肃、台湾、海南、西藏。

桑绢丝野螟 *Glyphodes pyloalis* Walker

鉴别特征：翅展约 20 mm。头顶白色。下唇须白色，具前伸的鳞毛。前翅白色，基部褐色，沿前缘有 1 条黄色纵带。后翅白色，外缘有 1 条棕黄色带。前、后翅缘毛基部浅棕黄色，端部灰白色。

分布：云南（昭通等）、江西。

棉褐环野螟 *Haritalodes derogata* (Fabricius)

鉴别特征：翅展 25~36 mm。头淡黄色。胸背面具 4 对棕褐色斑点，腹背面黄褐色。翅淡黄色，前翅中室内有 1 条深棕色环形斑纹，中室端有 1 条深棕色肾形斑纹。后翅中室端有 1 条细长棕色环纹。

分布：云南（昭通等）、江苏、浙江、广东。

白蜡绢须野螟 *Palpita nigropunctalis* (Bremer)

鉴别特征：翅展 28~30 mm。体白色。头顶黄褐色，下唇须和下颚须棕黄色，腹面白色。紧靠翅前缘棕黄色带内侧有 3 个黑点。后翅中室端有黑色斜斑纹。前、后翅亚外缘线暗褐色，与翅外缘平行。

分布：云南（昭通等）、黑龙江、内蒙古、陕西、江苏、浙江、湖北、广东、四川、贵州等。

四斑卷叶野螟 *Patania quadrimaculalis* (Kollar)

鉴别特征： 翅展 21~27 mm。前翅暗灰棕色，中室内有 1 个白斑，中室外侧有 1 个白色新月形大斑，前翅缘毛灰棕色。后翅暗灰棕色，中室外侧有 1 个白色大圆斑，缘毛暗灰棕色。

分布： 云南（昭通等）、山东、浙江、湖北、江西、福建、台湾、广东、四川。

螟蛾科 Pyralidae

黑脉厚须螟 *Arctioblepsis rubida* Felder & Felder

鉴别特征： 翅展 38~48 mm。头金黄色，下唇须黑色前伸，雄蛾第 2、3 节具长毛缨。胸部翅基片下有 1 束长毛簇，胫节及第 1 跗节有毛簇。翅深红色，翅面黑色翅脉不达翅基与外缘。

分布： 云南（昭通等）、浙江、福建。

艳双点螟 *Orybina regalis* (Leech)

鉴别特征：翅长约 14 mm。额和头顶红色。触角深红色。前翅朱红色，中室外有 1 个镶有黑边的金黄色椭圆形斑纹，斑点外缘有锯齿，斑点下侧至后缘有 1 条红线。后翅淡朱红色。

分布：云南（昭通等）、陕西、江苏。

紫斑谷螟 *Pyralis farinalis* (Linnaeus)

鉴别特征：翅展约 22 mm。头、下唇须及触角淡褐色。胸部紫灰褐色。前翅基部及外缘赤褐色，中部黄褐色，前缘有 1 列白色刻点，内横线及外横线白色锯齿状弯曲。后翅暗褐色。

分布：云南（昭通等），除西藏外全国广布。

曲纹短须螟 *Sacada discinota* (Moore)

鉴别特征：翅展 32~46 mm。雄蛾触角双栉状，雌蛾触角丝状。胸、腹部赭褐色至紫褐色。前、中足具红褐色毛簇。前翅紫褐色。后翅褐色，有 1 条淡褐色半圆形弯曲外横线，缘毛淡褐色。

分布：云南（昭通等）、陕西、湖北、四川。

台湾卷叶野螟 *Sylepta taiwanalis* Shibuya

鉴别特征：翅展 32~40 mm。额黄褐色。胸、腹部背面褐色，腹面白色或黄白色。前翅茶褐色。中室基部下侧、中部端脉外侧各有 1 个长方形淡黄色斑纹，中室下侧有 4 个并排的长方形黄色斑纹。

分布：云南（昭通等）、甘肃、台湾。

钩蛾科 Drepanidae

窗距钩蛾 *Agnidra fenestra* (Leech)

鉴别特征：体长 6~7 mm，翅长 10~12 mm。头灰色，下唇须黑色，触角灰黄色。前翅灰褐色，中室内有 1 个透明圆斑，外围有透明窗斑。后翅基部白色，内线双行灰色，月牙形。

分布：云南（昭通等）、陕西、湖北、四川、西藏。

中华豆斑钩蛾 *Auzata chinensis* Leech

鉴别特征：体长 9~12 mm，翅长 17~21 mm。灰白色，下唇须棕褐色；胸部及腹部白色；前后翅均具波浪状灰色纹，前翅中室端部 M_1 脉下方有 1 黄褐色豆状斑纹，直达后缘中部，豆斑内有 1 横行波纹。

分布：云南（昭通）、陕西、上海、浙江、湖北、福建、台湾、广西、贵州等；越南，菲律宾。

西藏枯叶钩蛾 *Canucha duplexa* (Moore)

鉴别特征：体长 13~17 mm，翅长 26~31 mm。头黑色，胸部背面灰褐色，腹面棕褐色，腹部褐色。前翅顶角内侧前缘有 1 棱形浅斑，自顶角至后缘具双线斜带。后翅颜色较浅，基部污黄色。

分布：云南（昭通等）、甘肃、西藏；印度，缅甸。

洋麻圆钩蛾 *Cyclidia substigmaria* (Hübner)

鉴别特征：体长 20~25 mm，翅长 35~40 mm。头部黑色。翅白，有浅灰褐色斑纹。前翅顶角到后缘中部成 1 斜线；顶角内侧有 1 三角形斑。后翅中室端有 1 褐色圆斑。前翅反面中室上有 1 暗褐圆点。

分布：云南（昭通等）、安徽、湖北、台湾、海南、四川；日本，越南。

中华波纹蛾 *Habrosyne intermedia* (Bremer)

鉴别特征：翅展 38~42 mm。前翅底色灰棕色；翅前缘白色，明亮；亚基线白色，短粗，与内线在中室中脉上汇合。亚缘线白色，宽带状，从翅顶角到臀角向内弯曲。后翅灰棕色，缘毛白色。

分布：云南（昭通等）、黑龙江、北京、河北、陕西、宁夏、甘肃；日本。

灰褐卑钩蛾 *Betalbara rectilinea* (Watson)

鉴别特征：翅长 12~14 mm。头顶灰褐色，额暗褐色；触角灰褐色，从基部到 3/4 处双栉状。胸部及腹部与邻近的翅色相同。翅底色灰褐，翅反面浅灰褐色，前翅外缘黄色。

分布：云南（昭通）、福建、海南、四川。

宏山钩蛾 *Oreta hoenei* Watson

鉴别特征：翅长 15~20 mm。头部赭红色。胸部背面黄褐色，腹面红色。前翅赭褐色，前缘有 2 个黑斑，臀角内侧有 1 个棕色圆斑；后翅赭褐色，各线不见，外半部有顺翅脉排列的棕色小点。

分布：云南（昭通等）、黑龙江、山西、陕西、宁夏、甘肃、浙江、江西、福建、四川等。

华夏山钩蛾 *Oreta pavaca* Moore

鉴别特征：前翅顶角圆，弯成钩状，雌性前翅顶角相对尖锐；翅底色褐色，自前翅顶角至翅臀缘有 1 倾斜的淡褐色区域，被有银色闪光粉被。后翅中部被有扩散状的银色闪光线纹。

分布：云南（昭通等）、浙江、湖北、江西、湖南、福建、广东、广西、四川、贵州、西藏；印度。

三线钩蛾 *Pseudalbara parvula* (Leech)

鉴别特征：体长 6~8 mm，翅长 10~14 mm。头紫褐色；触角黄褐色，雄虫单栉状，雌虫丝状。前翅灰紫褐色，具 3 条深褐色斜纹，内侧略细，外侧细而弯曲。后翅色浅，中室端有 2 个小黑点。

分布：云南（昭通等）、黑龙江、河北、陕西、浙江、江西、福建、广西、四川等；朝鲜等。

藕太波纹蛾 *Tethea oberthuri* (Houlbert)

鉴别特征：翅展 50~60 mm。前翅棕色较狭长，外缘布白色鳞片。亚基线在中室脉形成 1 个深棕色斑点。环斑圆形，斑前部白色，后部深棕色。颈板暗红棕色，后缘具黑色横线。

分布：云南（昭通等）、湖北、湖南、福建、台湾、四川、西藏；印度，缅甸。

两色波纹蛾 *Tetheaoberthueri taiwana* Matsumura

鉴别特征：翅展 52~54 mm。前翅棕褐色至灰褐色，散布烟黑色；环纹内具有黑边框的圆形斑，内部棕灰至灰白色；肾状纹多为具黑边框的扁圆形，内部棕灰至灰白色。后翅棕褐至棕灰色。

分布：云南（昭通等）、陕西、浙江、福建、海南、广西、四川、西藏等；尼泊尔，老挝等。

波纹蛾 *Thyatira batis* (Linnaeus)

鉴别特征：体长 30~40 mm，翅展 32~38 mm。前翅灰褐色，左右翅面各有 5 个近圆形的大斑，斑内桃红色区域外具清晰白边。触角达中足的末端稍前。胸部粗糙，具背中缝，前胸气门细长，上被刚毛。

分布：云南（昭通等）、黑龙江、吉林、内蒙古、新疆、安徽；俄罗斯，朝鲜，日本等。

目夜蛾科 Erebidae

异葩苔蛾 *Aberrasine aberrans* (Butler)

鉴别特征：体长约 9 mm。前翅橙红色，有 1 个黑色基点；中室下方有 2 个斜的黑色亚基点；前缘基部至内线处具黑边；中线在中室向内折角与内线相接，亚缘线为 1 列弯曲短黑纹。后翅黄色。

分布：云南（昭通等）、北京、河南、浙江、台湾、广东、广西、四川等；俄罗斯，朝鲜等。

大丽灯蛾 *Aglaomorpha histrio* (Walker)

鉴别特征：翅展 66~100 mm。头橙色，头顶有 1 小黑斑；触角黑色；颈板橙色，中间有大黑斑；胸部有闪光黑色纵斑。前翅闪光黑色，前缘区具 4 个黄白斑点；后翅橙色从中线至端线有 4 行黑斑。

分布：云南（昭通等）、吉林、湖北、湖南、广西、四川、贵州等；俄罗斯，朝鲜，日本等。

苎麻夜蛾 *Arcte coerula* (Guenée)

鉴别特征：体长 20~30 mm。体茶褐色。前翅顶角具近三角形褐色斑；基线、外横线、内横线波状或锯齿状，黑色；环状纹黑色，小点状；肾状纹棕褐色，外具断续黑边；外缘具 8 个黑点。

分布：云南（昭通等）、河南、陕西、湖北、湖南、广东、四川、贵州等；俄罗斯，朝鲜等。

小点白毒蛾 *Arctornis cygna* (Moore)

鉴别特征：翅展 38~49 mm。头胸部密布白色短刚毛。腹部浅黄色，密布灰白色短刚毛。触角白色。前翅翅面灰白色，中央各具 1 个小型黑斑点，臀角至外缘呈圆弧状。后翅灰白色。

分布：云南（昭通等）、台湾、广东、广西；印度，新加坡。

斜纹白毒蛾 *Arctornis obliquilineata* Chao

鉴别特征：翅展 33~38 mm。体白色。雄虫触角白色，栉齿浅棕黄色。前足第 1 跗节有 1 个黑褐色斑，中足胫节和第 1、5 跗节内侧各具 1 个黑褐色斑。前、后翅白色，半透明。

分布：云南（昭通等）、四川。

斜线关夜蛾 *Artena dotata* (Fabricius)

鉴别特征：体长 15~27 mm。体棕色。前翅有黑褐色细点，端部灰白色；翅基具 2 个褐色小斑；内线灰黄色外斜至后缘中部。后翅黑棕色。

分布：云南（昭通等）、河南、陕西、湖北、湖南、广东、四川、贵州等；印度，新加坡等。

黑斑宇夜蛾 *Avatha chinensis* (Warren)

鉴别特征：翅展约 46 mm。前翅浅棕灰色伴淡紫色，基线为 2 黑斑，内线倾斜，黑条，其后为 1 个近三角形大黑斑，中线棕褐色，内线与中线间浅棕灰色，外线棕褐。后翅暗棕色。

分布：云南（昭通等）江西、台湾、海南；尼泊尔，越南。

雅葩苔蛾 *Barsine gratissima* (de Joannis)

鉴别特征：翅展约 41 mm。体黄色。前翅基部有 3 黑点，排列呈三角形，基线到内线的边缘线呈黑色，内线位置有黑色斑点排列呈弯月状，外线到亚端线由黑色斑点排列成“》”形。

分布：云南（昭通等）；越南，泰国。

优葩苔蛾 *Miltochrista striata* (Bremer & Grey)

鉴别特征：翅展 28~50 mm。头、胸黄色，颈板及翅基片具黄色红边。前翅底色黄，脉间散布红色短带；内线由黑灰色点连成，中线黑灰点不相连。雄蛾后翅底色淡红，雌蛾黄或淡红。

分布：云南（昭通等）、吉林、河北、陕西、甘肃、湖北、湖南、广东、四川等；日本。

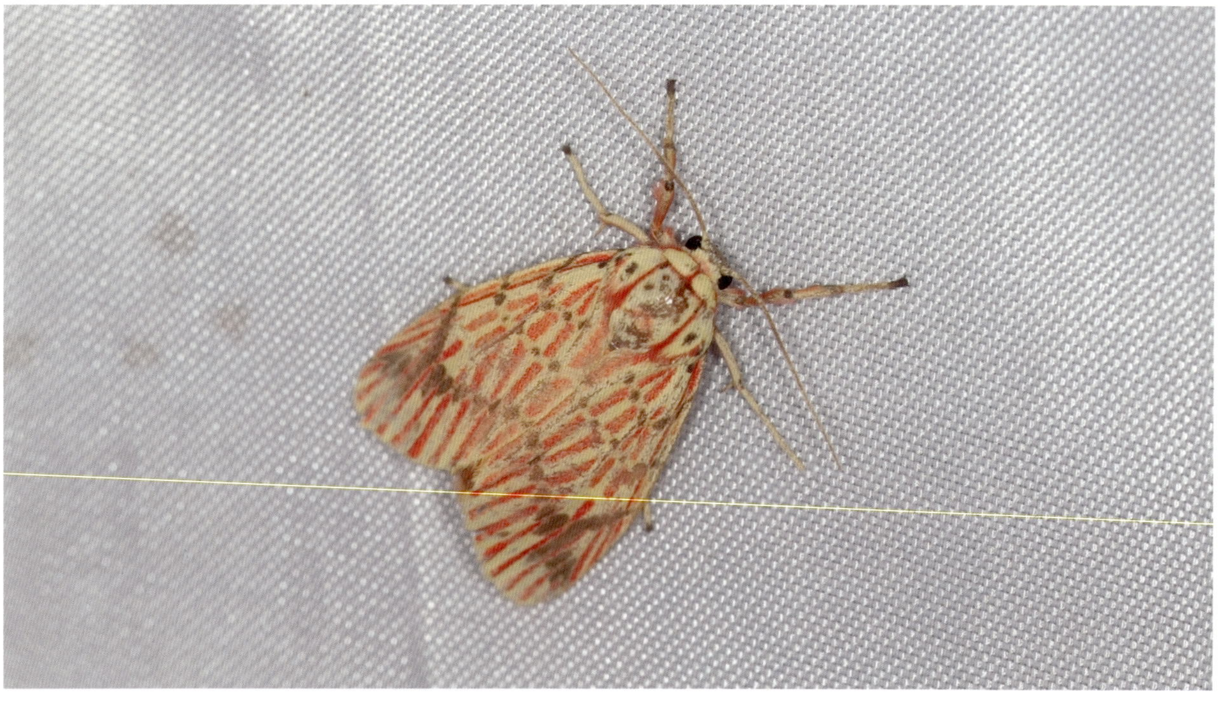

白线拟胸须夜蛾 *Bertula albolinealis* (Leech)

鉴别特征：翅展约 30 mm。头部及胸部褐色。前翅赭褐色，端区淡褐黄色，内线黑色内斜，肾纹为 1 个黑色长点，外线白色内斜，翅外缘 1 列黑点。后翅黄白色，中室及其后方带褐色。

分布：云南（昭通等）、浙江、四川；印度，斯里兰卡，澳大利亚。

双白带拟胸须夜蛾 *Bertula bisectalis* (Wileman)

鉴别特征：前翅长 18~20 mm。雄虫触角丝状，具长刚毛。前翅前中线与后中线白色，环纹不明显，肾纹白色，外缘线黄褐色；后翅灰褐色，端室斑暗褐色；前后翅缘毛暗棕色。

分布：云南（昭通等）、台湾。

红腹秃胡夜蛾 *Calesia haemorrhoa* Guenée

鉴别特征：翅展 38~41 mm。前翅暗褐色，各横线均暗而模糊，隐约可见呈波浪形，亚端线隐约可见在第 7 脉处外突，第 2~5 脉间外曲弧形后翅色同前翅，斑纹不清晰，隐约可见波曲外线与亚端线。

分布：云南（昭通等）、广东；印度，缅甸，斯里兰卡。

仿首丽灯蛾 *Callimorpha equitalis* (Kollar)

鉴别特征：体长约 22 mm。前翅淡墨绿色，闪光不明显；前缘区有 4 个白斑，中室中部及端部各有 1 个白斑，中脉下方近基部具 1 个白斑，2A 脉上方有 5 个白色斑纹，基部为 1 条短带。后翅白色。

分布：云南（昭通等）、四川、西藏；印度，缅甸。

双结丽毒蛾 *Calliteara cinctata* (Moore)

鉴别特征：翅展 60~80 mm。触角除基部 3 节外具深棕色环。头胸部浅棕白色，具少量黑色鳞毛。腹部肛毛簇浅棕白色。前足与中足股节和胫节外侧具白色和黑色长毛；后足具白毛。

分布：云南（昭通等）；印度。

织结丽毒蛾 *Calliteara contexta* (Chao)

鉴别特征：翅展 51~63 mm。雄虫触角白色，栉齿红棕色；腹部、足大部分白色；混有黑色鳞片。前翅底色白色，薄布黑色鳞片。后翅褐黑色，缘毛白色，混有少量的黑色鳞片。

分布：云南（昭通等）、台湾、四川。

缨丽毒蛾 *Calliteara hoenei* (Collenette)

鉴别特征：翅展 45~65 mm。触角干黑褐色，栉齿赭棕色；头棕黄色；胫节、跗节具黑褐色斑。前翅琥珀棕色，内区黑褐色；亚基线黑褐色。前、后翅横脉纹黑褐色，外线为黑褐色宽带。

分布：云南（昭通等）。

优雪苔蛾 *Cyana hamata* (Walker)

鉴别特征：翅展 26~40 mm。下唇须及触角褐色，胸、翅基具红带。雄蛾横脉纹具 2 个黑点；前缘毛缨发达，其上有 1 红点，外、端线红色；反面前缘带红色；后翅黄红色，前缘区基部及缘毛白色。

分布：云南（昭通等）、陕西、江苏、浙江、湖北、江西、福建、台湾、广西等；朝鲜，日本。

灰土苔蛾 *Eilema griseola* (Hübner)

鉴别特征：翅展 28~40 mm。头淡黄色，喙发达，下唇须平伸达额；足细长；末端灰黄色；前翅有少许光泽，前缘区从基部至外线处有窄淡黄色带，反面灰褐色；后翅灰黄色。雄虫触角具纤毛。

分布：云南（昭通等）、辽宁、北京、山西、陕西、甘肃、湖南、广西、四川等；日本，印度等。

多点春鹿蛾 *Eressa multigutta* (Walker)

鉴别特征：翅展 25~32 mm。雄虫触角锯齿状。腹部红色、背面具蓝黑色短带；前翅黄色透明，翅脉及翅缘黑色，横脉纹及翅顶具黑斑，前缘具 1 条窄纵带；后翅黄色透明，翅脉黑色。

分布：云南（昭通等）、湖南、四川、西藏；印度，尼泊尔，缅甸。

枯艳叶夜蛾 *Eudocima tyrannus* (Guenée)

鉴别特征：翅展约 98 mm。前翅褐色，翅脉有成列黑点，1 黑褐线自顶角内斜至翅后缘，肾纹黄绿色；后翅橘黄色，亚端区具三角形黑带，后半内外缘均微波状；腹部橙黄色。

分布：云南（昭通等）、辽宁、河北、浙江、湖北、广东、海南、广西、四川等；日本，印度。

半明苔蛾 *Hemipsilia coavestis* (Hampson)

鉴别特征：翅展 18~26 mm。腹部背面及足淡黄色，腹面白色；前翅玉米黄色，中室有 1 个亚基点，内线在中脉及 2 脉处向外折角；外线内边在翅脉间延伸，其外边均匀弯曲。后翅半透明白色。

分布：云南（昭通等）、陕西、浙江、福建、海南、四川。

栎长须夜蛾 *Herminia grisealis* (Denis & Schiffermüller)

鉴别特征：体长约 10 mm。前翅灰褐色，内线黑棕色，为棕色短线状，中线隐约可见棕色自肾纹后微内斜，外线棕色，亚端线黑棕色，自顶角微内弯，端线黑棕色。后翅灰褐色，亚端线白色。

分布：云南（昭通等）、内蒙古、四川；日本等。

双分苔蛾 *Hesudra divisa* Moore

鉴别特征：翅展 30~42 mm。前翅前半部灰黄色，翅基片黑褐色，外侧缘黄色，前缘区色较深，前缘基部具黑边，后半部黑褐色，翅面稍带闪光，反面除前缘带黄色外，其余暗褐色。后翅黄色。

分布：云南（昭通等）、江西、湖南、福建、台湾、广东；印度，马来西亚。

拉髯须夜蛾 *Hypena labatalis* Walker

鉴别特征：翅展约 25 mm。头灰褐色，下唇须赭褐色。胸部灰褐色，足浅赭黄色。前翅灰褐色，内线只现几个黑点，外线黑色；1 条白色弯曲斜纹自顶角伸至外线，其两侧黑褐色。后翅褐灰色。

分布：云南（昭通等）；印度，斯里兰卡。

粉点朋闪夜蛾 *Hypersypnoides punctosa* (Walker)

鉴别特征：翅展约 46 mm。头、胸部暗棕色，前足跗节外侧黑色，各节间有白斑，中足与后足褐灰色。前翅暗棕色，基线黑色；内线黑色；中线黑色模糊；外线、亚端线黑色。后翅暗褐色。

分布：云南（昭通等）、湖南、福建、海南；日本，印度。

霉棕毒蛾 *Ilema catocaloides* (Leech)

鉴别特征：翅展 33~46 mm。触角棕黄色，栉齿棕色，下唇须暗褐色。前翅内半暗棕色；横脉纹肾形，具黑褐色边；外线黑褐色；缘毛暗棕色，有黄绿色点。后翅黄褐色，缘毛黄褐色。

分布：云南（昭通等）、湖北、湖南、四川。

角棕毒蛾 *Ilema cyrteschata* (Collenette)

鉴别特征：翅展 36~49 mm。触角干、下唇须、胸部褐黑色，触角栉齿黑褐色；足褐黑色带暗黄褐色。前翅黄褐黑色，具褐黑色斑纹；内外线黑色；缘毛黑色与赭色相间。后翅暗褐色。

分布：云南（昭通等）、西藏。

台棕毒蛾 *Ilema kosemponica* (Strand)

鉴别特征：翅展 31~38 mm。雄虫后胸与腹部具黑色毛簇。前翅灰黑色，翅前缘区具浅灰色横纹；内线黑色波浪形；外线为“Z”形宽线；缘区具 2 个“Z”形横线。后翅浅灰黑色，中室末端具黑斑。

分布：云南（昭通等）、台湾、西藏；尼泊尔。

姬白望灯蛾 *Lemyra rhodophilodes* (Hampson)

鉴别特征：翅展约 34 mm。体白色，下唇须黑色，触角及额侧黑色；前足腿节黑色；腹部背面暗紫红色。前翅白色，从后缘中部至中室上角外方有 1 斜列暗褐点紧相连。后翅横脉纹具 1 个暗褐点。

分布：云南（昭通等）、西藏；巴基斯坦，印度，尼泊尔，缅甸。

四点苔蛾 *Lithosia quadra* (Linnaeus)

鉴别特征：翅展 32~56 mm。雄虫下唇须、额及触角黑色；足大部深金属绿色。前翅灰色，前缘区具闪光蓝黑带，端区黑色；后翅橙黄色，前缘区暗褐色。雌虫橙黄色，前翅具 2 个金属蓝绿色点。

分布：云南（昭通等）、黑龙江、吉林、辽宁、山东、陕西、湖南、广西、四川；俄罗斯，日本等。

舞毒蛾 *Lymantria dispar* Linnaeus

鉴别特征：体长 19~25 mm。前翅茶褐色；外缘呈深色带状，中室中央有 1 个黑点，每 2 条脉纹间有 1 个明显的黑褐色斑点，腹末有黄褐色毛丛。

分布：云南（昭通等）、黑龙江、吉林、辽宁、河北、山东、陕西、安徽、浙江、湖南、贵州等。

黄黑脉美苔蛾 *Miltochrista nigrovena* Fang

鉴别特征：翅展 32~41 mm。体黄色。触角黑色。雌虫前翅翅脉及中室中央纵带及亚中褶黑色。后翅翅顶处翅脉褐色。雄虫前翅从前缘经横脉纹达臀角前以外的区域为灰褐色。后翅亚端区灰褐色。

分布：云南（昭通等）、湖北。

之美苔蛾 *Miltochrista ziczac* (Walker)

鉴别特征：翅展 20~32 mm。体白色。额与头顶具黑点，颈板与翅基片具红斑。前翅前缘下方在内线以内具红带，前缘基部具 1 个暗褐点，亚基线、中线、外线黑色。后翅淡红色。

分布：云南（昭通等）、山西、陕西、江苏、浙江、江西、福建、台湾、广东、广西、四川等。

黄带拟叶夜蛾 *Phyllodes eyndhovii* Vollenhoven

鉴别特征：体长约 36 mm。前翅棕褐色，环纹为 1 个黑色点，肾纹褐色斜弯，中有棕色圈，翅尖至肾纹后有 1 条黑棕色斜线，翅尖极尖而垂成钩形。后翅棕褐色，中带黄色曲折，两侧带黑色。

分布：云南（昭通等）、广东、四川、贵州；印度，印度尼西亚。

目三角须夜蛾 *Progonia oileusalis* (Walker)

鉴别特征：展翅 14~16 mm。成虫体灰褐色。前翅灰褐色，顶角稍微突出，外缘向外弯曲，前中线与后中线锯齿状，中室端有 1 个椭圆形的斑，斜向，亚端线灰白色。后翅基侧淡黄褐色，近外缘褐色。

分布：云南（昭通等）、台湾、香港；日本，印度，斯里兰卡，菲律宾，马来西亚。

三角缘斑夜蛾 *Prolophota trigonifera* Hampson

形态特征：翅展约 26 mm。头部与胸部赭黄色杂红褐色，前足跗节外侧黑色，各节间淡赭黄色。前翅淡赭黄色，部分带褐色，缘毛赭黄色间黑色。后翅淡赭黄色，端线为 1 列黑点，缘毛似前翅。

分布：云南（昭通）、安徽、台湾、广东、香港；韩国，日本，印度，斯里兰卡，马来西亚。

双线盗毒蛾 *Somena scintillans* Walker

鉴别特征：翅展 20~38 mm。触角干浅黄色，栉齿黄褐色。胸部浅黄棕色。腹部褐黄色，肛毛簇橙黄色。前翅赤褐色，微带浅紫色闪光；内线和外线黄色；前缘、外缘和缘毛柠檬黄色。后翅黄色。

分布：云南（昭通等）、浙江、湖南、福建、台湾、广东、广西、四川；巴基斯坦，印度，缅甸等。

黄痣苔蛾 *Stigmatophora flava* (Bremer & Grey)

形态特征：翅展 26~34 mm。体黄色。头、颈板、翅基片色较深。下唇须顶端及前足散布紫褐色。前翅前缘区深黄色，前缘基部黑边，翅顶下方亚端点 1 个或 2 个，数目不定，反面中央布暗褐色。

分布：云南（昭通等），全国广布；朝鲜，日本。

挂墩小带苔蛾 *Striatella kuatunensis* (Daniel)

形态特征：翅展 20~26 mm。体黄色。足黄黑相混；前翅基部至内线处在前缘具黑边，3 个黑色内线点斜向后，其外 1 弧形线从前缘向外至中室折角后内斜至后缘上方。后翅色稍淡。

分布：云南（昭通等）、广东、福建、四川、重庆；越南。

肘析夜蛾 *Sypnoides olena* (Swinhoe)

形态特征： 翅展约 43 mm。头部及颈板基部褐色，胸部黑褐色杂少许灰色。前翅浅褐色，布有黑色细点，基部黑色带灰，内线双线黑色，波浪形，肾纹浅褐色，前方有 1 条黑褐斜纹。

分布： 云南（昭通等）、陕西、甘肃、浙江、福建。

平纹台毒蛾 *Orgyia parallela* Gaede

鉴别特征： 翅展 11~33 mm。雄虫体棕黑色。前翅具 2 条黑色平行线，前翅前缘中央白灰色，近臀角有 1 个白色斑。雌虫体被黄白色绒毛。头小，触角丝状，翅退化。

分布： 云南（昭通等）、北京、河北、陕西、甘肃、湖北、湖南、四川。

庸肖毛翅夜蛾 *Thyas juno* (Dalman)

鉴别特征：翅展约 85 mm。头、胸、前翅赭褐色或灰褐色。前翅布有细黑点；环纹为 1 个黑点，中有黑点；翅外缘具 1 列黑点。后翅黑色，端区红色，中部有粉蓝色钩形纹。腹部红色。

分布：云南（昭通等）、黑龙江、辽宁、河北、湖北、浙江、海南、四川、贵州等；日本，印度。

黑长斑苏苔蛾 *Thysanoptyx incurvata* (Wileman & West)

鉴别特征：翅展 34~44 mm。触角丝状，具长鬃；下唇须平伸；足长，褐灰色至黑色。前翅长而窄，底色为白色，近后缘处具 1 条黑色纵条带，近前缘后端具 1 个月形黑斑；雄虫中室基具长鳞片缨。

分布：云南（昭通等）、台湾。

圆斑苏苔蛾 *Thysanoptyx signata* (Walker)

鉴别特征：翅展 26~42 mm。雌虫头、颈板、翅基片基部黄白色；足黑褐色。前翅灰黄色，中室末端下方具黑色大圆斑。后翅黄色。雄虫前翅底色较灰。后翅后缘基部具少许粗鳞片。

分布：云南（昭通等）、浙江、福建、湖北、江西、湖南、广西、四川。

尾夜蛾科 Euteliidae

折纹殿尾夜蛾 *Anuga multiplicans* (Walker)

鉴别特征：翅展约 40 mm。头、胸、腹及前翅暗褐杂灰色，前翅后半色较纯褐，基线、内线双线黑色，后者波浪形。肾纹棕色黑边，外线黑色锯齿形，亚端线灰色锯齿形。后翅暗褐色。

分布：云南（昭通等）、浙江、湖南、福建、广东、海南、四川、贵州；印度，马来西亚等。

滑尾夜蛾 *Eutelia blandiatrix* (Guenée)

鉴别特征：翅展约 30 mm。雄虫触角丝状，头浅红褐色。前翅黄褐色，翅脉白色；翅基部与外缘区中段色深；基线双线白色；内横线内弧粗壮白色，各主纵脉脉端呈黑褐色。后翅灰白至褐色。

分布：云南（昭通等）、浙江、湖南、海南、四川。

夜蛾科 Noctuidae

灰翅夜蛾 *Spodoptera mauritia* (Boisduval)

鉴别特征：翅展 32~37 mm。体色灰褐色至深褐色；前翅深褐色或棕褐色，有灰黄白色环纹，肾状纹黑褐色，亚端线白色，端线为一系列黑点，各翅脉端部缘毛白色。后翅白色，半透明，顶角及外缘褐色。

分布：云南（昭通等）、江苏、浙江、福建、广东、四川。

小地老虎 *Agrotis ipsilon* (Hüfnagel)

形态特征： 翅展 48~50 mm。头部及胸部褐色至黑灰色，额上缘有黑条，头顶有黑斑，颈板基部及中部各具 1 条黑横纹；腹部灰褐色。前翅棕褐色，前缘区较黑，基线双线黑色波浪形，内线双线黑色。

分布： 云南（昭通等），全国广布；世界广布。

匀杂夜蛾 *Amphipyra tripartita* Butler

鉴别特征： 翅展约 55 mm。头部及胸部黑褐色，额两侧白色；前翅黑褐色，中室基部后方具 1 个白点，基线仅中室前现 1 条白斜纹，内线粗，白色，外线白色外弯。后翅暗褐带黑灰色。腹部灰褐色。

分布： 云南（昭通等）、湖南、湖北、四川；日本，朝鲜。

新旋夜蛾 *Anabelcia staudingeri* (Leech)

形态特征：翅展约 36 mm。头部黑褐杂灰绿色，胸部褐黑杂白色。前翅灰绿色，基部有 1 个黑斑，各横线黑色，基、内线波浪形，其余各线锯齿形，环纹黑色，后端有 1 个白点，肾纹白色，中有黑曲线。

分布：云南（昭通）、河北、山西、浙江、湖南；朝鲜，韩国。

迴秀夜蛾 *Apamea remissa* (Hübner)

形态特征：翅展约 36 mm。头、胸灰色杂褐色。前翅褐色带黑灰色，内区、外区灰白带褐色，端区黑褐色，基线、内线及外线均双线黑色，基线、内线波浪形，外线锯齿形，剑纹暗褐色。

分布：云南（昭通）、黑龙江、新疆；俄罗斯，朝鲜，日本等。

倭委夜蛾 *Athetis stellata* (Moore)

形态特征： 翅展 28~30 mm。头、胸灰色杂褐色。前翅灰褐色，外区、端区褐色，基线、内线、中线及外线黑色。前翅内、中、外线近直，肾纹狭长，黄色，前端有 1 个白点，后端有 2 个白点。

分布： 云南（昭通）、陕西、甘肃、福建、四川、西藏；朝鲜，日本，印度，斯里兰卡。

竹笋夜蛾 *Bambusiphila vulgaris* (Butler)

鉴别特征： 翅展 32~43 mm。头部及胸部黄褐色。前翅淡褐色，基部有 1 个大褐斑，基线褐色，内线褐色，波浪形，环纹及肾纹黄白色，中线褐色，外线黄白色。后翅褐色。腹部淡褐灰色。

分布： 云南（昭通等）、河南、湖北、湖南、浙江、广东、广西、重庆、四川、贵州等；日本。

红棕散纹夜蛾 *Callopistria placodoides* (Guenée)

鉴别特征：翅展约 30 mm。头、胸及前翅红棕带紫色。前翅后缘基部有 1 个橙色点，内线双线黑棕色，后半外侧较大 1 片紫色。中线黑棕色。后翅淡棕色，基部淡黄色，缘毛褐黄色。腹部浅棕灰色。

分布：云南（昭通等）、浙江、湖南、福建、海南；印度，马来西亚，印度尼西亚。

嵌白散纹夜蛾 *Callopistria quadralba* (Draudt)

鉴别特征：翅展 25~28 mm。头、胸黑色杂白及浅黄色。前翅底色土黄，密布黑色细点，两侧在亚中褶处各具 1 个淡黄色圆斑；端线白色，外侧具 1 条黑带。后翅黑灰色，缘毛浅黄色。腹部黑色。

分布：云南（昭通等）、四川。

稻金翅夜蛾 *Chrysaspidia festucae* (Linnaeus)

鉴别特征：体长 13~19 mm，翅展 32~37 mm。头红褐色，胸背棕红色，腹部浅黄褐色。前翅黄褐色，基部后缘区、端区具浅金色斑，内横线、外横线暗褐色，翅面中间具大银斑 2 个，缘毛紫灰色。

分布：云南（昭通等）、黑龙江、宁夏、江苏。

台湾雅夜蛾 *Discibocome pulchra* Wileman

鉴别特征：翅展 25~35 mm。头、胸背板具绿色长毛。前翅绿色，翅面有 3~4 条横向白色波状纹，波状纹上、下具深绿至棕褐色斑，前缘具黑色小斑，端外缘具黑色小点，酷似地衣。足具黑斑。

分布：云南（昭通等）、台湾。

白斑锦夜蛾 *Phlogophora albovittata* (Moore)

鉴别特征：翅展约 42 mm。头、胸黑色；腹部灰黑色。前翅白色，基部黑色，中室 1 白点，中区 1 黑带，两侧各 1 黑斑，肾纹白色，外侧 1 黑灰纹，外线前半可见双黑线。后翅白色，向外褐色。

分布：云南（昭通等）、浙江、湖南、福建、海南、四川；印度。

绣锦夜蛾 *Euplexia picturata* (Leech)

鉴别特征：翅展约 26 mm。头、胸白色；腹部黄白色。前翅白色带褐黄色，基线、内线、中线及外线均黑色，前、后端黑色，2 脉端有 1 黑斑，臀角 1 红褐斑。后翅黄白色，后翅可见外线与亚端线。

分布：云南（昭通等）、四川。

点实夜蛾 *Heliothis peltigera* (Denis & Schiffermüller)

鉴别特征：翅展约 38 mm。头及胸部赭黄色。腹部淡赭黄色。前翅环纹为 1 黑褐色点，肾纹黑褐色，前方有 1 褐斑，外线褐色锯齿形，齿尖为黑色及白色点。后翅淡赭黄色，翅脉及横脉纹褐色。

分布：云南（昭通等）、新疆、西藏。

日微夜蛾 *Lophomilia takao* Sugi

鉴别特征：翅展约 22 mm。头与胸部红褐色杂黄白色；腹部褐色。前翅浅褐色略带紫色，前缘区基部有 1 条黑褐纵纹，内线仅后半明显，强内斜，外线极细，自前缘脉强外斜。后翅暗褐色。

分布：云南（昭通等）、湖北；日本。

标瑙夜蛾 *Maliattha signifera* (Walker)

鉴别特征：翅展约 16 mm。头、胸白色杂少许褐色；腹部褐白色。前翅白色，前缘区基部具 2 褐斑，内 1 斑具黑点，中室近基部有 1 黑点，内线、中线黑色，肾纹白色，中有 2 黑点。后翅褐白。

分布：云南（昭通等）、河北、江苏、湖北、江西、福建、广东、广西；日本，印度等。

分秘夜蛾 *Mythimna separata* (Walker)

鉴别特征：翅展 36~40 mm。头、胸灰褐色；腹部暗褐色。前翅灰黄色或黄色，环、肾纹褐黄色，后者后端有 1 白点，其两侧各具 1 黑点，外线为 1 列黑点，翅外缘 1 列黑点；后翅暗褐色。

分布：云南（昭通等），除新疆外全国广布；俄罗斯，日本，澳大利亚等。

乏夜蛾 *Niphonix segregata* (Butler)

鉴别特征：翅展28~30 mm。头、胸、腹灰褐色。前翅褐色，中央有暗褐宽带，基线灰白色，达中室，内侧有1黑斑，内线黑色，中线暗褐色，仅前半可见，外线黑色，外侧衬灰白色。后翅褐色。

分布：云南（昭通等）、黑龙江、河北、河南、福建；日本，朝鲜。

耀夜蛾 *Opsyra chalcoela* (Hampson)

鉴别特征：翅展约33 mm。头与颈板黄色，额有褐斑。胸部白色；腹部褐黄。前翅黑褐色，后缘区浅黄，略带暗绿色及金色，前缘区有银蓝色点，端线白色。后翅黄白带褐色，端线为1列黑长点。

分布：云南（昭通等）、福建、四川；印度。

白斑胖夜蛾 *Orthogonia canimacula* Warren

鉴别特征：翅展约 61 mm。头部黄褐色，额两侧有黑纹。触角黑色，颈板、翅基片黑棕色。胸背褐黑色，中央有 1 纵褐区。前翅黑棕色，外线与亚端线间明显淡褐灰色。

分布：云南（昭通等）、浙江、四川。

复梦尼夜蛾 *Orthosia poecila* (Draudt)

鉴别特征：翅展约 27 mm。前翅白色，部分带暗褐色，前缘区色暗，内线前端为 1 斜方形小黑斑，肾纹黑色，半圆形，头、胸部白色；腹部褐色。亚端线不明显。后翅白色带浅褐色。

分布：云南（昭通等）。

盗盼夜蛾 *Panthea hoenei* (Draudt)

鉴别特征：翅展约 45 mm。头与胸部灰黑色；腹部灰色杂少许黑色。雄虫触角双栉状。翅基片有 2 条黑色斜纹；前翅密布褐黑色细点，基线、内线、中线及外线均为黑色。后翅白色。

分布：云南（昭通等）、湖南。

滇衫夜蛾 *Phlogophora butvili* Gyulai & Saldaitis

鉴别特征：翅展 34~39 mm。头棕褐色；胸部深棕灰色。前翅深棕灰色，中部颜色深，内侧区下缘为灰色，其绿色和紫色逐渐变为浅褐色。后翅浅棕至灰色带有边界不清的微弱盘状斑点。

分布：云南（昭通等）。

罗夜蛾 *Plexiphleps stellifera* (Moore)

鉴别特征：展翅 40~43 mm。头、胸黄绿色；腹部暗褐色。前翅霉绿色，基线前端内侧有 1 黑纹，中室基部 2 黑点，线外侧 1 黑带，内线波浪形，外侧中褶、亚中褶处有黑纹。后翅黑褐色。

分布：云南（昭通等）、四川；印度。

社夜蛾 *Pseudosphetta moorei* (Cotes & Swinhoe)

鉴别特征：翅展约 45 mm。头、胸部浅黄色；腹部背面黑褐色，中央具 1 黑褐纵条。前、中足胫节外侧有褐纹。前翅浅灰黄色，基线与内线在前缘区现几条外斜的黑棕纹。后翅黑褐色。

分布：云南（昭通等）、海南；印度，斯里兰卡。

黑星修虎蛾 *Sarbanissa insocia* Walker

鉴别特征： 翅展约 54 mm。头部黑棕色杂黄色及灰色，胸部黑棕色；腹部黄色。前翅前半在外线内方灰黄色，密布黑棕细点，其余部分暗棕色，内线黄色，外线双线黄色，中室端有 1 个小黑圆斑。

分布： 云南（昭通等）、西藏；印度。

白云修虎蛾 *Sarbanissa subalba* (Leech)

鉴别特征： 翅展约 47 mm。头、胸部棕色；腹部杏黄色。前翅棕色，前翅内线后半内侧带枣红色，近臀角处有 1 个枣红斑，环纹与肾纹棕黑色，肾纹外有 1 个白斑，亚端线灰色。后翅杏黄色。

分布： 云南（昭通等）、湖南；印度，缅甸，马来西亚，印度尼西亚。

葡萄修虎蛾 *Sarbanissa subflava* (Moore)

鉴别特征：翅展约 49 mm。头、胸紫色；腹部黄色。前翅灰黄色，密布紫点，内、外线黄色，外线双线，亚端线灰白色，翅外缘具 1 列黑点。后翅杏黄色，近臀角具 1 个褐黄斑，中室具 1 个暗灰斑。

分布：云南（昭通等）、黑龙江、辽宁、河北、山东、浙江、湖北、江西、贵州；朝鲜，日本。

甜菜夜蛾 *Spodoptera exigua* (Hübner)

鉴别特征：翅展 19~25mm。头、胸部褐色。前翅褐色，前基线前端可见双纹，内、外线均双线黑色，内线波浪形，剑纹为 1 黑条，环、肾纹粉黄色，中线黑色波浪形。后翅白色。

分布：云南（昭通等），全国广布；日本，印度，缅甸，澳大利亚等。

兰纹夜蛾 *Stenoloba jankowskii* (Oberthür)

鉴别特征：翅展 30~36mm。头胸部棕黑杂白色。前翅黑棕色，中室前方带灰绿色，1 条白纹沿中室后缘外伸折向顶角，外线、亚端线白色，外线近顶角有 1 个黑点，近外缘有 1 条白线。后翅暗褐色。

分布：云南（昭通等）、黑龙江、浙江。

金掌夜蛾 *Tiracola aureata* Holloway

鉴别特征：翅展 49~58 mm。喙发达，第 3 节短，斜伸。翅面黄褐色，前翅前缘中央处有 1 个褐色具金属光泽的斜向斑纹，翅端褐色，内具黄褐色的椭圆形斑，顶角内侧有褐色斑。

分布：云南（昭通等）。

明后夜蛾 *Anacronicta nitida* (Butler)

鉴别特征：翅展 28~38 mm。头、胸部白色。额上缘有 1 条黑横纹；前足胫节有 2 个黑点。前翅白色至土灰色，前缘脉基部有 1 个褐点，近顶角有 1 个赤褐弯斑纹。后翅微黄，外半部带褐色。

分布：云南（昭通等）、湖南、黑龙江、江苏、浙江、四川、福建。

八字地老虎 *Xestia c-nigrum* (Linnaeus)

鉴别特征：翅展 29~36 mm。头、胸褐色；腹部褐色带紫色。前翅灰褐带紫色，前缘区中段浅褐，基线、内线及外线均双黑线，环纹宽“V”形，亚端线浅黄前端具 2 黑齿形斜条。后翅黄白微带褐色。

分布：云南（昭通等），全国广布；朝鲜，日本，印度等。

镶边鲁夜蛾 *Xestia mandarina* (Leech)

鉴别特征：翅展约 41 mm。头、胸红棕色。前翅红棕色带黄色及紫灰，翅脉黑色杂白色，基线、内线及外线均双线黑色，内线外侧的中室黑色，亚端线前端具 1 对齿黑纹。后翅褐色。

分布：云南（昭通等）、西藏。

瘤蛾科 Nolidae

绿角翅瘤蛾 *Tyana falcata* (Walker)

鉴别特征：翅展约 34 mm。前翅形状方宽，顶角与臀角呈明显折角中室末端具大小不一的红斑。后翅形状圆，雄虫后翅相对前翅小，底色白色，无其他翅纹。

分布：云南（昭通）、福建、台湾、广东、重庆、四川；印度，越南，老挝，泰国。

舟蛾科 Notodontidae

著蕊舟蛾 *Dudusa nobilis* Walker

鉴别特征： 翅展 71~104 mm。头暗褐色，颈片和胸背褐黄色。触角双栉状。前翅黄褐棕色，基部黄白色，有 3 个小黑点；外线与亚端线间有 1 条暗褐色松散带；亚端线双道平行，每道具黄白色边。

分布： 云南（昭通等）、河北、浙江、湖北、江西、台湾、广东、广西、重庆、四川。

淡红钩翅舟蛾 *Gangarides rufirnus* Schintlmeister

鉴别特征： 翅展 76~92 mm。体灰黄色，布满红褐色鳞片。前翅灰黄色，具 5 条清晰的暗褐色横线，内线在中室前弯曲，外线弯曲，外缘波浪形。后翅灰黄褐带浅红色，具 1 条模糊的暗褐色外带。

分布： 云南（昭通等）；缅甸，越南，泰国。

银边细翅舟蛾 *Gargetta nagaensis* Hampson

鉴别特征： 翅展 45~53 mm。头胸部暗褐色。触角红褐色。前翅暗褐色，中室和外缘区颜色较浅，近中室末端有 1 条模糊黑短纹，外线由 1 列脉上小黑点组成，端线为 1 条银白色细线。后翅红褐色。

分布： 云南（昭通等）、湖北、江西；印度，印度尼西亚。

三线雪舟蛾 *Gazalina chrysolopha* (Kollar)

鉴别特征： 翅展 31~39 mm。头顶和胸部白色，颈板和翅基片前缘带土黄色。前翅白色带丝质光泽，有 3 条黑色横线；内线以内的前缘黑色；基线与内线间的中室下缘具黑线。后翅白色。

分布： 云南（昭通等）、陕西、甘肃、海南、广西、四川、贵州、西藏等；印度，尼泊尔等。

杨小舟蛾 *Micromelalopha sieversi* (Staudinger)

鉴别特征： 翅展 24~26 mm。体色变化较多，黄褐为主。前翅有 3 条具暗边的灰白色横线，内横线似 1 对括号形，中横线“八”字形，外横线呈倒“八”字波浪形。后翅臀角有 1 褐色小斑。

分布： 云南（昭通等）、黑龙江、吉林、北京、山西、湖北、浙江、四川等；俄罗斯，日本等。

邻小舟蛾 *Micromelalopha vicina* Kiriakoff

鉴别特征： 翅展 21~24 mm。头胸部红褐色。前翅红褐带灰紫色，具 3 条模糊灰白色横线；亚基线模糊；内线内分岔清晰；外线波浪形；亚短线由 1 列模糊脉间黑点组成。后翅红褐色。

分布： 云南（昭通等）、浙江、江西、福建、贵州；越南。

栎掌舟蛾 *Phalera assimilis* (Bremer & Grey)

鉴别特征：翅展 44~75 mm。头顶黄灰白色；胸部背面黄褐色，后半部灰白色；腹部末端 2 节各具 1 条黑色横带。翅基片和后胸具 2 条暗棕色横线。前翅灰褐色，具银色光泽。后翅暗褐色。

分布：云南（昭通等）、辽宁、河北、陕西、甘肃、浙江、海南、广西、四川等；俄罗斯等。

珠掌舟蛾 *Phalera parivala* Moore

鉴别特征：翅展 64~76 mm。头顶、颈板和前、中胸的背面淡黄色，后胸灰褐色；腹部背面节间具模糊的浅黄褐色横带。前翅灰红褐色，基部和近臀角的外缘部分灰白色具黑斑点。后翅暗褐色。

分布：云南（昭通等）、湖北、广西、四川、西藏；印度，尼泊尔，越南，泰国。

艳金舟蛾 *Spatalia doerriesi* Graeser

鉴别特征：翅展 39~43 mm。头和颈板暗灰褐色。胸部背面和胸足腿、胫节赭黄至锈红褐色。前翅暗灰褐或黄褐色；基部有 1 个黑点；中室下缘中央有 1 个三角形大银斑。后翅暗灰褐色，缘毛灰黄色。

分布：云南（昭通等）、陕西、甘肃。

富金舟蛾 *Spatalia plusiotis* (Oberthür)

鉴别特征：翅展 42~45 mm。头和胸背暗褐色，后胸背中央有 2 个黄白色斑点。前翅暗褐色，有时带红褐色；中室下方的后缘区有几个较分散的银斑。后翅黄褐色或灰褐色，缘毛色浅。

分布：云南（昭通等）、黑龙江、吉林、北京、陕西、甘肃、浙江、湖北、湖南、四川；俄罗斯等。

梨威舟蛾 *Wilemanus bidentatus* (Wileman)

鉴别特征：翅展 35~40 mm。头部和胸部灰白带褐色；后胸中部具黑褐色横线；腹部浅灰黄褐色。足跗节黑褐色具白环。前翅灰白泛赭色，具一大一小 2 个暗褐色斑。后翅灰褐色，具模糊灰白色外带。

分布：云南（昭通等），全国广布；俄罗斯，朝鲜，日本。

带蛾科 Thaumetopoeidae

灰褐带蛾 *Palirisa sinensis* Rothschild

鉴别特征：翅展 68~100 mm。体浅褐色。前翅褐色略深于后翅，两翅无明显缘线，缘毛淡褐色。前翅具 2 条平行的黑褐色细条纹，后翅具 2 条平行的浅褐色细条纹。

分布：云南（昭通等）、台湾、广西、四川、西藏；印度，不丹，缅甸，泰国。

凤蛾科 Epicopeiidae

浅翅凤蛾 *Epicopeia hainesii* Holland

鉴别特征：翅展 58~67 mm。体烟黑色。头红色；腹部背面烟黑，侧板具红斑。前翅鳞片薄，翅膜呈灰褐色，翅脉可见烟赭色。后翅翅脉黄褐色，外缘至臀角烟黑色，尾带内侧沿外缘有 4 个红点。

分布：云南（昭通等）、浙江、湖北、福建、台湾、广西、四川。

尺蛾科 Geometridae

斜纹点尺蛾 *Calletaera obliquata* (Moore)

鉴别特征：翅展 35~42 mm。触角双栉状。翅底色白，整体密布淡褐色斑纹。前翅前缘外弯，顶角尖突出。后翅外缘近平直，后中线于各脉上具斜向的短斑，下缘具褐色，近顶角 1/3 段向外稍突出。

分布：云南（昭通等）、台湾；日本，尼泊尔。

双角尺蛾 *Carige cruciplaga* (Walker)

鉴别特征：翅长 14~16 mm。胸腹部背面浅黄褐色。前翅浅灰黄色，散布褐鳞；翅脉黄色；内、外线黄色，两侧在翅脉间各有列黑斑。后翅中点和外线同前翅，翅缘毛黄、褐相间。

分布：云南（昭通等）、黑龙江、吉林、辽宁、内蒙古、甘肃、上海、浙江；俄罗斯，朝鲜等。

台湾四眼尺蛾 *Chlorodontopera taiwana* (Wileman)

鉴别特征：翅展 40~53 mm。雄虫触角前 5/6 段为双栉状，其余丝状；雌虫触角丝状。腹部中段各节前后有黑色斑点。中室端部具有明显黑色圆斑；"眼斑"在前翅呈圆形，在后翅呈豌豆形。

分布：云南（昭通等）、台湾；印度。

肾纹绿尺蛾 *Comibaena procumbaria* (Pryer)

鉴别特征：翅长 11~15 mm，翅展 20~25 mm。体背及翅青绿色，有时灰白色。中室具 1 个黑点；前翅前缘白色，有时可见 2 条白色横线。前翅臀角和后翅顶角处有 1 个肾形斑纹，外围褐色。

分布：云南（昭通等），全国广布；朝鲜，日本。

小蜻蜓尺蛾 *Cystidia couaggaria* Guenée

鉴别特征：前翅长 22~23 mm。触角线形。下唇须细长。额黄色或黄褐色。头顶和胸部背面中部黑褐色，两侧黄褐色，胸部背面披长毛。翅黑褐色，斑纹白色。翅端部为 1 条黑褐色宽带。

分布：云南（昭通等）、辽宁、陕西、浙江、河北、湖北、湖南、台湾、贵州等；俄罗斯，印度等。

豹尺蛾 *Dysphania militaris* (Linnaeus)

鉴别特征：前翅长 36~45 mm。体黄色。触角双栉状。前胸有 1 个长方形黑斑。前翅狭长，有 2 列半透明圆形白斑；有 1 条“E”形蓝紫色斑纹。后翅杏黄色；翅端部为 2 条不规则的蓝紫色带。

分布：云南（昭通等）、江西、福建、广东、海南、香港、广西；印度，缅甸，越南，泰国，马来西亚等。

五彩枯斑翠尺蛾 *Eucyclodes gavissima* (Walker)

鉴别特征：翅长 14~17 mm。雄虫触角双栉状，雌虫触角线状。翅蓝绿色。前翅中点细长条状，外线锯齿状，上端前缘处有 1 个大褐斑。后翅基部有浅红褐色斑，内侧绿色，外侧有黄褐色伴线。

分布：云南（昭通等）、海南、西藏；印度，尼泊尔，斯里兰卡，马来西亚，文莱。

张氏褥尺蛾 *Eustroma changi* Inoue

鉴别特征： 翅长 12~18 mm。前翅顶角至亚缘线的斜线通常较粗。后翅灰白色，端部略带灰褐色，无中点或黑斑。翅反面颜色亦较浅，前翅反面斑纹极模糊；毛束发达，黑色，Cu_2 基部下方无橘黄斑。

分布： 云南（昭通等）、陕西、湖北、台湾、四川。

灰绿片尺蛾 *Fascellina plagiata* (Walker)

鉴别特征： 翅长约 14 mm。体和翅绿色。前翅顶角不突出，后翅顶角不凹入。翅面散布稀疏黑鳞。前翅前缘浅灰褐色，翅端部为 1 个深褐色大斑。后翅中线直；缘毛在前翅大斑外深褐色。

分布： 云南（昭通等）、贵州、西藏；缅甸，印度。

光边锦尺蛾 *Heterostegane hyriaria* Warren

鉴别特征：翅长 8~10 mm。触角线状。体和翅草黄色，散布黄褐至红褐色鳞。前翅前缘排列褐至黑褐色碎斑或条纹；亚缘线深褐色。后翅中线直，缘线连续；缘毛黄色，在翅脉间掺杂少量灰褐色。

分布：云南（昭通等）、山东、湖南、广西；朝鲜，日本。

灰尖尾尺蛾 *Maxates thetydaria* (Guenée)

鉴别特征：翅长 16~20 mm。前翅顶角圆，外缘浅弧形；后翅外缘微波曲。翅脉灰白色，密布灰绿色碎纹。前翅前缘暗灰绿色略带黄褐色；前后翅端部色深，缘毛浅灰绿色。翅反面灰白色。

分布：云南（昭通等）、甘肃、湖南、福建、台湾、四川；孟加拉国，菲律宾，马来西亚等。

褐黄斜带尺蛾 *Orthocabera sericea* Butler

鉴别特征：翅展 32~36 mm。雄虫触角短，双栉状；雌虫触角丝状。前翅白色，主要有 4 条褐色的横带，第 3 列横带下方有 1 个波状斑纹；前缘至顶角有 2 条一长一短的纵纹，展翅时前后翅斑相连。

分布：云南（昭通等）、浙江。

黄尾尺蛾 *Ourapteryx sciticaudaria* Walker

鉴别特征：前翅长 15~22 mm。头顶淡黄色；胸部、腹部和足均为黄白色。触角基部淡红色，其他黄白色。肩片基部浅红色，端部黄白色。前翅中线、外线及后翅外线均为浅灰色，均向内倾斜。

分布：云南（昭通等）、陕西、甘肃、湖南、广东、广西、四川、西藏。

镰翅绿尺蛾 *Tanaorhinus reciprocata* (Walker)

鉴别特征：翅长 32~36mm。雄虫触角双栉状，雌虫线状，额绿色。前翅顶角突出呈镰刀状；后翅顶角圆。前翅后缘附近和后翅带为淡黄褐色。翅反面翠绿色或黄绿色，中间较正面清晰且略大。

分布：云南（昭通等）、河南、湖北、湖南、福建、台湾、海南、广西、四川、西藏；日本，印度等。

曲紫线尺蛾 *Timandra comptaria* Walker

鉴别特征：翅展 19~25 mm。雄虫触角双栉状，雌虫线状。前、后翅各具 1 暗紫色斜条纹，形成三角形的两边；亚缘线褐色或紫褐色，波纹状；缘线褐色或紫褐色。后翅外缘中部显著突出。

分布：云南（昭通等）、黑龙江、北京、山东；俄罗斯，朝鲜，日本。

折玉臂尺蛾 *Xandrames latiferaria* (Walker)

鉴别特征：前翅长 28~38 mm。翅底灰黄色，密布黑褐色碎纹。前翅基半部碎纹细长；前翅中部大白斑较窄，斑上具有灰黑色碎纹；白斑内缘沿 Cu_1 外突成 1 个折角，折角下方下垂至臀角内侧。

分布：云南（昭通等）、湖北、湖南、福建、台湾、广东、四川、贵州。

燕蛾科 Uraniidae

大燕蛾 *Lyssa zampa* (Butler)

鉴别特征：翅展 98~115 mm。体褐色至灰褐色。头赭黑色；胸两侧有黄褐长毛。前翅赭褐色，中带污白色自前缘直达后中部的稍外方，外侧有宽灰褐色区。后翅粉白色；外缘有齿形突及尾带。

分布：云南（昭通等）、湖南、福建、广东、海南、广西、重庆、贵州。

紫翅枯叶蛾 *Eteinopla narcissus* Zolotuhin

鉴别特征：翅展43~62mm。体、翅褐紫色。前翅顶角明显；顶角内侧到后缘有1条黑紫色的斜线；中室端斑长圆形，表面散布橘红色的鳞片。后翅色浅，中间有深色斜带；外缘散布灰黑色鳞片。

分布：云南（昭通等）、陕西、甘肃、湖北、广西。

灰翅枯叶蛾 *Eteinopla signata* (Moore)

鉴别特征：体翅褐色。前翅顶角内线黑色，波状，从顶角内侧到后缘有1条黑色的波状斜线；中室端斑长形，其顶端又具圆形小白点，长形斑表面散布橘红色的鳞片。后翅色浅。

分布：云南（昭通等）、福建、广西、西藏；印度，尼泊尔，越南，泰国，马来西亚等。

缘斑枯叶蛾 *Gastropacha xenapates* Tams

鉴别特征：翅展 44~65 mm。体翅茶褐色。雌虫前翅中室端黑点明显，翅面不规则散布黑色小点；后翅前缘区具椭圆形大斑，大斑前半部茶褐色，后半部布满小黑点。雄虫体色较雌虫深。

分布：云南（昭通）、福建、台湾、广东。

栎黄枯叶蛾 *Trabala vishnou* (Lefèbrre)

鉴别特征：翅展 70~95 mm。头黄褐色，触角短双栉齿状；复眼黑褐色。雄虫翅黄绿色；后翅前半可见横线 1 条。雌虫体色较黄，前翅具 3 条横线，亚端线由褐斑组成，下方至后缘有大褐斑。

分布：云南（昭通等）、河北、山东、河南、陕西、甘肃、广东、四川等；尼泊尔，越南等。

蚕蛾科 Bombycidae

白弧野蚕蛾 *Bombyx lemeepauli* Lemée

鉴别特征： 翅展 13~19 mm。体灰褐色。触角双栉状。前翅内线和外线白色弧形，顶角端部具黑色大斑，下方稍向内弯。后翅较深，外半棕褐色，外缘白色，后缘具 1 条深色长条斑。

分布： 云南（昭通等）、湖北。

野桑蚕 *Bombyx mandarina* (Moore)

鉴别特征： 翅展 15~21 mm。体、翅灰褐色；前翅外缘顶角外伸，内侧至外缘间中部有较大的深棕色斑；中室端有肾形纹；后翅后缘中央有 1 个半月形棕黑色斑且伴有白色外围。

分布： 云南（昭通等）、陕西、广东、广西、四川等；朝鲜，日本。

多齿翅蚕蛾 *Oberthueria caeca* (Oberthür)

鉴别特征：翅展 20~26 mm。头部棕色。雄虫触角基半长双栉状，端半长单齿状。胸部褐黄色；腹部浅褐黄色。前翅黄褐色，前缘较浅，具灰褐色波纹；顶角外伸长，端部稍呈钩状。

分布：云南（昭通等）、福建、四川。

箩纹蛾科 Brahmaeidae

枯球箩纹蛾 *Brahmaea wallichii* (Gray)

鉴别特征：翅展 90~160 mm。体色青褐偏黄。胸、腹部背面黑色。左右前翅内侧各有 1 个明显的眼状纹，外缘有独特的棕黑色相间条纹。后翅基区棕黑色并具灰黑斑，外部有 9 垄箩筐纹。

分布：云南（昭通等）、北京、河北、陕西、湖北、广东、广西等；日本，印度，尼泊尔等。

天蚕蛾科 Saturniidae

冬青大蚕蛾 *Archaeoattacus edwardsii* (White)

鉴别特征：体长 35~40 mm。触角双栉状。前翅腹部及背线两侧各具 1 条白色的纵线。后翅内线与外线在前缘 Rs 脉处相连接似耳形。前、后翅中室端各具 1 个白色半透明并镶嵌黄边的三角形斑块。

分布：云南（昭通等）、西藏。

眉纹天蚕蛾 *Samia cynthia* (Drury)

鉴别特征：翅展 65~70 mm。头部白色。触角淡黄色，双栉状。前翅顶角外突，端部钝圆，内侧具 1 个明显的黑斑，内线白色，外线外侧具紫色宽带，中室具较大的新月形半透明区。

分布：云南（昭通等），全国广布；朝鲜，日本。

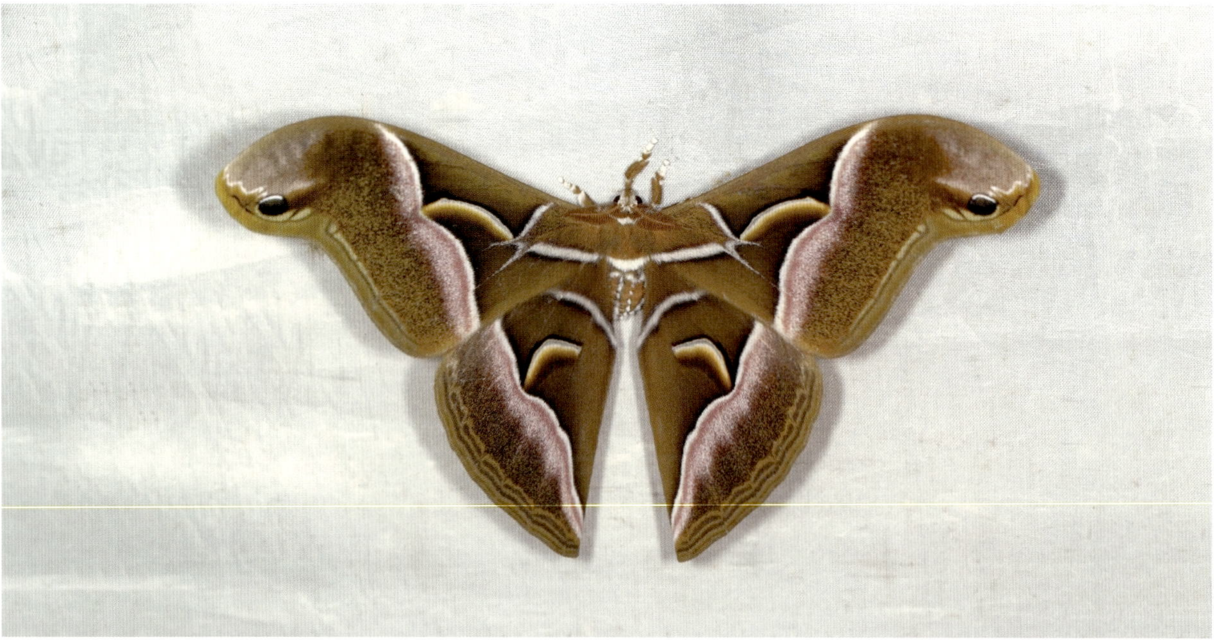

王氏樗蚕蛾 *Samia wangi* Naumann & Peigler

鉴别特征：翅展 130~160 mm。头部黄褐色。前翅黄褐色，顶角外突，端部钝圆，后方具 1 个黑色眼斑，内线和外线白色，具黑边，外线外侧具紫色宽带，中室端部具细长的弧形半透明区。

分布：云南（昭通等）、陕西、湖北、广东、海南、广西、重庆、四川、贵州。

天蛾科 Sphingidae

缺角天蛾 *Acosmeryx castanea* Rothschild & Jordan

形态特征：翅展 35~45 mm。体紫褐色。触角背面污白色，腹面棕赤色；腹部背面棕黑色。前翅前缘略中央至后角有较深色斜带，接近外缘时放宽，斜带上方有近三角形的灰棕色斑。

分布：云南（昭通等）、湖南、台湾、四川；日本。

白薯天蛾 *Agrius convolvuli* (Linnaeus)

鉴别特征： 翅长 45~50 mm。体翅暗灰色；肩板有黑色纵线。前翅内、中、外横带各为 2 条深棕色的尖锯齿线，顶角有黑色斜纹。后翅有 4 条暗褐色横带，后翅反面灰色，间杂有白色鳞毛。

分布： 云南（昭通等）、河北、山西、山东、河南、安徽、浙江、台湾、广东；俄罗斯，印度等。

鹰翅天蛾 *Ambulyx ochracea* Butler

鉴别特征： 翅长 50~55 mm。体翅橙褐色。头顶及肩板绿色，颜面白色；胸部背面黄褐色，两侧浓绿褐色。前、后翅反面橙黄色，前翅外缘呈灰白色宽带。后翅橙黄色，有棕褐色中带及外缘带。

分布： 云南（昭通等）、辽宁、北京、河北、浙江、湖南、广西、四川等；日本，印度等。

葡萄天蛾 *Ampelophaga rubiginosa* Bremer & Grey

鉴别特征：翅长 25~30 mm。体翅茶褐色。体背面自前胸到腹部末端有灰白色纵线 1 条。前翅顶角较突出，各横线为暗茶褐色。后翅黑褐色，外缘及后角附近各茶褐色横带 1 条，缘毛色稍红。

分布：云南（昭通等）、吉林、河北、山西、陕西、宁夏、浙江、广东、四川等；朝鲜，日本。

平背天蛾 *Cechenena minor* (Butler)

鉴别特征：翅长约 40 mm。体青褐色，头及肩板两侧有白色鳞毛，前胸背板中央有 1 个黑点。腹部背面有灰褐色条纹，两侧有黄褐色斑。后翅灰黑色，中部有黄褐色横带；翅反面橙黄略带灰色。

分布：云南（昭通等）、浙江、台湾、广东、广西、四川等；印度，泰国，马来西亚。

大星天蛾 *Dolbina inexacta* (Walker)

鉴别特征： 翅展约 45 mm。体翅暗黄色，有金色光泽。肩板外缘有白细纹，胸背中央有“八”字形白纹。前翅内线由 2 条棕褐波状纹组成，中线及外线由棕黑波状纹组成。后翅棕褐色。

分布： 云南（昭通等）、江西、台湾；印度。

弗瑞兹长喙天蛾 *Macroglossum fritzei* Rothschild & Jordan

鉴别特征： 翅展 40~43 mm。体黑褐色。前翅前半黑褐色，其中有 1 条白色呈“八”字形的线条斜向外缘与腹背形成 1 个黑色三角斑；近顶角处有一长一短的黑褐色斑。后翅橘红色或黄色。

分布： 云南（昭通等）河南、湖北、湖南、福建、重庆、广西、四川、贵州等；日本，越南等。

枇杷六点天蛾 *Marumba spectabilis* (Butler)

鉴别特征：翅展 50~60 mm。体、翅淡褐色，从头顶到尾端有 1 条暗褐色背线；前翅各线成不甚明显的暗褐色条纹，共 6 条组成，后角有暗褐色斑 2 个。后翅暗褐色，后角处有 1 个白斑。

分布：云南（昭通等）、黑龙江、吉林、辽宁、北京、河北、湖南、台湾等；日本，印度等。

构月天蛾 *Parum colligata* (Walker)

鉴别特征：翅展 35~80 mm。体翅褐绿色；胸部灰绿色，肩板棕褐色；前翅中室末端有 1 个白点，顶角有略圆形暗紫色斑 1 个，顶角至后角间有弓形的白色带。后翅浓绿色，后角有棕褐色斑 1 条。

分布：云南（昭通等）、吉林、辽宁、北京、河北、山东、湖北、广东、台湾等；日本等。

青白肩天蛾 *Rhagastis olivacea* (Moore)

鉴别特征：翅展约 40 mm。体青褐色。头及肩板两侧有白色鳞毛；腹部有不甚明显的白色背线，两侧橙黄色。前翅棕褐色，前缘及翅基部青褐色，各横线棕色波状。后翅灰褐色，中部有橙色横带。

分布：云南（昭通等）、广东、海南、广西、西藏；印度。

曲线目天蛾 *Smerinthus szechuanus* (Clark)

鉴别特征：翅展约 35 mm。头黑色；胸部背板深棕色，肩板棕黄色。前翅赭黄色、翅基至中室有 1 个斜向后缘的浅色区。后翅烟黑色至赭红色，后角内侧上方有目形斑，斑中间具圆形黑点。

分布：云南（昭通等）。

蚤目

Siphonaptera

蚤目（俗称跳蚤）是一类体型侧扁，外形高度特化，并以吸血为生的外寄生昆虫。目前世界已知约 2 500 种，中国记录 800 余种，主要吸食哺乳动物（包括人类）和鸟类的血液。

成虫体长 1~4 mm，无翅。头小，复眼小或无，无单眼。口器刺吸式。后足发达，善跳跃。腹部大，末节具一感觉器称为臀板。完全变态，幼虫为蠕虫型，白色或淡黄色，咀嚼式口器，取食有机物碎屑或成虫粪便。幼虫老熟后吐丝结茧，并在其中化蛹。

雌、雄虫均吸血，耐饥饿能力较强。雌虫通常需吸食宿主血液后才能交配和产卵。一只雌虫能产卵数百粒，卵散产于鸟和哺乳动物的巢穴、粪堆、居室床席或地板、墙角的尘土中。幼虫期 2~3 周，分为 3 个龄期，主要生活在阴湿的地面、缝隙等处。多数种类仅成虫吸血时才到宿主身上。成虫不仅会因刺叮吸血后引起宿主剧烈瘙痒，还是传播鼠疫、斑疹伤寒等多种疾病的传播媒介。

本团队首次在昭通地区调查和记录到寄生犬类的栉首蚤（*Ctenocephalides* sp.）和寄生鼠类的客蚤（*Xenopsylla* sp.）。

长翅目

Mecoptera

长翅目昆虫因多具 2 对狭长的翅而得名，通称为蝎蛉。世界已知 800 余种，中国已知 3 科 300 余种。该目昆虫大多发生在潮湿的森林、峡谷或植被茂密的地区，在森林植被遭到破坏的地区数量少而不常见，是一类重要的生态指示昆虫。

成虫体中型、细长。头向腹面延伸成宽喙状。具 1 对复眼和 3 个单眼，单眼呈三角状排列。口器咀嚼式，位于喙的末端。触角长，丝状。翅 2 对、膜质，前、后翅的大小、形状和脉序相似，有的翅退化或消失。尾须短，雄虫有显著的外生殖器，在蝎蛉科中膨大成球状，并上举，状似蝎尾。

完全变态。卵圆形，产于土中或地表，单产或聚产。幼虫蠋式或蛴螬型，头部发达，上颚锋利，触角很短，分 3 节，多生活于茂密树林里的苔藓、腐木或肥沃泥土和腐殖质中，在土中化蛹。蛹为强颚离蛹，外形和成虫相似，但翅短于腹部，紧贴在身体两侧。

成虫杂食性，主要取食小型节肢动物或软体昆虫尸体，但也可取食花蜜、花粉、花瓣、果实和苔藓，将其作为补充食物。

蚊蝎蛉科 Bittacidae

蚊蝎蛉 *Bittacus* sp.

鉴别特征：体中型。头顶黄褐色；喙黑褐色。触角线状，鞭节向末端逐渐变细长，鞭节端部具有许多细毛；上唇延长成喙状；翅细长，无色透明或浅褐色；腹部长，圆柱形，共 11 节。

分布：云南（昭通）。

布里斯新蝎蛉 *Neopanorpa brisi* (Navás)

鉴别特征：体中型。头顶黑褐色。喙黄褐色。胸部背板黑色。足大部棕绿色。翅无色至略带黄褐色，透明；翅痣浅黄褐色。雄虫腹部 1~6 节背板黑褐色，第 7、8 节红褐色。

分布：云南（昭通等）、四川。

黄贵强蝎蛉 *Panorpa huangguiqiangi* Wang

鉴别特征：体中型。头顶、喙草绿色。复眼橙红色，单眼三角区黑色。翅膜质透明，翅脉黑色。腹部第 1~5 节绿色，中间带黄色连续条纹；第 6 节圆柱状；第 7、8 节黄褐色。

分布：云南（昭通）、贵州。

双翅目

Diptera

双翅目昆虫世界已知 165 000 余种，我国已知 17 800 余种，是昆虫纲中已知物种数量居鞘翅目、鳞翅目和膜翅目之后的第四大目。传统上将该目分为长角亚目、短角亚目和环裂亚目，即常说的蚊（及蚋、蠓）、虻、蝇三类。

成虫体小到大型。蚊类体型大多纤细、触角节数较多（一般在 6 节以上），虻类与蝇类体型常粗壮紧凑、触角节数较少（最多不超过 8 节）。口器一般为舐吸式，蚊科等吸血类群特化为刺吸式，部分网翅虻等口器完全退化至缺失。长角亚目触角通常为丝状，鞭节由许多相似节组成。蝇类鞭节具触角芒。虻类触角形态变化最大，呈角状、肾状等，延长或缩短。有 1 对发达的膜质前翅，后翅特化为棒翅，少数种类无翅。

完全变态。绝大多数为两性繁殖，一般为卵生，麻蝇、家蝇和寄蝇等卵胎生，一些瘿蚊和摇蚊有幼体生殖现象。该目是食性多样性最高的目之一，涵盖了植食性、菌食性、粪食性、尸食性、腐食性、捕食性、血食性以及真寄生性、拟寄生性和盗寄生性。

烛大蚊科 Cylindrotomidae

红胸烛大蚊 *Cylindrotoma aurantia* Alexander

鉴别特征：体小型。头部整体黑色。胸部整体橙红色。足股节基部 1/5 黄色，其余黑色；胫节、跗节棕黑色。前翅整体灰色，翅痣棕黑色；R_1 缺失；M_1 比 M_2 长，柄短。腹部细长，黑色。

分布：云南（昭通等）、四川。

沼大蚊科 Limoniidae

露珠康大蚊 *Conosia irrorata* (Wiedemann)

鉴别特征：体中型。体棕褐色。头顶棕色；触角柄节深棕色。前胸背板棕灰色。足棕黄色。前翅总体棕黄色；Rs 基部有大片深棕色斑，端部有大量深棕色斑点。腹部具大量深棕色斑点。

分布：云南（昭通等），全国广布。

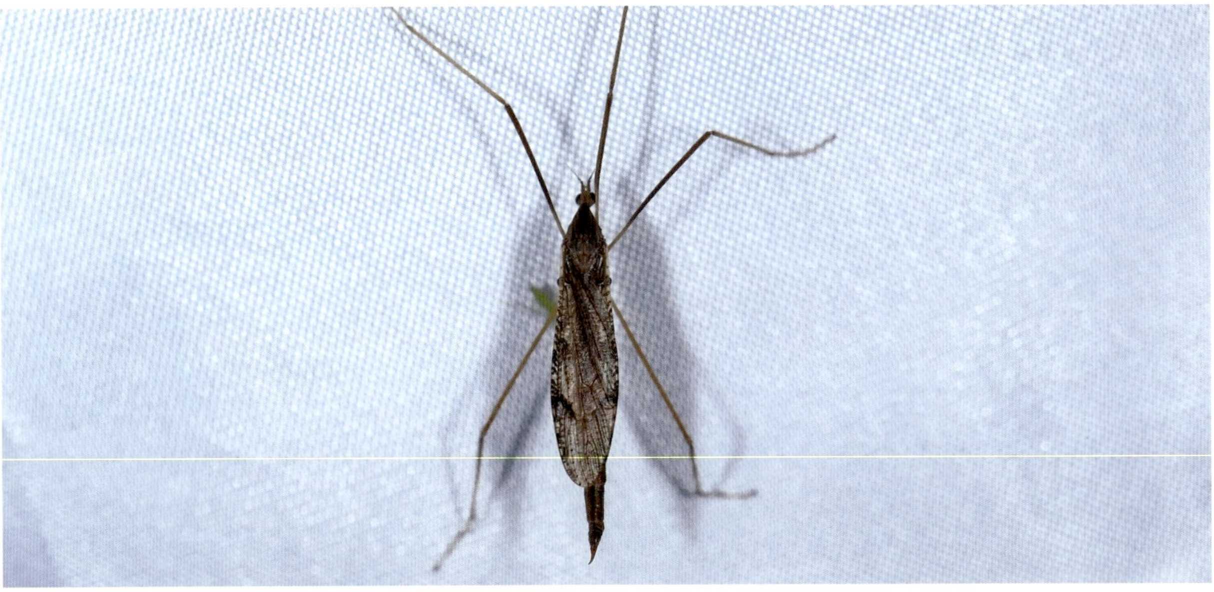

丽细大蚊 *Dicranomyia subpulchripennis* (Alexander)

鉴别特征：体小型。头部棕黑色。胸部棕黑色，前胸背板细长。足股节暗黄色；胫节棕色；跗节整体深棕色。前翅整体灰白色，半透明，翅面具大量棕色斑纹；M_1 缺失。腹部棕黑色。

分布：云南（昭通等）、四川。

细齿原大蚊 *Eloeophila serrulata* (Alexander)

鉴别特征：体小型。头部大致棕黑色，头顶黑色。前胸背板棕黄色。足整体黄色。前翅总体深棕色半透明；翅基的翅脉及无斑处的翅脉黄色，端部翅脉及有斑处的翅脉棕色。腹部深棕色。

分布：云南（昭通等）、陕西、四川。

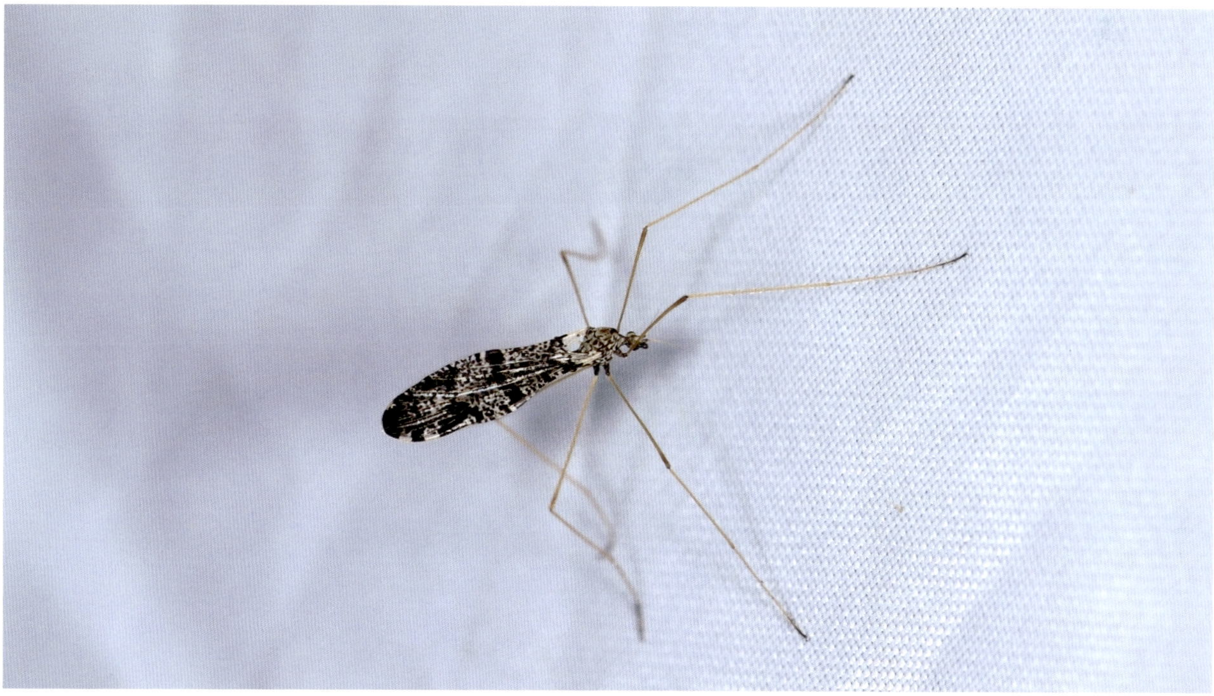

扁鼻原大蚊 *Eloeophila similissima* (Alexander)

鉴别特征：体小型。头部大致棕灰色。前胸背板棕黑色。足股节端部 1/6 具棕黑色粗环。前翅总体深棕色半透明；翅基的翅脉及无斑处的翅脉黄色，端部翅脉及有斑处的翅脉棕色。腹部深棕色。

分布：云南（昭通等）、四川。

云南艾大蚊 *Epiphragma yunnanense* Mao & Yang

鉴别特征：体中型。头顶棕褐色。前胸背板前端棕色，后端黄色。足股节黄色，粗壮，中部有 1 个棕色环。前翅宽大，端部钝圆；翅面棕黄色，具大量棕色斑纹；翅痣深棕色。腹部细长。

分布：云南（昭通等）。

广东锦大蚊 *Hexatoma cantonensis* Alexander

鉴别特征：体中型。头部大部分绒黑色。前胸背板棕黑色，褶皱明显，翅基部位光亮。足整体棕黑色。前翅宽大；翅面棕黑色；平衡棒柄基部颜色稍浅，柄端部及球部黑色。腹部绒黑色。

分布：云南（昭通等）、浙江、江西、广东。

莱森锦大蚊 *Hexatoma licens* Alexander

鉴别特征：体中到大型。头部绒黑色，头顶宽大。胸部绒黑色。足黑色。前翅亮黑色，半透明，无翅痣；M_1 缺失；1A 笔直。腹部第 1~4 节亮黑色，第 5~8 节加粗，整体绒黑色。

分布：云南（昭通等）。

黄毛锦大蚊 *Hexatoma luteicostalis* Alexander

鉴别特征：体中型。头部棕色。胸部整体棕色，具大量灰白色粉被。足棕色。前翅基部 1/4 黄色，前缘颜色较深，后缘颜色较浅，翅痣深棕色。腹部棕黑色。

分布：云南（昭通等）、四川。

尼泊尔锦大蚊 *Hexatoma nepalensis* (Westwood)

鉴别特征：体中型。头部绒黑色。前胸背板暗黑色，褶皱明显。前翅面绒黑色，翅基 1/4 亮黄色；翅中间部位 R_5 基部与 dm 室之前有 1 带状白色大纵斑。腹部第 2 节基部具大量白色粉被。

分布：云南（昭通等）、广东、四川、西藏；阿富汗，印度，马来西亚，尼泊尔。

异角拟大蚊 *Limnophila varicornis* Coquillett

鉴别特征：体小型。头部棕黑色。前胸背板深棕色，前后加长。足股节基部棕黄色，中后部黄色；胫节黄色；跗节第 1 节黄色，第 2 节棕色，端部棕黑色。翅总体棕黄色。腹部棕色。

分布：云南（昭通等）、江苏、江西。

次沼大蚊 *Metalimnobia* sp.

鉴别特征：体中型。复眼光裸；喙短，长度小于头长。足胫节无距，跗节色深。Sc_1 中等长度，达 Rs 分叉处，Sc_2 超过 Rs 起点处；Rs 有 2 分支，R_2 存在，R_1 末端横向弯折，几乎与 R_2 等长；a1 室无加横脉。

分布：云南（昭通）。

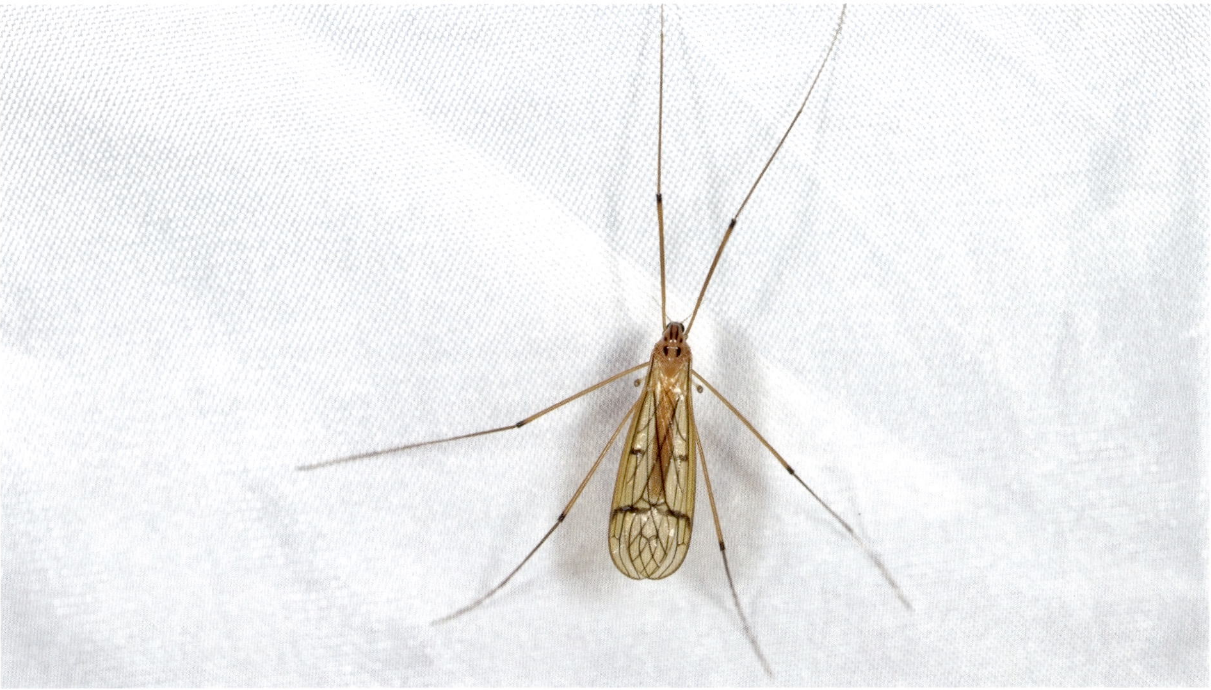

布氏准拟大蚊 *Pseudolimnophila bruneinota* Alexander

鉴别特征：体小型。头部深棕灰色。中胸背板亮棕红色。足股节基部黄色，中部棕色，端部深棕色；胫节棕黑色；跗节黑色。前翅棕黄色透明，翅基部以及翅前缘偏黄。腹部深棕色。

分布：云南（昭通等）、四川、西藏。

香大蚊 *Styringomyia* sp.

鉴别特征：体小型。体与足浅黄色，具较多的黑褐色斑或带，翅横脉 r-m 附近具黑褐色斑。头部略扁；触角 16 节。足相对短粗，具鬃状毛；中足短于前足与后足，基跗节远长于其余各节。

分布：云南（昭通）。

窗大蚊科 Pediciidae

峨眉平大蚊 *Tricyphona omeiana* (Alexander)

鉴别特征：体中型。头部棕黑色；头顶宽大。胸部棕黑色。足股节基部棕色，端部膨大，棕黑色；胫节深棕色；跗节基部棕黑色，端部黑色。前翅整体灰白色，翅基黄色。腹部棕黑色。

分布：云南（昭通等）、四川。

大蚊科 Tipulidae

尖突裸大蚊 *Angarotipula laetipennis* (Alexander)

鉴别特征：体中型。头部黄色。前胸背板黄色，中部黄褐色；中胸前盾片褐黄色，有 4 条褐色带。足褐黄色。翅浅黄色，c 室黄色，sc 室黄色。腹部黄色，背板中央有 1 条连续的黑色带。

分布：云南（昭通等）、陕西、福建、四川、贵州。

萨雅印大蚊 *Indotipula yamata* (Alexander)

鉴别特征：体中型。头灰褐色。胸部黄色；前胸背板黄褐色。足股节基部浅黄色；胫节褐黄色；跗节黄褐色。翅浅黄色，c 室和 sc 室黄色，翅痣褐色；平衡棒褐色。腹部褐色，侧缘黄色。

分布：云南（昭通等）、陕西、福建、四川、贵州。

泸定丽大蚊 *Tipula ludingana* Li, Yang & Chen

鉴别特征：体小型。头部绒黑色；触角柄节较长，梗节很短。前胸背板绒黑色；中胸前盾片绒黑色；胸部被稀疏黑色毛。足深褐色，被黑色浓密的毛。翅简单透明，浅黄褐色，翅痣褐色。

分布：云南（昭通等）、四川。

新雅大蚊 *Tipula nova* Walker

鉴别特征：体大型。喙黄褐色；头顶和后头灰褐色；触角黑褐色，鞭节基部 3 节黄褐色。翅褐色，翅痣深褐色，翅痣前部、r 室、bm 室端部、dm 室、r4+5 室白色，cua 室、a1 室和 a2 室透明发白。

分布：云南（昭通等），全国广布；韩国，日本，印度。

翘尾日大蚊 *Tipula phaedina* (Alexander)

鉴别特征：体大型。头顶瘤突发达，中部略凹。中胸背板具 4 条窄纵斑，盾片两叶各具 2 个相似的棕黑色圆斑。翅前缘室及亚前缘室黄褐色；翅痣深褐色；翅具 3 个明显的淡黄色斑。

分布：云南（昭通等）、河南、湖北、广西、四川、贵州；印度。

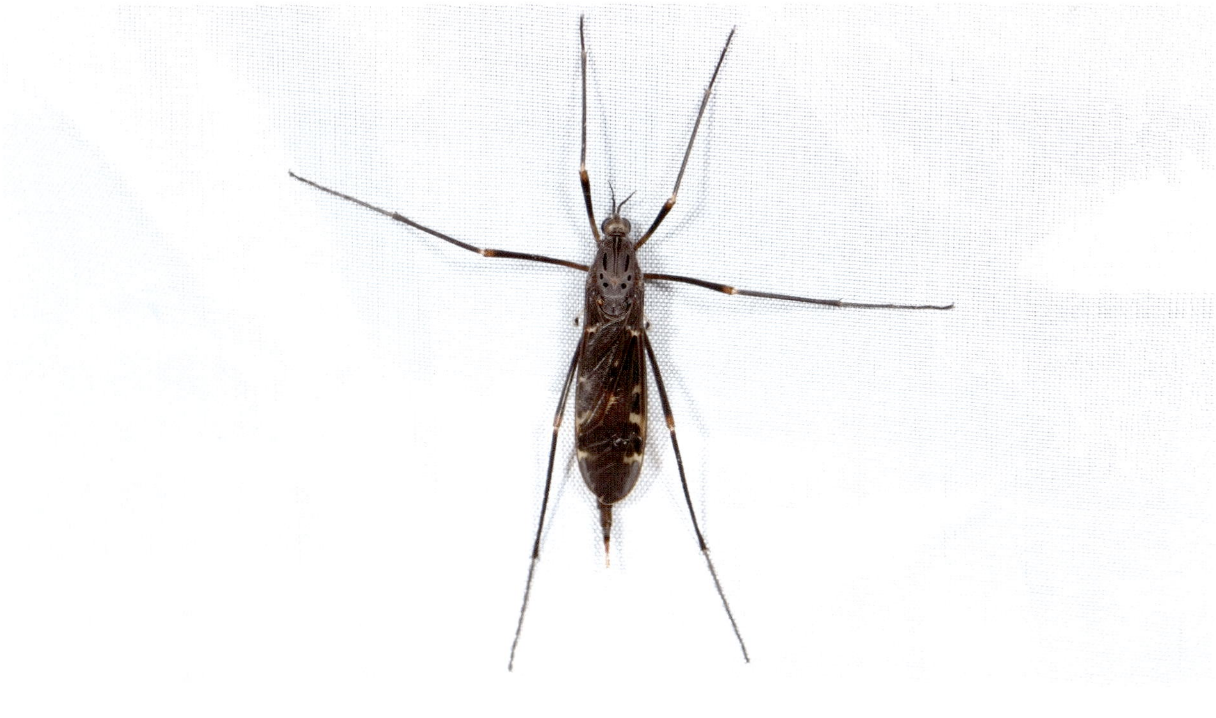

褶蚊科 Ptychopteridae

昭通幻褶蚊 *Bittacomorphella zhaotongensis* Kang, Wang & Yang

鉴别特征：体小型。胸背多为深褐色，只有鳞片在前缘有密集的毛斑。足股节黄褐色；胫节深褐色；第 1 跗节基部 1/5 处白色，端部黑褐色。翅窄；R_1 端部有明显的斑。腹部多为深褐色。

分布：云南（昭通）。

蛾蠓科 Psychodidae

白斑蛾蠓 *Clogmia albipunctata* (Williston)

鉴别特征：体小型。全身密布灰色杂毛。触角 16 节，镶毛状；复眼黑色。停栖时翅膀平展，翅中央有 2 个黑色斑点，翅外缘有间断白斑。

分布：云南（昭通等），全国广布；广布于世界热带与温带地区。

蚊科 Culicidae

白纹伊蚊 *Aedes albopictus* (Skuse)

鉴别特征：体小到中型。雌虫喙暗褐色；触性黑色，末段背面银白色。中胸盾片覆盖深褐色细鳞和窄鳞，中央有 1 显著银白窄鳞纵条；翅基前有 1 银白宽鳞簇。翅鳞大多深褐色。

分布：云南（昭通等），全国广布；东南亚，欧洲，美洲等国家。

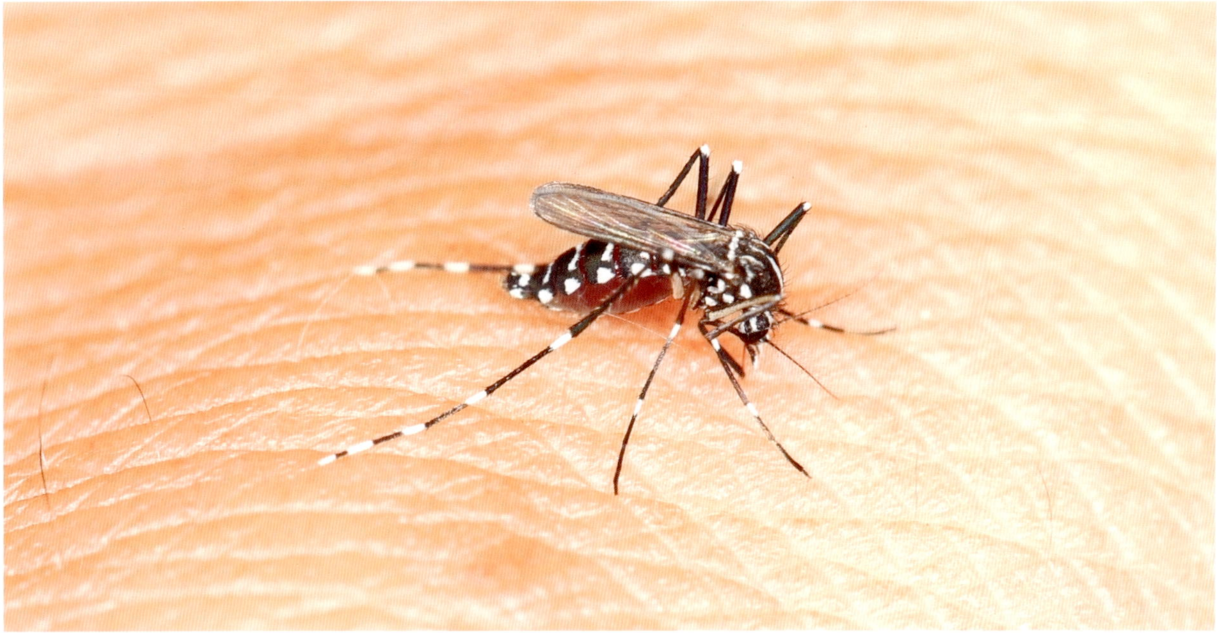

淡色库蚊 *Culex pipiens* Linnaeus

鉴别特征：体中型。雌虫头顶正中盖以众多的灰白色平覆鳞。中胸盾片鳞红棕至黄棕色，腹侧板有两群淡鳞。腹部背板有窄的淡色基带，每节有 1 对小的中侧白斑。

分布：云南（昭通等），全国广布；朝鲜，韩国，日本，巴基斯坦，印度等。

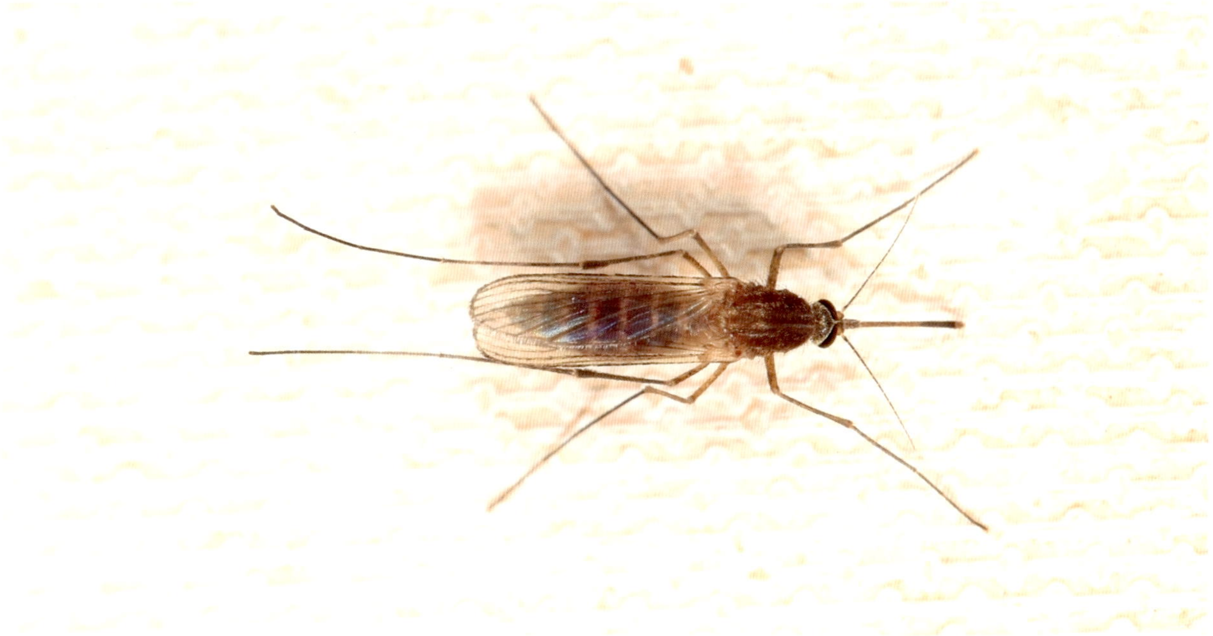

泛叉毛蚊 *Penthetria japonica* Wiedemann

鉴别特征：体中型。雄虫头黑棕色；触角 12 节。胸部侧板黑棕色，背板前半部黑色，只有肩胛棕色，后半部红黄色。足黑棕色；基跗节膨大。腹部黑棕色。雌虫与雄虫近似，但后足不膨大。

分布：云南（昭通等）、陕西、浙江、湖北、江西、福建、台湾、贵州等；日本，印度，尼泊尔。

冒名襀毛蚊 *Plecia impostor* Brunetti

鉴别特征：体中型。头部黑色有灰色粉被；触角 9 节。胸部背板前 1/3 包括肩胛黑色，后 2/3 赤黄色具白色粉被。足黑棕色；后足股节端半部稍膨大；胫节和跗节不膨大。腹部黑棕色。

分布：云南（昭通等）、贵州、西藏；印度，尼泊尔。

云南襀毛蚊 *Plecia yunnanica* Hardy

鉴别特征：体中型。触角 11 节，末节短圆。胸背的中盾沟不明显。后足股节和胫节末端略加粗，基跗节长为宽的 5 倍；翅烟褐色，翅痣较大。腹部粗壮而均匀，第 9 背板短阔，端缘凹缺。

分布：云南（昭通）。

粪蚊科 Scatopsidae

广粪蚊 *Coboldia fuscipes* (Meigen)

鉴别特征：体小型。体黑亮、少毛，体态短粗。触角 10 节。胸部粗壮，密被微毛。翅灰白色，翅端部较圆；R_{4+5} 骨化，r-m 横脉小且不明显。足短粗，黑色至深褐色。腹部圆筒形，可见 7 节。

分布：云南（昭通等）、浙江、福建、台湾；世界广布。

食虫虻科 Asilidae

籽角食虫虻 *Damalis* sp.

鉴别特征：体中型。触角第 3 节念珠状，具细长刚毛状的端芒。颜不强烈突出。胸部背板强烈隆起，黄色具黑色斑。翅前缘脉终止于 CuA + CuP 脉端部，cua 翅室关闭。足黄色具黑色环。

分布：云南（昭通）。

蜂虻科 Bombyliidae

富饶方蜂虻 *Euchariomyia dives* Bigot

鉴别特征：体中小型。体黑色为主。颜被稀疏的黑色长毛，触角上方的额两侧及唇基两侧被白色鳞片。胸部近翅基部被白色鳞片。腹部背板几乎全被侧卧的白色鳞片覆盖，侧面被黑色长毛。

分布：云南（昭通）、北京、山东、广西；印度，缅甸，老挝，泰国，斯里兰卡，印度尼西亚。

云南斑翅蜂虻 *Hemipenthes yunnanensis* Yao & Yang

鉴别特征：体中型。头胸部黑色。翅黑色；透明部分包括整个的 r4 室和 m1 室，r5、r2+3 和 m2 室的大部分，cu-a1、dm 和 r1 室的小部分。腹部背板侧面被浓密白色长毛，仅第 4~6 腹节侧面被黑色长毛。

分布：云南（昭通等）、广西。

橙脊陇蜂虻 *Heteralonia cnecos* Yao, Yang & Evenhuis

鉴别特征：体中型。头部黑色。胸部的毛为黑色和淡黄色。翅大部分黑色；dm-cu 横脉有 2 支脉，翅脉处有深褐色斑。腹背面被浓密侧卧的黑色鳞片，第 1~3 节前缘两侧和第 4~7 节后缘被淡黄色的毛。

分布：云南（昭通等）。

柱桓陇蜂虻 *Heteralonia sytshuana* (Paramonov)

鉴别特征：体中型。头部黑色。胸部的毛为黑色和淡黄色。翅黑色，后部略淡；dm-cu 横脉有 2 附脉，短支伸向基部，长支伸向端部，翅在横脉附近褐色较深。腹部背板被浓密侧卧的黑色鳞片。

分布：云南（昭通等）、四川。

齿突姬蜂虻 *Systropus serratus* Yang & Yang

鉴别特征：体大型。头红黑色；触角柄节、梗节黄色，鞭节黑色。胸部黑色具黄斑；肩胛浅黄色；中胸背板有 3 个黄侧斑；小盾片黑色，后缘 1/4 黄色。足黄色，后足胫节 1/2~5/6 处、第 2~5 跗节黑色。

分布：云南（昭通等）、北京、河南、陕西、浙江。

水虻科 Stratiomyidae

王冠优多水虻 *Eudmeta diadematipennis* Brunetti

鉴别特征：体中型。头黄色；触角黑褐色，鞭节丝状，8 小节，第 8 鞭节明显加长。胸部橘黄色，背板颜色稍深，小盾片无刺。翅浅黄色，翅端及后缘浅灰色。腹部橘黄色，第 4~5 背板黑色。

分布：云南（昭通等）、浙江、广西、海南、贵州、西藏；印度。

狡猾指突水虻 *Ptecticus vulpianus* (Enderlein)

鉴别特征：体中型。头黑色。触角梗节内侧端缘向前突出呈指状。胸部黄色。足黄色，后足胫节和第 1 跗节基部黑褐色，跗节其余白色。腹部黄色，第 1~4 背板前部具黑色横斑，第 5~6 背板黑色。

分布：云南（昭通等）、吉林、陕西、浙江、湖北、福建、广西、四川；马来西亚，印度尼西亚。

红斑瘦腹水虻 *Sargus mactans* Walker

鉴别特征：体中小型。头部金绿色。胸部背板亮金绿色，肩胛和翅后胛黄褐色，翅后胛有时稍带金绿色。足黄色，后足的基节和胫节基部 1/3~1/2 褐色，后足第 2~5 跗节黄褐色。腹部金褐色。

分布：云南（昭通等），全国广布；日本，印度等。

食蚜蝇科 Syrphidae

爪哇异蚜蝇 *Allograpta javana* (Wiedemann)

鉴别特征：体中型。中胸背板黑色具黄色侧缘。足黄色，后足股节端部、胫节基部和端部黑色。腹部黑色，背板第 1 节黄色，第 2 节具 1 对较小的硫黄色侧斑，第 3~4 节具较宽的黄带。

分布：云南（昭通等）、黑龙江、吉林、辽宁、北京、陕西、甘肃、广西、四川；俄罗斯，蒙古等。

狭带贝蚜蝇 *Betasyrphus serarius* (Wiedemann)

鉴别特征：体中型。中胸背板暗绿黑色；小盾片棕黄色。足棕黄色；股节基部黑色；后足胫节中部黑斑较宽。腹部黑色，具淡色横带；背板第 2~4 节近前缘具灰白色狭横带，第 5 节横带具光泽。

分布：云南（昭通等），全国广布；俄罗斯，朝鲜，日本，巴布亚新几内亚，澳大利亚以及东南亚国家。

黑带蚜蝇 *Episyrphus balteatus* (De Geer)

鉴别特征：体中小型。胸部黑绿色；背板中央有 1 狭长灰色中条。腹部背板大部分黄色，第 1 节中央黑色，第 2~3 节后缘有 1 黑色横带，第 4 节亚端部有 1 黑色横带，第 5 节中部有 1 小黑斑。

分布：云南（昭通等），全国广布；蒙古，日本等。

短腹管蚜蝇 *Eristalis arbustorum* (Linnaeus)

鉴别特征：体中大型。中胸背板黑色；小盾片红棕色。足黑色，胫节基部、股节端部棕黄至棕红色。腹部主要黑褐色，背板第 2 节两侧黄色切入呈三角形斑，第 3 节仅前缘两侧具棕黄斑。

分布：云南（昭通等），全国广布；俄罗斯，日本，印度，伊朗，叙利亚，阿富汗等。

灰带管蚜蝇 *Eristalis cerealis* Fabricius

鉴别特征：体中大型。头部黑色。触角芒基部羽状。中胸背板黑褐色。足黑色，股节末端、胫节基半部及前足跗节基部棕黄色。腹部棕黄色；背板第 2~3 节中部各具“I”形黑斑，第 5 节黑色。

分布：云南（昭通等），全国广布；俄罗斯，朝鲜，日本，尼泊尔等。

喜马拉雅管蚜蝇 *Eristalis himalayensis* Brunetti

鉴别特征：体中大型。头部黑色。触角芒基半部羽状。中胸背板黑色，沿盾沟具灰色横带；小盾片亮黄色。足黑色。翅黄灰色，前半部具黄褐色斑。腹部黑色，具密的短黑毛，仅第 1~2 节淡黄色。

分布：云南（昭通等）、陕西、湖北、四川、西藏；印度，尼泊尔，缅甸。

黄带狭腹蚜蝇 *Meliscaeva cinctella* (Zetterstedt)

鉴别特征：体中型。头顶黑褐色。中胸背板金绿色或黄铜色。腹部背板第 1 节两侧棕黄色、中间黑色，第 2 节两侧各具大的三角形黄斑，第 3~4 节近前缘各具棕黄色宽横带，第 5 节正中具黑斑。

分布：云南（昭通等）、河北、湖北、台湾、广西、贵州、四川、西藏等；俄罗斯，蒙古等。

四条小蚜蝇 *Paragus quadrifasciatus* Meigen

鉴别特征：体小型。头顶三角前部黄色。小盾片前半部黑色，后半部黄色。腹部棕黑色，具黄色横带；背板第 2 节横带短狭，第 3 节横带中间分离，第 4~5 节中间两侧各有 1 条白色粉被狭横带。

分布：云南（昭通等），全国广布；俄罗斯，日本，伊朗，阿富汗，土耳其，法国，意大利等。

刻点小蚜蝇 *Paragus tibialis* (Fallén)

鉴别特征：体小型。中胸背板亮黑色；小盾片黑色，端缘无锯齿。足黄色，前中足股节基部及后足股节基部黑色，后足胫节中部之后具暗色环。腹部刻点明显，仅后缘光亮无刻点。

分布：云南（昭通等），全国广布；俄罗斯，蒙古，瑞典，法国，奥地利，德国，阿尔及利亚等。

暗跗细腹蚜蝇 *Sphaerophoria philantha* (Meigen)

鉴别特征：体中小型。头顶黑色。中胸盾片黑色；小盾片黄色。足黄色，跗节棕黄至棕黑色。腹背面黑色，背板第 2~4 节中部有黄色横带，两端均伸达背板侧缘，前、后缘中央有缺刻。

分布：云南（昭通等）、河南、山西、甘肃、宁夏、青海、四川；俄罗斯，瑞典，法国，德国等。

眼蝇科 Conopidae

派叉芒眼蝇 *Physocephala pielina* Chen

鉴别特征：体中型。头黄色或黄褐色；眼间隙相对较窄，有 1 条宽阔的黑色中带，从眼下缘延伸到触角的基部；触角明显长于头。胸部黑色。足红褐色。翅具黑色至棕色的纵带延伸到末端。

分布：云南（昭通）、河北、山西、江苏、浙江、江西、湖南、福建、海南；俄罗斯。

甲蝇科 Celyphidae

狭须甲蝇 *Spaniocelyphus* sp.

鉴别特征：体小型。体黑色，具光泽。头顶后缘由隆脊，后顶鬃退化；触角芒叶状部占芒的 1/2。小盾片狭长。前翅 bm 室和 dm 室明显分开。腹部背板第 1~6 节被背侧沟划分为 1 个背片和 2 个侧片。

分布：云南（昭通）。

沼蝇科 Sciomyzidae

日本二斑沼蝇 *Dichetophora japonica* Sueyoshi

鉴别特征：体中型。触角梗节为柄节的 6 倍。胸部黑棕色。足淡黄色，股节和胫节端部棕色。翅棕色有透明白圆斑。雌虫前足跗节全黑，中、后足跗节端部 3 节全黑，后足胫节中部有黑色环。

分布：云南（昭通）、宁夏、甘肃、湖北、四川、贵州；日本。

铜色长角沼蝇 *Sepedon aenescens* Wiedemann

鉴别特征：体中型。额区亮黑，有深蓝色光泽。胸部暗黑色，背板有铜色粉被。翅淡褐色。Sc 与 R_1 在基部愈合，末端分开形成叉状。各足股节及中足胫节黄棕色，跗节褐色。腹部亮黑，带蓝色光泽。

分布：云南（昭通等），全国广布；俄罗斯，朝鲜，日本，巴基斯坦，阿富汗，印度，尼泊尔等。

东南长角沼蝇 *Sepedon noteoi* Steyskal

鉴别特征：体中型。头部棕色，具绒黑色的长圆眶斑和侧颜斑。胸部深棕色，背板具深色纵条。翅淡棕色，无斑，dm-cu 横脉直，2 条横脉处有烟晕。足深棕色，后足股节加粗。腹部黑棕色。

分布：云南（昭通等）、北京、河北、山东、河南、陕西、浙江、湖北、福建、广西、四川、贵州。

黑缘基芒沼蝇 *Tetanocera elata* (Fabricius)

鉴别特征：体中型。额区黄色；内、外顶鬃和眶鬃周围的区域浅棕色发亮；中额条发亮。胸部背板棕色，有深色纵条。翅烟褐色。翅面无斑，但 Sc 与 R_{2+3} 之间、R_{2+3} 与 R_{4+5} 之间部分色深，呈褐色。

分布：云南（昭通）、黑龙江、宁夏、青海；俄罗斯，蒙古，日本。

鼓翅蝇科 Sepsidae

青铜十鬃鼓翅蝇 *Decachaetophora aeneipes* (de Meijere)

鉴别特征：体小型。头大部分黑色。胸部黑色。前足股节中部具 2 根前腹侧刺和 5 根腹侧刺；前足胫节腹侧中部凹陷，凹陷基端具 3 根短鬃和 5 根长鬃，凹陷中间具 1 个瘤，瘤上具 3 根短刺。

分布：云南（昭通等）、内蒙古、陕西、宁夏、甘肃、湖北、台湾、重庆；俄罗斯，蒙古等。

实蝇科 Tephritidae

橘小实蝇 *Bactrocera dorsalis* (Hendel)

鉴别特征：体小型。头黄褐色，具圆形黑色颜面斑。中背片黑色，中部橙褐色，两侧具暗色斑。腹部背板第 2 节的前缘有黑色狭短横条；第 3~5 节具中纵条，与第 3 节横带形成黑褐色“T”形斑。

分布：云南（昭通等）、湖南、台湾、广东、海南、广西、福建、四川、贵州；日本，泰国等。

黑斑鬃实蝇 *Chaetostomella nigripunctata* Shiraki

鉴别特征：体小型。头黄褐色，颊具 1 排黑缘鬃。中胸背板具 1 对背中鬃；小盾片常具 1 端部黑斑点及 2 基侧黑斑点。翅斑型条带状，cua 室较窄尖，结束于 bm-cu 横脉的水平处。雌虫针突长。

分布：云南（昭通）、湖北、福建、台湾。

花背侧鬃实蝇 *Hexaptilona palpata* (Hendel)

鉴别特征：体小型。中胸盾片黄褐色具 4 条黑色纵条，后缘具 4 个黑色斑点；小盾片黄褐色，基部具 1 对黑色圆斑。翅褐色，边缘和中部具透明斑。腹部黄褐色，背板第 2~5 节各具 6 个黑斑。

分布：云南（昭通）、陕西、安徽、浙江、台湾、四川；俄罗斯。

纹背副脉实蝇 *Paratrypeta appendiculata* (Hendel)

鉴别特征：体小型。体棕黄色。盾片棕色，有深棕色前中斑，前缝内–翅腋斑，后缝内–翅腋条纹。翅 R_{2+3} 端部有短的向前的假脉；R_{4+5} 节点与 r-m 横脉之间有 6~7 根小刚毛，r-m 横脉后有 14~17 根小刚毛。

分布：云南（昭通）、四川；越南。

异叶实蝇 *Philophylla diversa* (Wang)

鉴别特征：体小型。体黑色。足股节黑色，前足胫节黄褐色，后足胫节黑褐色，跗节黄色。翅斑黑色；sc 室长为 c 室长度的 1/2。R_{4+5} 脉被刚毛，延伸至 r-m 横脉。雌虫产卵器基节短而扁平。

分布：云南（昭通）、四川。

窄带拟突眼实蝇 *Pseudopelmatops angustifasciatus* Zia & Chen

鉴别特征：体中型。头部两侧强烈伸长，复眼位于眼柄的末端；触角羽芒状。头胸亮黑色。足黄色，股节基部深褐色。翅透明，具 1 深褐色狭带。腹部狭长，黄褐色，但背板第 1~2 节黑色。

分布：云南（昭通等）、浙江、湖北、湖南、福建、四川、贵州；越南。

突眼蝇科 Diopsidae

四斑大突眼蝇 *Megalabops quadriguttata* Frey

鉴别特征：体小型。头部红褐色；眼柄粗而长。胸部黑褐色，具 3 对刺突。翅具 3 条明显的褐色条带和 4 个透明斑。前足股节加粗，腹面具 2 列小刺。腹部黑褐色；第 4 背板具 1 对灰白色粉斑。

分布：云南（昭通等）、福建、台湾、广东、海南、广西、重庆、贵州；马来西亚等。

花蝇科 Anthomyiidae

横带花蝇 *Anthomyia illocata* Walker

鉴别特征：体小型。头被灰白色粉被，下侧颜具暗色斑。中胸盾片紧靠盾沟的沟后部分有暗色宽横带。腹部第 3~5 背板具倒“山”形斑，正中及前缘暗色，前缘两侧的暗色斑呈三角形。

分布：云南（昭通等），全国广布（除黑龙江、宁夏、青海、新疆、江西、西藏不详外）；朝鲜，日本等。

粪蝇科 Scathophagidae

黄粪蝇 *Scathophaga stercoraria* (Linnaeus)

鉴别特征：体中大型。雄虫呈鲜艳的金黄色，前脚上有橙黄色的毛。雌蝇颜色较暗，呈灰色，前足无鲜艳颜色的毛。体型细长，小唇的假气管间有齿状突起，足胫节有较多竖直的大鬃。

分布：云南（昭通等），全国广布；俄罗斯，日本等。

寄蝇科 Tachinidae

蚕饰腹寄蝇 *Blepharipa zebina* (Walker)

鉴别特征：体中大型。头部覆金色粉被；侧颜略宽于后梗节；侧额无与额鬃平行排列成行的鬃状毛；髭的着生部位较高。胸部黑色；小盾片暗黄色，基部黑褐色。腹部黑色，两侧暗黄色。

分布：云南（昭通等），全国广布；俄罗斯，韩国，印度，尼泊尔，缅甸，泰国，斯里兰卡。

透翅毛瓣寄蝇 *Nemoraea pellucida* (Meigen)

鉴别特征：体中大型。雄虫额宽约为复眼宽的 1/3，髭与口缘大致处于同一水平；具单眼鬃，间额被黑色毛。翅透明。腹部被灰白色粉被，在背板第 1~3 节基部 1/2 较浓厚；肛尾叶后叶长方形。

分布：云南（昭通等）、黑龙江、辽宁、北京、山西、陕西、宁夏、甘肃、广西、四川等；韩国，日本等。

参考文献

卜文俊，刘国卿．2018. 秦岭昆虫志·半翅目·异翅亚目．西安：世界图书出版西安有限公司．

卜文俊，郑乐怡．2001. 中国动物志·昆虫纲：第二十四卷．半翅目·毛唇花蝽科·细角花蝽科·花蝽科．北京：科学出版社．

彩万志．2022. 拉英汉昆虫学词典．上卷．郑州：河南科学技术出版社．

彩万志．2022. 拉英汉昆虫学词典．下卷．郑州：河南科学技术出版社．

彩万志，崔建新，刘国卿，等．2017. 河南昆虫志·半翅目·异翅亚目．北京：科学出版社．

彩万志，李虎．2015. 中国昆虫图鉴．太原：山西科学技术出版社．

彩万志，庞雄飞，花保祯，等．2011. 普通昆虫学．2 版．北京：中国农业大学出版社．

陈世骧，等．1986. 中国动物志·昆虫纲：第二卷．鞘翅目·铁甲科．北京：科学出版社．

陈树椿，何允恒．2008. 中国蛸目昆虫．北京：中国林业出版社．

陈一心．1999. 中国动物志·昆虫纲：第十六卷．鳞翅目·夜蛾科．北京：科学出版社．

陈一心，马文珍．2004. 中国动物志·昆虫纲：第三十五卷．革翅目．北京：科学出版社．

杜予州．2020. 中国襀翅目昆虫系统分类研究进展．应用昆虫学报，57(2): 284–297.

方承莱．2000. 中国动物志·昆虫纲：第十九卷．鳞翅目·灯蛾科．北京：科学出版社．

冯纪年，胡庆玲，张诗萌．2021. 中国动物志·昆虫纲：第六十九卷．缨翅目．上卷．北京：科学出版社．

冯平章，郭予元，吴福桢．1997. 中国蟑螂种类及防治．北京：中国科学技术出版社．

桂富荣，杨莲芳．2000. 云南毛翅目昆虫区系研究．昆虫分类学报，22(3): 212–222.

韩红香，薛大勇．2011. 中国动物志·昆虫纲：第五十四卷．鳞翅目·尺蛾科·尺蛾亚科．北京：科学出版社．

胡春林，丁锦华，孙长海，等．2014. 江苏飞虱志．北京：科学技术文献出版社．

黄邦侃．1999. 福建昆虫志：第二卷．福州：福建科学技术出版社．

黄邦侃．1999. 福建昆虫志：第三卷．福州：福建科学技术出版社．

黄复生．1987. 云南森林昆虫．昆明：云南科技出版社．

黄复生．2022. 海南森林昆虫．北京：科学出版社．

蒋卓衡，黄嘉龙．2023. 中国天蛾科图鉴．福州：海峡书局．

康乐，刘春香，刘宪伟．2013. 中国动物志·昆虫纲：第五十七卷．直翅目·螽斯科·露螽亚科．北京：科学出版社．

李法圣．2002. 中国蛄目志．上册．北京：科学出版社．

李法圣．2002. 中国蛄目志．下册．北京：科学出版社．

李法圣 . 2011. 中国木虱志（昆虫纲：半翅目）. 上卷 . 北京 : 科学出版社 .
李法圣 . 2011. 中国木虱志（昆虫纲：半翅目）. 下卷 . 北京 : 科学出版社 .
李鸿昌 , 夏凯龄 . 2006. 中国动物志·昆虫纲 : 第四十三卷 . 直翅目·蝗总科·斑腿蝗科 . 北京 : 科学出版社 .
李虎 , 何疆海 , 刘星月 , 等 . 2018. 黄连山常见昆虫生态图鉴 . 郑州 : 河南科学技术出版社 .
李利珍 , 白明 . 2024. 浙江昆虫志 : 第五卷 . 鞘翅目（Ⅰ）. 北京 : 科学出版社 .
李生吉 , 湛孝东 , 孙恩涛 , 等 . 2009. 高校图书馆衣鱼孳生种类和生态调查 . 环境与健康杂志 , 26(3): 244–245.
李廷景 , 陈斌 . 2024. 中国胡蜂科昆虫原色图鉴 . 郑州 : 河南科学技术出版社 .
李泽建 , 赵明水 , 刘萌萌 , 等 . 2019. 浙江天目山蝴蝶图鉴 . 北京 : 中国农业科学技术出版社 .
梁铬球 , 郑哲民 . 1998. 中国动物志 · 昆虫纲 : 第十二卷 . 直翅目 · 蚱总科 . 北京 : 科学出版社 .
刘国卿 , 卜文俊 . 2009. 河北动物志 · 半翅目 · 异翅亚目 . 北京 : 中国农业科学技术出版社 .
刘国卿 , 穆怡然 , 许静杨 . 2022. 中国动物志 · 昆虫纲 : 第七十三卷 . 半翅目 · 盲蝽科（三）· 单室盲蝽亚科 · 细爪盲蝽亚科 · 齿爪盲蝽亚科 · 树盲蝽亚科 · 撒盲蝽亚科 . 北京 : 科学出版社 .
刘国卿 , 郑乐怡 . 2014. 中国动物志 · 昆虫纲 : 第六十二卷 . 半翅目 · 盲蝽科（二）· 合垫盲蝽亚科 . 北京 : 科学出版社 .
刘友樵 , 李广武 . 2002. 中国动物志 · 昆虫纲 : 第二十七卷 . 鳞翅目 · 卷蛾科 . 北京 : 科学出版社 .
陆宝麟 , 等 . 1997. 中国动物志 · 昆虫纲 : 第八卷 . 双翅目 · 蚊科（上）. 北京 : 科学出版社 .
任国栋 . 2023. 浙江昆虫志 : 第六卷 . 鞘翅目（Ⅱ）. 北京 : 科学出版社 .
任树芝 . 1998. 中国动物志 · 昆虫纲 : 第十三卷 . 半翅目 · 异翅亚目 · 姬蝽科 . 北京 : 科学出版社 .
田立新 , 杨莲芳 , 李佑文 . 1996. 中国经济昆虫志 : 第四十九册 . 毛翅目（一）· 小石蛾科 · 角石蛾科 · 纹石蛾科 · 长角石蛾科 . 北京 : 科学出版社 .
王吉申 , 花保祯 . 2018. 中国长翅目昆虫原色图鉴 . 郑州 : 河南科学技术出版社 .
王建赟 , 陈卓 . 2022. 常见椿象野外识别手册 . 重庆 : 重庆大学出版社 .
王书永 , 崔俊芝 , 李文柱 , 等 . 2010. 寡毛跳甲属中国种类（叶甲科 , 跳甲亚科）记述 . 动物分类学报 , 35(1): 190–201.
王天齐 . 1993. 中国螳螂目分类概要 . 上海 : 上海科技文献出版社 .
王心丽 , 詹庆斌 , 王爱芹 . 2018. 中国动物志·昆虫纲 : 第六十八卷 . 脉翅目·蚁蛉总科 . 北京 : 科学出版社 .
王兴民 , 陈晓胜 . 2022. 中国瓢虫图鉴 . 福州 : 海峡书局 .
王宗庆 , 邱鹭 , 车艳丽 . 2024. 中国蜚蠊大图鉴 . 重庆 : 重庆大学出版社 .
吴超 . 2021. 螳螂的自然史 . 福州 : 海峡书局 .
吴厚永 , 等 . 2007. 中国动物志 · 昆虫纲 · 蚤目 . 上卷 . 2 版 . 北京 : 科学出版社 .
吴厚永 , 等 . 2007. 中国动物志 · 昆虫纲 · 蚤目 . 下卷 . 2 版 . 北京 : 科学出版社 .
吴燕如 . 2000. 中国动物志 · 昆虫纲 : 第二十卷 . 膜翅目 · 准蜂科 · 蜜蜂科 . 北京 : 科学出版社 .
武春生 . 2001. 中国动物志 · 昆虫纲 : 第二十五卷 . 鳞翅目 · 凤蝶科 · 凤蝶亚科 · 锯凤蝶亚科 · 绢蝶亚科 . 北京 : 科学出版社 .
武春生 . 2010. 中国动物志 · 昆虫纲 : 第五十二卷 . 鳞翅目 · 粉蝶科 . 北京 : 科学出版社 .
武春生 , 方承莱 . 2003. 中国动物志 · 昆虫纲 : 第三十一卷 . 鳞翅目 · 舟蛾科 . 北京 : 科学出版社 .

武春生，方承莱 . 2023. 中国动物志・昆虫纲：第七十六卷 . 鳞翅目・刺蛾科 . 北京：科学出版社 .
武春生，徐堉峰 . 2017. 中国蝴蝶图鉴 . 福州：海峡书局 .
武三安，黄少彬 . 2023. 中国介壳虫原色图鉴（半翅目：蚧次目）. 郑州：河南科学技术出版社 .
萧采瑜，等 . 1977. 中国蝽类昆虫鉴定手册（半翅目异翅亚目）. 第一册 . 北京：科学出版社 .
萧采瑜，任树芝，郑乐怡，等 . 1981. 中国蝽类昆虫鉴定手册（半翅目异翅亚目）. 第二册 . 北京：科学出版社 .
杨定，李竹，刘启飞，等 . 2020. 中国生物物种名录：第二卷 . 动物・昆虫（Ⅴ）双翅目（1）・长角亚目 . 北京：科学出版社 .
杨定，刘星月 . 2010. 中国动物志・昆虫纲：第五十一卷 . 广翅目 . 北京：科学出版社 .
杨定，刘星月，杨星科 . 2023. 中国脉翅类昆虫原色图鉴 . 郑州：河南科学技术出版社 .
杨定，王孟卿，董慧 . 2017. 秦岭昆虫志・双翅目 . 西安：世界图书出版西安有限公司 .
杨定，王孟卿，李文亮，等 . 2020. 中国生物物种名录：第二卷 . 动物・昆虫（Ⅶ）・双翅目（3）・短角亚目・蝇类 . 上册 . 北京：科学出版社 .
杨定，王孟卿，李文亮，等 . 2020. 中国生物物种名录：第二卷 . 动物・昆虫（Ⅶ）・双翅目（3）・短角亚目・蝇类 . 下册 . 北京：科学出版社 .
杨定，吴鸿，张俊华，等 . 2016. 天目山动物志：第九卷 . 昆虫纲・双翅目（Ⅱ）. 杭州：浙江大学出版社 .
杨定，杨集昆 . 1989. 陕西的金鹬虻属五新种（双翅目：鹬虻科）. 昆虫分类学报，11(3): 243–247.
杨定，姚刚，崔维娜 . 2012. 中国蜂虻科志 . 北京：中国农业大学出版社 .
杨定，张莉莉，张魁艳，等 . 2018. 中国生物物种名录：第二卷 . 动物・昆虫（Ⅵ）・双翅目（2）・短角亚目・虻类 . 北京：科学出版社 .
杨定，张婷婷，李竹 . 2014. 中国水虻总科志 . 北京：中国农业大学出版社 .
杨茂发，孟泽洪，李子忠 . 2017. 中国动物志・昆虫纲：第六十七卷 . 半翅目・叶蝉科（二）・大叶蝉亚科 . 北京：科学出版社 .
杨平之，等 . 2016. 高黎贡山蛾类图鉴 . 北京：科学出版社 .
杨星科 . 2018. 秦岭昆虫志 . 低等昆虫及直翅类 . 北京：世界图书出版公司 .
杨星科，杨集昆，李文柱 . 2005. 中国动物志・昆虫纲：第三十九卷 . 脉翅目・草蛉科 . 北京：科学出版社 .
杨星科，张润志 . 2023. 浙江昆虫志：第七卷 . 鞘翅目（Ⅲ）. 北京：科学出版社 .
印象初，夏凯龄 . 2003. 中国动物志・昆虫纲：第三十二卷 . 直翅目・蝗总科・槌角蝗科・剑角蝗科 . 北京：科学出版社 .
虞国跃，王合 . 2021. 北京林业昆虫图谱（Ⅱ）. 北京：科学出版社 .
袁锋，周尧 . 2002. 中国动物志・昆虫纲：第二十八卷 . 同翅目・角蝉总科・犁胸蝉科・角蝉科 . 北京：科学出版社 .
张浩淼 . 2019. 中国蜻蜓大图鉴 . 上册 . 重庆：重庆大学出版社 .
张浩淼 . 2019. 中国蜻蜓大图鉴 . 下册 . 重庆：重庆大学出版社 .
张雅林 . 2017. 秦岭昆虫志・半翅目・同翅亚目 . 西安：世界图书出版西安有限公司 .
张雅林 . 2023. 浙江昆虫志：第三卷 . 半翅目・同翅亚目 . 北京：科学出版社 .
赵丹阳，田明义 . 2008. 掘步甲属昆虫分类研究（鞘翅目：步甲科：壶步甲族）. 昆虫分类学报，30(3):

173–177.
赵萍, 曹亮明, 龙兰珍. 2022. 中国红蝽总科分类（半翅目：异翅亚目）. 北京：中国林业出版社.
赵仲苓. 1994. 中国经济昆虫志：第四十二册. 鳞翅目・毒蛾科（二）. 北京：科学出版社.
赵仲苓. 2003. 中国动物志・昆虫纲：第三十卷. 鳞翅目・毒蛾科. 北京：科学出版社.
赵仲苓. 2004. 中国动物志・昆虫纲：第三十六卷. 鳞翅目・波纹蛾科. 北京：科学出版社.
郑乐怡, 吕楠, 刘国卿, 等. 2004. 中国动物志・昆虫纲：第三十三卷. 半翅目・盲蝽科・盲蝽亚科. 北京：科学出版社.
周长发, 苏翠荣, 归鸿. 2015. 中国蜉蝣概述. 北京：科学出版社.
周善义. 2010. 广西大明山昆虫. 桂林：广西师范大学出版社.
周尧. 1994. 中国蝶类志. 郑州：河南科学技术出版社.
周尧. 1999. 中国蝴蝶原色图鉴. 郑州：河南科学技术出版社.
朱弘复, 王林瑶. 1991. 中国动物志・昆虫纲：第三卷. 鳞翅目・圆钩蛾科・钩蛾科. 北京：科学出版社.
朱笑愚, 吴超, 袁勤. 2012. 中国螳螂. 北京：西苑出版社.
诸立新, 刘子豪, 虞磊, 等. 2017. 安徽蝴蝶志. 合肥：中国科学技术大学出版社.
Bell W J, Roth L M, Nalepa C A. 2007. Cockroaches: Ecology, Behavior and Natural History. Baltimore: The Johns Hopkins University Press.
Bresseel J, Constant J. 2014. Giant sticks from Vietnam and China, with three new taxa including the second longest insect known to date (Phasmatodea, Phasmatidae, Clitumninae, Pharnaciini). European Journal of Taxonomy, 104: 1–38.
Dang L H, Qiao G X. 2013. Review of the spore-feeding Idolothripinae from China (Thysanoptera, Phlaeothripidae). ZooKeys, 345: 1–28.
Djernes M. 2018. Biodiversity of Blattodea - the cockroaches and termites. In: Foottit R.G., Adler P.H. (eds.). Insect Biodiversity: Science and Society. 2nd Edition. Oxford: Wiley-Blackwell.
Evangelista D A, Wipfler B, Bethoux O, et al. 2019. An integrative phylogenomic approach illuminates the evolutionary history of cockroaches and termites (Blattodea). Proceedings of the Royal Society B: Biological Science, 286(1985): 20182076.
Kataev B, Liang H B. 2015. Taxonomic review of Chinese species of ground beetles of the subgenus *Pseudoophonus* (genus *Harpalus*) (Coleoptera: Carabidae). Zootaxa, 3920(1): 1–39.
Liang H B, Kavanaugh D. 2005. A review of genus *Onycholabis* Bates (Coleoptera: Carabidae: Platynini), with description of a new species from western Yunnan, China. The Coleopterists Bulletin, 59(4): 507–520.
Liu F, Yang C, Gu J, et al. 2024. Two new species of *Interphasma* Chen & He, 2008 (Phasmatodea: Phasmatidae: Clitumninae) from Yunnan, China. Zootaxa, 5446(4): 531–541.
Liu Q P, Liu Z J, Wang G L, et al. 2021. Taxonomic revision of the praying mantis subfamily Hierodulinae of China (Mantodea: Mantidae). Zootaxa, 4951(3): 401–433.
Machado R J P, Gillung J P, Winterton S L, et al. 2019. Owlflies are derived antlions: anchored phylogenomics supports a new phylogeny and classification of Myrmeleontidae (Neuroptera). Systematic Entomology, 44(2): 418–450.

Men Q, Starkevich P, He L, et al. 2021. *Tipula* (*Vestiplex*) from Yunnan and Tibet, China: one new species and redescriptions of five known species (Diptera: Tipulidae). Acta Entomologica Musei Nationalis Pragae, 612: 341.

Mirab-balou M, Tong X, Feng J, et al. 2011, Thrips (Insecta: Thysanoptera) of China. Check List, 7(6): 719–744.

Navás L. 1925. Algunos insectos del Museo de París. 2.a série. Brotéria (Zoológica), 22: 75–83.

Schwarz C J, Roy R. 2019. The systematics of Mantodea revisited: an updated classification incorporating multiple data sources (Insecta: Dictyoptera). Annales de la Société Entomologique de France (N. S.), 55(2): 101–196.

van Nieukerken E, Kaila L, Kitching I, et al. 2011. Order Lepidoptera Linnaeus, 1758. In: Zhang, Z.Q. (ed.) Animal biodiversity: an outline of higher-level classification and survey of taxonomic richness. Zootaxa, 3148(1): 212–221.

Vinokurov N N, Cai W, Chen P P. 2018. Synopsis of the shore bugs of China (Hemiptera: Heteroptera: Leptopodomorpha: Saldidae). Zootaxa, 4486(2): 129–145.

Wang J, Gong Y, 2021, Taxonomy of the *Panorpa guttata* group (Mecoptera: Panorpidae), with descriptions of fourteen new species from China. Zootaxa, 4981(2): 241-274.

Wang X, Wang M, Zolotuhin V V, et al. 2015. The fauna of the family Bombycidae sensu lato (Insecta, Lepidoptera, Bombycoidea) from Mainland China, Taiwan and Hainan Islands. Zootaxa, 3989(1): 1–138.

Yang Y, Kopetz A, Yang X. 2013. Taxonomic and nomenclatural notes on the genera *Themus* Motschulsky and *Lycocerus* Gorham (Coleoptera, Cantharidae). ZooKeys, 340: 1–19.

物种中文名索引

E

F

G

J

K

L

M

N

O

P

Q

R

S

T

W

X

Y

Z

物种拉丁名索引

A

B

C

D

E

F

G

H

I

J

K

L

M

N

O

P

T

新质生产力研究文库

新质生产力

理论、事实与路径

New Quality Productive Forces

上架建议 经济

ISBN 978-7-300-33472-1